食品研发
设计与应用

屠大伟　尤琳烽　主编

化学工业出版社

·北京·

图书在版编目（CIP）数据

食品研发设计与应用 / 屠大伟，尤琳烽主编.
北京：化学工业出版社，2025.6. —— ISBN 978-7-122
-47769-9

Ⅰ. TS205

中国国家版本馆 CIP 数据核字第 20251KR133 号

责任编辑：邵桂林　　　　文字编辑：张熙然
责任校对：李　爽　　　　装帧设计：关　飞

出版发行：化学工业出版社
　　　　　（北京市东城区青年湖南街 13 号　邮政编码 100011）
印　　　装：河北延风印务有限公司
710mm×1000mm　1/16　印张 14¼　字数 279 千字
2025 年 7 月北京第 1 版第 1 次印刷

购书咨询：010-64518888　　　售后服务：010-64518899
网　　址：http://www.cip.com.cn
凡购买本书，如有缺损质量问题，本社销售中心负责调换。

定　　价：69.00 元　　　　　版权所有　违者必究

《食品研发设计与应用》
编写人员名单

主　编

屠大伟　尤琳烽

编写人员（按姓氏拼音排序）

邓美林　李青青　刘美艳

牟宗达　屠大伟　尤琳烽

前言

民以食为天。千百年来，食品始终是人类赖以生存和繁衍的基本生活资料。经过新中国几代食品人的不懈努力，我国建成了完整的食品工业体系，产业规模全球领先，产品产量取得长足进步，较好满足了人民群众日益增长的物质生活需要，促进人民营养健康水平不断提升，食品工业也成为国民经济的重要支柱。

食品工业的发展速度和国民经济的发展速度密切相关，我国食品工业已经进入价值提升和高质量发展阶段，不断满足人民对美好生活的需要正成为食品工业的核心发展动力。自2018年开始，国内外风险挑战明显上升，食品工业环境日趋复杂，拉动内需成为刺激增长的重要引擎。同时，国内食品行业正式进入由量变到质变的阶段，企业之间竞争将更加激烈，优胜劣汰的趋势将更加明显。在这个历史大背景下，如何延续企业和产品生命力成为每个食品企业和从业者必须思考的问题，食品研发是其中极其重要的一环，而我国占食品工业主体的大部分中小型食品加工企业缺乏自主创新能力。

食品研发是一项富有挑战性的工作，其所遵循的基本原则是一致的，即从事物的本源出发，抽丝剥茧，还事物本来面目。本书以此为思路，从实用角度全面、系统介绍食品研发所需的知识和技能，层层递进，逐渐揭示食品研发的完整程序。本书可作为专业食品研发人员的读物，也可以作为食品相关从业者和食品专业学生的读物，以提升专业技能和开阔视野，明确食品研发人员在食品企业中的作用和意义。

本书在编写过程中参考了有关中外文献和专著，并得到了重庆工商大学、化学工业出版社等单位的大力支持，在此一并感谢。

由于作者水平和经验所限，书中难免有不妥和疏漏之处，敬请广大读者批评指正，以便我们以后做进一步的修改、完善，在此深表感谢！

编者
2025 年 1 月

目录

第3章
消费心理学概述 —————————————— 023

第4章
食品研发基本程序 —————————————— 043

第 5 章
食品研发相关法律法规及标准 —————— 101

第6章
食品添加剂的使用 ————————————— 113

第7章
食品原料的选用 ————————————— 131

第 8 章
食品研发试验设计与分析 —————— 147

第 9 章
食品保质期的确定 —————— 169

第 1 章

食品研发的社会需求分析

1.1 中国食品工业概况

1.1.1 世界食品工业发展格局与趋势

食品工业的发展与全球的经济和科技水平密切相关，食品工业是全球经济中发展最快的重要支柱产业之一。以法国为例，作为全球第一大农业食品加工产品出口国，以食品加工为主的农产品加工业产值占其工业产值的 20% 以上，占国内生产总值的 7% 左右，法国食品工业总产值超过汽车工业，居国民经济之首。在其他经济发达国家，食品工业产值在国民经济中所占比例均居工业部门前列，食品工业是国民经济的重要支柱产业，美国、法国、荷兰、日本等国食品工业产值均居制造业之首。现在世界上的食品市场基本上被分为发展中市场与成熟市场，发展中的食品市场在世界食品市场中占有的比例为 40%，成熟的食品市场所占比例为 60%。从发展趋势看，"四化和两重视"已经成为现代世界食品工业产品的发展趋势，如表 1-1 所示。

表 1-1 世界食品工业产品的发展趋势

发展趋势	具体表现
方便化	欧美发达国家的方便食品已占国民膳食的 2/3
功能化	人们要求食品营养丰富、味美可口的同时还追求对人体具有某些独特的功效，如起到防病、抗病、强身、康复等功能。功能食品在国外是发展最快的且最具有发展前途的一类食品，在美国已被视为"21 世纪食品"的发展方向，在日本更被誉为"21 世纪食品"，前景十分好
绿色化	从国际市场来看，绿色食品是当前国际食品的一大潮流。专家预言 21 世纪主导食品之一是"绿色食品"
多样化	世界各国根据不同的风土、人情、地理、气候、习惯、文化、科学差异，开发符合人们意愿的食品，世界食品发展多样化趋势明显
重视新资源开发	目前已开发和正在开发的新资源食品主要有藻类、人造食品、昆虫、野生植物、超微细食品等。科学家认为最有前途的新资源是藻类，特别是位于近海水域的海藻，如加以利用其年产量的营养值相当于目前世界小麦年产总量的 15 倍
重视品牌效应	国外许多大集团、跨国公司，都非常重视发展品牌产品。各国都有自己特色品牌产品，世界上大企业的历史都是创名牌的历史

世界食品工业经过行业优化与结构调整之后，已经慢慢地从工业经济转向知识经济，进入了高科技时代，并沿着营养化、产业化、国际化和科技化等方向发展，逐渐变成了可持续发展的支柱性产业。各国政府纷纷制定食品产业及相关发展计划，以提高食品安全保障水平。例如英国的"饮食、食品和健康关联计划"和"高水平食品研究战略"、美国农业部"综合有机"计划、加拿大的"埃尔伯特技术革

新计划"、欧盟的"第七研发框架计划"等。全球性的食品安全检测和保障体系正在建立,具体如表 1-2 所示。

表 1-2 全球性食品安全检测和保障体系

简称	组织机构、标准和规范
WHO	世界卫生组织,成立于 1948 年,宗旨是使全世界人民获得尽可能高水平的健康
FAO	联合国粮食及农业组织,成立于 1945 年,宗旨是提高营养水平和生活标准,改进农业生产率,改善农村人口的生活状况
INFOSAN	国际食品安全当局网络,是 WHO 和 FAO 合作建立的,旨在促进食品安全信息交流及国家一级和国际一级食品安全当局之间的合作
HACCP	危害分析与关键控制点。国际公认的预防体系,旨在确保食品免受生物、化学和物理危害。它由美国航空食品制造商于 20 世纪 60 年代制定,已被食品法典委员会采用,并在全球范围内推广。在美国、英国、欧洲、澳大利亚和加拿大等国家越来越多的法规和消费者要求将 HACCP 体系的要求变为市场的准入要求
ISO 9000:2000	ISO 9000 系列质量标准。国际标准化组织批准的,目前已经有 100 多个国家和地区在积极推行 ISO 9000 系列质量标准
ISO 22000	食品安全体系。国际标准化组织于 2005 年发布,对全球食品安全管理体系提出的统一标准
BRC	食品技术标准。由英国零售商发起并制定。英国和北欧大部分零售商只接受通过 BRC 认证的供货商
IFS	国际食品标准。由德国零售商联盟以及法国零售商和批发商联盟发起并制定的食品供应商质量标准。德国、法国和部分欧盟国家只接受通过 IFS 认证的供货商
SQF 2000	SQF 2000 认证(safety quality food)是目前广为食品行业(生产及零售企业)认可和采用的食品质量与安全体系标准,源自澳大利亚农业、渔业和林业部为食品链相关企业制定的食品安全与质量保证体系标准。SQF 2000 是世界上唯一将 HACCP 和 ISO 9000 这两套体系完全融合的标准,同时也最大限度地减少了企业在质量安全体系上的双重认证成本。该标准具有很强的综合性和可操作性。北美、日本均要求食品供应商通过 SQF 2000 标准。目前,SQF 2000 的认证权归属美国的 FMI(食品零售业信息公会),该组织的成员拥有全美国三分之二的零售额
MSC	海洋管理委员会标准。重点关注渔业的可持续发展以及生产链中的可追溯性
BAP	最佳水产养殖规范认证。认证的各项标准囊括了整个上游下游产业链,涉及水产品养殖、食品安全、企业设施、产业可溯源、环境可持续发展等
GAP	良好农业规范认证。欧洲零售商协会提出,截至 2023 年,全球有 112 个国家的近 14 万个企业农场获得 GAP 认证,目前在全球范围内颁发的有效证书数量超过了 18 万张
GMP	良好生产规范体系认证。目前在美国已经立法强制实施食品 GMP,在日本、英国、加拿大、新加坡、德国、澳大利亚等国家均采取劝导方式辅导业者自动自发地实施。目前中国国家卫生健康委员会颁布了 20 个国标 GMP

从生物学的概念来讲,生命周期包含了生命现象从出生、成长、成熟再到衰老并最终死亡这样一个完整的发展过程,食品工业的发展随着经济的发展同样会经历四个阶段。目前全球经济发展阶段总体处于哪一个阶段众说纷纭,但具体到当下情况而言,欧美日等发达国家的经济增长速度已日趋减缓,食品工业年增长

速度处于1%~3%的区间，食品工业相对稳定，已进入当下阶段的成熟期。据有关资料，发达国家食品工业从20世纪之前均已进入成熟期，例如1970—1984年法国食品产业处于成长期，1984年至今处于成熟期；1970—1986年德国食品产业处于成长期，1986—1992年处于成熟期，1992—1994年食品生产指数有所回落，1994年至今保持基本平稳；英国在1984年由成长期进入成熟期。对于广大发展中国家而言，大部分食品工业正处在形成期或成长期，进入成熟期还有较长的路要走。

1.1.2 我国食品工业现状

食物是人类生存的精神和物质基础，纵观我国五千年的历史，社会的发展与食品的发展同步进行，源远流长。在西晋江统的《酒诰》里，有关于酿酒的记载："酒之所兴，肇自上皇。或云仪狄，一曰杜康。有饭不尽，委馀空桑，郁积成味。久蓄气芳，本出于此，不由奇方。"考古文献里记载，在广汉三星堆遗址（距今4800年至2870年），已经出现了陶和青铜酒器；山东莒县大汶口文化墓葬（距今约4000年），出现滤酒、贮酒、饮酒器具等。由此可见在距今至少4000年前已经出现了酒。我国制酱历史约2500年，制醋约3000年，豆腐约2100多年，这些均为食品工业的雏形。然而，直到19世纪末，我国才开始有以机器为主的食品生产工厂，我国食品工业才随之诞生。

新中国成立后，我国食品工业经历了1949—1957年的恢复起步建设、1958—1978年的曲折发展、1979年至今的快速发展等三个时期。进入21世纪以来，在经济持续增长及巨大的市场需求拉动下我国食品工业始终保持着快速增长水平，食品工业也成为工业发展中发展最快的行业之一。食品工业是国民经济的重要支柱性产业，也是保障民生的基础产业。根据国家统计局发布的数据，截至2021年底，全国食品工业规模以上企业实现营业收入103541.2亿元，发生营业成本80706.5亿元，实现利润总额7369.5亿元。全年食品工业占全国工业5.9%的产值，创造了8.1%的营业收入，完成了8.5%的利润总额。全国居民人均食品烟酒消费支出7178元，占人均消费支出比重的29.8%。一批重点食品生产企业年营业收入超千亿元，中粮跻身全球五大粮商，食品龙头企业持续发展壮大。

近十年间，随着我国GDP增长速度的减缓，我国食品工业的发展速度从过去的年均10%~20%的增长率回落至年均6%左右的发展速度，慢慢从高速发展过渡到高质量发展的阶段。在当下全球贸易保护主义抬头、贸易壁垒形成及贸易战不断发生的情况下，我国经济和食品工业面临着巨大压力，同时，我国食品工业正处于关键的战略机遇期和窗口期。

值得注意的是，尽管我国食品工业近年来取得了长足进步，但因起步较晚、积累不够，仍存在核心技术不强、人才资源匮乏、国际化程度不高等问题。

1.1.2.1 食品工业结构不合理，对国民经济的贡献率有待进一步提高

2021年，规模以上食品工业在全部工业行业中排名第3，营业收入占7.1%，而计算机、通信和其他电子设备制造业占比11%；从利润看，食品工业在全部工业行业中排名第5。而在美国、法国、日本等国家，食品工业是高于建筑、汽车制造等产业的第一大产业。

1.1.2.2 食品资源精深加工少，产业链条短，对相关产业带动力不强

我国食品工业总产值与农业总产值的比值不到2:1，远低于美国、日本等发达国家3:1的水平，由于转化程度低，未形成有效的产业链条，直接影响食品工业对农业等相关产业的带动。

1.1.2.3 食品科研水平落后、科研投入少、科技进步贡献率低

科研实力与发达国家存在差距，前沿领域研究力度不足，对前沿技术在食品科技领域的布局仍需强化；部分关键核心技术尚未突破，自主创新能力欠缺，重要装备产品仍存在较多"卡脖子"问题；支撑我国食品科技协同创新的体制机制尚需完善，技术成果转化存在断点。

1.1.2.4 企业平均规模小，中小企业多

全球食品生产销售企业50强排名前三位的是瑞士雀巢公司、美国菲利浦莫里斯国际公司和英国荷兰联合利华公司，其年销售收入在300亿~500亿美元。排名第50位的年销售收入也达38亿美元，相当于280亿元人民币。

1.1.2.5 与食品工业配套的食品装备发展相对滞后

目前，国内食品机械行业整体开发投入不足，技术含量较低，存在设备性能稳定性和成套性差、精度和自动化程度不高等缺陷，而且设计与制造、使用严重脱节，不能满足生产工艺的要求。而在引进国外技术时，消化吸收和自主创新能力不强，明显存在重硬件、轻软件，重引进、轻消化，重模仿、轻创新的问题，缺乏整体竞争力。

1.1.2.6 我国食品工业标准体系和质量控制体系不完善，管理机构庞杂

普遍存在标准滞后、制定周期长且水平偏低、执行力度弱等问题。还存在食品加工过程质量控制体系不完善、产业化程度不高等问题。

1.2 食品消费现状与趋势

1.2.1 我国经济与食品消费的关系

食品消费的刚性特征及食品本身和食品生产的特点，使得需求传导链条比较

短。影响食品产业（企业）发展和升级的因素有很多，但需求无疑是最基础、最核心和最重要的影响因素，对食品产业（企业）的影响更直接、更迅速。一方面，需求的增长不仅拉动了食品生产的增长和规模扩大，成为食品产业（企业）发展最主要的动力；另一方面，为适应和满足需求的多样化和不断提升，促使食品企业开发新产品和利用新技术，科学技术的贡献率得以提高，并且促进了食品产业（企业）质量整体的提升和升级。

需求可以分为潜在需求和现实需求，现实需求是具有支付能力的需求，而支付能力取决于可支配收入。"十三五"期间，伴随着我国经济社会的发展，居民的收入水平持续提升，依据国家统计局发布的"十三五"期间历年的《国民经济和社会发展统计公报》，"十三五"期间，我国居民人均可支配收入期初为 23821 元，期末为 32189 元，增长 35.1%；居民人均可支配收入中位数为 20883 元，期末为 27540元，增长 31.9%；城镇居民人均可支配收入期初为 33616 元，期末为 43834 元，增长 30.4%；城镇居民人均可支配收入中位数期初为 31554 元，期末为 40378 元，增长 28%；农村居民人均可支配收入期初为 12363 元，期末为 17131 元，增长 38.6%；农村居民人均可支配收入中位数期初为 11149 元，期末为 15204 元，增长 36.4%。

"十三五"期间，随着居民收入的增长，支出也在相应的增长并使消费得以实现。"十三五"期初，居民人均消费支出期初为 17111 元，期末为 21210 元，增长 24%；其中，城镇居民人均消费支出为 23079 元，期末为 27007 元，增长 17%；农村居民人均消费支出期初为 10130 元，期末为 13713 元，增长 35.4%。食品烟酒消费人均支出期初为 5151 元，期末为 6397 元，增长 35%。"十三五"期间，我国恩格尔系数变动不大，全国恩格尔系数期初为 30.1，期末为 30.2，上升 0.1；城镇恩格尔系数期初为 29.3，期末为 29.2，下降 0.1；农村恩格尔系数期初为 32.2，期末为 32.7，上升 0.5。

根据人均消费支出和恩格尔系数，测算出"十三五"期间每人每天食品消费变动的状况。"十三五"期间，全国平均每人每天食品消费期初为 14.11 元，期末为 17.42 元，增长 23.5%；城镇平均每人每天食品消费期初为 18.53 元，期末为 21.68 元，增长 17%；城镇中位数每人每天食品消费期初为 17.48 元，期末为 20.03 元，增长 14.6%；农村平均每人每天食品消费期初为 8.94 元，期末为 12.29 元，增长 37.4%；农村中位数每人每天食品消费期初为 8.07 元，期末为 10.90 元，增长 35.1%。

随着居民收入水平的提高，居民饮食趋于多样化。粮食等低价值食品消费量下降，而肉类、水产品和蔬菜瓜果等高价值食品的消费量上升，据统计，2013—2019年，中国居民人均粮食消费下降了 12.5%，肉类消费上升了 5.1%，水产品消费上升了 30.8%，鲜瓜果类消费上升了 36%。2020 年中国 GDP 已经超过 100 万亿元，人均 GDP 也首次突破 1 万美元大关，按照国际标准，中国已经进入富裕阶段，但是我国仍有 6 亿人民的收入处于较低水平，远远没有达到富裕阶段的水平。目前中国的食品消费虽然从恩格尔等指数看，整体发展方向是比较确定的，但仍然是多层次的、需求是多样的，这也决定了我国食品市场需求端具有广阔的发展空间和容纳力。

党的二十大提出，我国社会主要矛盾已经转化为人民日益增长的美好生活需要和不平衡不充分的发展之间的矛盾。伴随着经济高速发展而来的是城乡居民食品消费模式和结构的转变，这种转变也成为中国经济发展伟大成就的一个历史缩影和真实写照。

1.2.2　加工食品消费

随着经济的增长和消费者收入水平的提高，家庭在食品方面的支出不断增加，同时，食品支出占总支出的比例相对于非食品下降，这往往会导致饮食的多样化和包含加工食品在内的更昂贵食品支出的增加。同时，随着 20 世纪 80 年代以来的贸易开放程度加深，加工食品已经形成了一个全球化的市场。贸易开放能够通过降低国外食品投资的贸易壁垒影响加工食品的可获得性，同时，它也使得国外投资出现在许多食品零售部门，如跨国快餐店大量出现在全球很多国家。当大量跨国食品公司对外直接投资后，发展中国家对加工食品的可获得性不断上升。食品供给的改变对食品环境和消费者选择造成影响。

根据由 Monteiro 等提出并被 PAHO（泛美卫生组织）、WHO 和 FAO 在内的国际组织所承认和使用的 NOVA 系统分类，通过食品加工的特性、程度和目的，将所有加工食品分为 4 类：①未加工或微加工食品，即天然食品的可食用部分，未添加任何延长保质期、增加安全性及增添风味的物质，例如麦片、肉类、牛奶、蔬菜、坚果等；②烹饪原料加工食品，即用以烹饪的天然提取物，例如植物油、醋、黄油、糖、盐等；③加工食品，即烹饪原料、未加工或微加工食品的组合，例如鱼罐头、奶酪、手工面包、腌肉等；④深加工食品，即包含即时消费和即时加热配方，由食品提取物和化学添加剂通过一系列的工业手段加工而成，例如软饮料、糖果、咸辣零食、包装面包、甜饼干等。

价格被认为是食品消费的主要决定因素，同时也是导致消费者消费结构变化的核心因素。技术进步、食品工业生产利润增加以及低成本的食品添加剂的使用使得加工食品具备低廉的价格。对美国 1991—2010 年的菜籽油消费数据进行分析后得出，其他可替代食用植物油价格是影响菜籽油消费量最重要的因素。这反映出消费者对食用植物油价格变化具有一定的敏感性，某种食用植物油的价格会显著影响其他品种的消费。通过分析 2008 年、2009 年巴西家庭预算调查中关于超市和连锁店加工食品和饮料消费的 55970 个随机样本发现，超市中的加工食品和饮料价格比其他零售店中低 37%，这也使得超市中加工食品和饮料的消费量比其他零售店高25%，因此得出了便利和相对低廉的价格是超市中加工食品相对于其他商店有着更高消费份额的重要原因。

自 20 世纪 50 年代起，深加工食品已成为包括美国、加拿大、英国和澳大利亚在内的高收入国家重要的饮食能量来源。目前，尽管消费的产品数量和类型差异很大，深加工食品消费在所有地区和大多数国家都在增长，而在中等收入国家的增长最快。另外，较富裕的国家销售的产品种类较多。深加工食品中的添加剂销售数量在高收入国家中增加最多，而在中等收入国家中几乎增加了一倍。食品加工中使用的植物油、酱料、调味料和调味品在中等收入国家的食品销售份额高于高收入国家。在高收入国家，深加工食品消费与社会经济地位成反比，而中等收入国家的情况正好相反。这表明随着国家收入的增加，消费从较高的社会经济群体向较低的社会经济群体发生了"社会转型"。

1.2.3 休闲食品消费

休闲食品是快速消费品的一类，是在人们闲暇、休息时所吃的食品。休闲食品属于零食的一种，其方便携带与食用，符合年轻人的审美与口味，所以深受现代人的喜爱。

我国休闲食品的市场已达万亿级别。数据显示，2006—2016 年的 10 年期间，零食行业总产值从 4240.36 亿元增长至 22156.4 亿元，增长幅度达 422.51%，到 2020 年，零食行业总产业规模接近 3 万亿元，其中中国休闲食品行业市场规模已在万亿元以上。《2024 休闲食品白皮书报告》数据显示，2023 年中国零食市场规模达到 11654 亿元，加之零食向正餐化转变，市场为之贴上"第四餐"的标签。但休闲食品行业准入门槛低，产品同质化十分严重。除了品牌营销及渠道建设外，品质成为决定企业影响力及生命力的关键因素。

目前，零食行业有以下特点。第一，包装轻便时尚化，零食的消费群体转向社会上各个年龄阶段的人，其中以年轻人为主流消费群体。现在市场上各种零食的包装设计都很时尚，有时还采用时下流行的文化元素，譬如萌文化，而零食的包装也更加轻巧，方便携带，譬如薯片做成了桶装，酸奶、水果也被装进便于携带的袋子、杯子中。第二，休闲零食健康化，随着消费者注重健康饮食的理念越来越深刻，零食产业也日渐趋于健康化发展之路。第三，女性消费者成为主力军，资料显示，购买休闲零食的女性消费者占据休闲零食消费人数规模的五成以上，明显高于男性，所以很多零食的包装设计等方面也更趋向于女性化。第四，注重用户体验度，零食的口味、风味以及产品的设计越来越新奇好玩，给消费者带来更多的新奇体验，各大零食品牌都在不断进行产品更新，首先用全新的包装设计来吸引眼球，然后以全新的零食口味征服消费者味蕾。

休闲零食具有地域性特征，不同地区的消费者倾向于不同品类的休闲零食，当地企业生产当地特产更直接有效。如北京、上海等大城市对国际化、时下流行的休闲零食敏感度高，跟进意愿强，其他地区对地域传统零食的依赖性和专一度相对更高。内蒙古地处我国北部，是我国最大的草原牧区，盛产牛羊，传统零食基于当地资源演化而来，如牛肉干、奶干、奶酪等。新疆地处我国西北部边陲，光照充足，适合瓜果植物种植生长，基于当地的独特条件，传统的休闲零食为葡萄干等果脯类。一线城市的休闲零食明显呈现国际化、多元化趋势，本地特征不明显。湖北位于我国中部，水土富饶，饮食文化丰富，休闲零食以卤味、豆制品类为主。福建地处我国东南沿海，地理位置依山傍海，海产品丰富的基础使得当地人养成以稻米为食，鱼、蛤为副食的独特饮食习惯，福建传统的休闲零食以鱼糜产品闻名。

休闲零食"第四餐化"趋势下，其市场规模有望在 10～15 年内占到我国消费者食品支出的 20%。灭菌、干燥、抑酶、储藏，尤其是冷链物流等新技术的革新，将进一步推动休闲零食的产品和业态的发展。更丰富的使用场景，更细分多元的零食功能，将实现代餐化、礼品化、保健品化、特殊人群化。在经济的不断发展下，在供给侧结构性改革与拉动内需政策下，休闲零食行业将继续快速发展。

1.3　我国中小型食品加工企业现状

据不完全统计，我国现有获得生产许可证的食品生产企业约 17.2 万家，其中规模以上企业数接近 9000 家，90% 以上均为生产附加值不高的中小型食品企业，其生产的产品类型几乎囊括了所有食品种类，如肉制品、面制品、烘烤类食品、饮料等。中小型食品加工企业在发展地域经济、促进当地劳动力就业方面发挥着不可忽视的作用。然而，由于中小型食品企业规模较小，资金和人才不足，食品研发和管理能力的建设远不如大型食品企业成熟和完善。

1.3.1　专业技术人员不足

专业技术人员缺失，安全意识淡薄，整体水平低下。专业技术人员是体现一个企业加工技术水平的重要指标，也是有效保障食品安全的一个重要因素。调研发现，从现有员工来看，多数中小型食品企业仅配备了生产人员和检验人员，而且多数人员并非专业技术出身，仅通过简单的培训就立即上岗，并且现有的生产人员文化教育程度普遍较低，对于安全生产的意识也十分淡薄。食品研发人员更是缺乏，大部分企业没有食品研发相关岗位。在企业出现质量安全问题时，不具备专业素养，也不具备内部解决问题的能力。在企业产品层面，质量良莠不齐，尤其是在产品风味上，企业更是无力解决现有问题，求助于外部渠道或专业机构，费用问题也是很多企业不可接受的。

对于中小型企业而言，专业的技术研发人员应属于常规配制，企业的生存根本在于产品质量，营销能力再强，不具备良好的产品亦不持久。专业的技术研发人员，可从多角度解决企业的问题。①防范食品安全性问题。食品安全问题在中小企业中时有发生。例如某企业生产的泡菜类制品中山梨酸钾含量超标，山梨酸钾超标更多是因为违规添加，违规添加的原因是多方面的，一是企业负责人对产品保质期缺乏必要的信心，对产品在保质期内品质的变化没有详细的评估，人为主观地认为添加较大量防腐剂可以延长产品的保质期或保证产品不变质；二是企业的配方为通用配方，针对不同规格的产品采用同一配方，易造成防腐剂的超标；三是多种防腐剂同时添加，不熟悉使用规则，导致防腐剂超标。②保持或提高产品质量。中小型食品企业的负责人在决定产品风味上具有决定性作用，个人喜好成为其生产产品的最终依据，其产品是否被消费者接受和喜爱，缺乏必要的调查和分析。专业技术人员有职责针对本企业存在的问题提出合理化的建议及改进措施，以提高产品质量。另外，受限于中小型企业的加工工艺欠缺稳定性，产品质量的稳定性较差，不同批次之间的产品风味差别较大。③已有产品的改良及新产品研发。因缺乏必要的技术研发人员，中小型企业无力从事本项工作。现在消费市场产品迭代速度日益加快，消费者对产品质量要求越来越高，最直接的体现是老字号品牌的产品生命力越来越弱，大部分消费者不会为情怀买账。如何延续企业生命力是每个企业核心关切问题，中国百分之九十中小型企业在一年至十年内会消失，虽因素较多，但是产品品质及生命力是核心环节。

造成中小型食品企业的技术研发人员缺乏的原因是多方面的。食品行业属于低利润率行业，行业门槛不高，食品加工企业位置偏且远，对专业人才的吸引力不足，但是食品行业的振兴与发展需要广大基层食品科技工作者的共同努力，也需要企业的重视，为技术研发人员提供良好的平台。

1.3.2 加工条件有限

加工条件有限在中小型企业中普遍存在，而加工过程是可能导致食品安全问题的一个最重要的因素。要在加工过程中有效保障食品的安全，则必须对以下几个方面进行安全管理。①对食品加工设备和装置的安全管理。食品的加工离不开加工工具或机械装备，它们是与食品直接接触最多的外在因素，因此加工设备的卫生状况在很大程度上影响着食品的安全。②对加工环境的安全管理。加工环境是指生产车间内的整体生产环境，包括车间的通风条件、排水条件、整体卫生条件等，良好的加工环境可以有效避免产生食品安全问题。③食品生产过程的安全监控。要保障食品的安全生产，就需要对整个加工过程进行有效的安全监控，建立食品质量追溯系统，规避食品安全问题。

然而，目前我国中小型企业在食品加工生产中的手工操作较多，设备自动化程度较低，加工设备和加工车间存在较大的安全隐患，整体条件相对落后。问题主要有：①在加工设备和装置方面，某些加工设备较为落后，有的生产设备和加工工具已出现了锈蚀，这为食品的安全生产带来较大的隐患。②在加工环境方面，一些企业车间天花板或地面均有不同程度的破损，车间设计上多处存在卫生死角，通风条件差，车间排水不畅、地面有积水，非加工材料外露且极易脱落飞散至车间各处而造成食品污染；在环境维护上未对环境空气进行微生物检测，未进行日常食品接触表面的涂抹测试以及空气沉降菌检测等，这些加工环境给食品生产带来较大的安全隐患问题。③在生产过程的监控方面，目前多数中小型企业仍未实现自动化生产，工厂内生产食品的安全监控基本靠人工，某些关键数据的记录仍为手工记录，这对食品安全情况的准确判断会造成一定的影响。

1.3.3　企业管理不规范

良好的管理是保障食品安全的重要因素之一。在食品加工和流通过程中，包装、储藏、运输等设施落后和管理不善，也容易造成食品的二次污染，使食品生产产生较大的隐患。要在管理方面有效保障食品的安全，则需要在车间管理、仓储管理、物流管理、消防安全管理等方面分别建立相应的管理措施和机制。①仓储管理：包括对加工原料、辅料、半成品、成品和其他物资的管理。在管理过程中应该针对每种物资的不同性质和储藏要求进行分类储藏和管理，防止因储藏不当而产生交叉污染。②车间管理：包括产品生产时的原料、辅料和其他物资的位置管理，食品在生产过程中与外界的流通情况管理等。③物流管理：是指原料、配料、半成品和成品在运输过程中按各自的物流条件进行运输，以防止出现安全问题。如冷冻食品则需要采用冷链运输等。④消防安全管理：即工厂在生产过程中对消防安全方面的有效管理和实施。调研发现，由于缺乏相关专业人员的指导，中小型食品企业在安全管理方面也存在较大的问题和安全生产隐患。比如，在仓储管理方面，多数中小型企业将不同的加工原料、半成品、成品和个人物品混乱放置，未进行严格分区，极易造成产品的交叉污染；在车间管理方面，设备清洁剂等化学用品随处摆放，未设置固定区域、防护及标识；在物流管理方面，物流通道对外门随时敞开，车间与外界联通，极易造成交叉污染；在消防安全生产方面，制冷机房内随意放置保温箱板，车间内插座随意安装，部分消防器材缺失，生产车间的消防通道或消防栓被遮挡等，这些安全生产隐患的存在很可能为企业带来巨大损失。

1.3.4　中小型食品企业与食品研发

食品研发人员是多学科交叉综合人才，涉及食品管理与安全、食品机械、食品物性学、食品微生物学等，兼具创新性、实用性等，从个体发展角度，需要长时间的实践和磨砺。而中小型食品企业的诸多困局，归于人，人为企业之根本，一个成熟的、全面的食品研发人员可以极大地推动一个企业的发展。据某知名高校调查，食品相关专业的本科毕业生，十年后从事食品行业的十不存一，大部分转型，从事食品研发工作的更是少之又少；亦对近年毕业的研究生多有调研，考公、考博成为其就业方向首选。从以上可以看出，社会需求与人才流向严重脱节，大量中小型企业亟需成熟型专业人才，而高校毕业生多选择其他行业，此矛盾也许是社会发展历程中的必然结果，但应引起食品专业相关人员的反思。

第 2 章

食品研发概念、原则与人员要求

2.1 食品研发的概念与分类

2.1.1 食品研发概念

2.1.1.1 研发的概念与分类

(1) 研发的概念 研发，英文为 research & development，简称 R&D，即研究与开发、研究与发展，是指各种研究机构、企业为获得科学技术（不包括人文、社会科学）新知识，创造性运用科学技术新知识，或实质性改进技术、产品和服务而持续进行的具有明确目标的系统活动。一般指产品、科技的研究和开发。研发活动是一种创新活动，需要创造性的工作。

(2) 研发的分类 按照定义，研究开发活动可分为理论研发和产品研发。理论研发是对新的理论进行研究，得到新的理论知识点。该研发并不涉及具体实际产品应用领域，而是理论研究，得到新的内容。产品研发是实际制造、开发的产品内容。比如任何可视消费品都是产品研发。产品研发是制造型企业生存根本。一个企业如果没有产品研发，只是一个纯代理制造空盒，利润非常低，而且生存空间非常小。

按照企业研发工作的类型可分为产品研究和流程研究。产品研究指的是新产品开发，主要涉及企业开发出试销对路的新产品。流程研究关注生产产品或提供服务的流程，旨在建立有效的流程来节约资金和时间，从而提高生产率。这里的流程主要指的是企业内部每天所开展的各种业务流程，如采购业务流程、生产业务流程、销售业务流程等。

(3) 研发的基本要素 研发包含四个基本要素：创造性；新颖性；科学方法的运用；新知识的产生。研究开发活动的产出是新的知识（无论是否具有实际应用背景），或者是新的和具有明显改进的材料、产品、装置、工艺或服务等。

(4) 研发活动的形式 企业研发活动一般分为自主研发、委托研发、合作研发、集中研发以及以上方式的组合。自主研发是指企业主要依靠自己的资源，独立进行研发，并在研发项目的主要方面拥有完全独立的知识产权。委托研发是指被委托单位或机构基于企业委托而开发的项目。企业以支付报酬的形式获得被委托单位或机构的成果。合作研发是指立项企业通过契约的形式与其他企业共同对同一项目的不同领域分别投入资金、技术、人力等，共同完成研发项目。集中研发是指企业集团根据生产经营和科技开发的实际情况，对技术要求高、投资数额大、单个企业难以独立承担，或者研发力量集中在企业集团，由企业集团统筹管理研发的项目进行集中开发。

2.1.1.2 食品研发

食品研发的概念是在研究开发活动的基础上形成的，是指从研究选择适应市场需要或发展趋势的产品开始到产品设计、新配方设计、工艺设计、产品小试，直到投入正常生产、工业化实现等一系列过程。并且，从广泛意义上来说，原产品的改进与换代也属于食品研发的范畴。

2.1.2 食品研发分类

2.1.2.1 新产品概述

新产品是研发活动的产出，人们听到食品新产品可能更多地认为是一种全新的、市面上没有的产品，但新产品对于不同的主体而言具有不同的定义。对企业而言，第一次生产销售的产品均可叫作新产品；对市场而言，第一次出现的产品才称之为新产品；就技术方面来说，产品的生产原理、表现形式、功能特性等方面发生了改变才叫新产品。在市场营销意义上，新产品是一个广义的概念，包括了前三者的成分，是从产品整体性概念角度来定义的，但更侧重于消费者的认可，其进入市场后能为消费者提供新的利益或新的效用。它既包括政府有关部门认定并在有效期内的新产品，也包括企业自主研发，未经政府有关部门认定，从投产之日起一年之内的新产品。因此，从广义上来说，食品新产品是指采用新技术原理、新设计、新构思、新材料研制、生产的全新产品，或在食品的功能、结构、材质、工艺等某一方面进行改进，从而显著提高了产品性能或扩大了使用功能，技术含量达到先进水平，经连续生产性能稳定可靠、有经济效益的产品。

2.1.2.2 食品研发的分类

根据食品新产品的概念（或新产品的新颖程度）可将食品研发分为以下几个类别。

（1）全新产品研发 全新产品研发是指采用新原理、新材料、新技术制造市场上从未出现过的产品的过程。全新产品的出现往往伴随着科学技术的新突破，其一般为科学技术新成果的应用表征。从该产品的设想、研制、大批量生产到投入市场都需要进行充分的调研评估、数据测试、调整优化，涉及大量的人力、物力、财力以及时间成本的消耗，不是一般企业所能胜任的，但它会成为企业在竞争中取胜的重要武器。

（2）产品换代 在产品原有基础上，采用新材料、新技术、新工艺代替原来的材料、技术、工艺生产出的适用于新用途、满足新需求的产品的过程称为产品的换代。产品换代相较于全新产品研发的难度小，是企业产品研发的重要形式。

（3）产品优化或改进 产品优化或改进是指在原产品的基础上，对其配方、工艺、外观、性能、包装等某一个或几个方面采用相应的改进技术，使产品感官、性能、包装等有一定进步的过程。产品优化或改进的主要目的是提高或改善原产品的质量或实现其多样化，以满足不同消费者的需求或适应不同时期的消费观念。产品的优化或改进包括配方优化、工艺改进、外观改变、包装设计或规格改变等方面。

① 配方优化 是指为提高或改进产品质量，对原产品配方原辅料的使用量或

使用种数（主要原材料必须使用，辅料可根据产品需求增减或者替换）进行相应的调整优化。值得注意的是，生产者在优化配方时，可能会产生延伸产品，比如近年来常见的零蔗糖版、低糖版、低脂版、高钙版等，还有一些企业为了满足不同国家或地域的饮食口味，开发出不同配方的产品。

② 工艺改进　食品原料经不同工艺处理后制成了各式各样的产品，食品生产者为了迎合消费者对食物安全、健康、美味的需求及潜在发展趋势，对各种加工工艺进行优化和调整，以期为其提供更加优质和满意的产品。食品工艺改进是生产者为达到简化加工过程、提高生产效率、降低成本、提升产品质量或安全性等目的，对原产品现有的工艺流程进行重组或改进的过程，即开发一种优于现行工艺的加工方法。

③ 其他方面改进　包括产品外观、包装、性能等方面的改进。产品外观是消费者对食物进行评价的最直观依据，甚至可能通过外观对食物的整体感官做出初步的判断，从而直接影响食欲、购买欲的产生。外观改变是指仅对原产品的外观进行改良，包括产品的色泽、形状等。包装的改变包括两个方面，一是包装新设计，即更换不同的包装材质或者改变包装元素设计；二是包装规格改变，即针对不同消费需求、场景，产生的不同规格大小的产品。

（4）产品仿制　产品仿制是指对市场上已经出现的产品进行模仿、研制，产品的加工原理和主要原料不变，主要研究其配方和加工工艺，以获得具有相同/相似特点或更优的产品。通常来说，企业对已经投入市场的产品进行仿制可能包括以下原因：①企业自身的产品在市场的收益效果差，通过仿制市场上热销产品来替代现有产品；②企业充分评估该产品的市场前景后，将其纳入生产经营范围内；③企业本身正在生产销售同类别产品，且具有额外生产其他产品的能力，仿制该产品以填补生产空白。

（5）系列产品开发　系列产品开发也可称作产品的延伸，是指在保留原产品大部分特性的基础上进行改动，推出新的产品作为补充，从而与原产品形成系列，扩大了目标市场，为消费者提供了更多选择。原产品改动的方面可能是新的口味、颜色、成分等，其中新口味是最常见的产品延伸方式，如酸奶、软糖等产品都可以做成不同的口味。需要注意的是，系列产品在延伸开发过程中，为使新产品所需成本和工作量尽可能低，其主要原料以及加工工艺基本与原产品相同，不会有较大的改动。

2.2　食品研发原则

2.2.1　符合食品生产许可和食品安全标准的要求

新产品若已被列入《食品生产许可分类目录》，所属类别已包含在企业食品生产许可证所包含类别中，现有生产线能满足该产品的生产，生产条件基本未发生改变，则无需再次向负责许可审批的市场监督管理部门申报审查；若产品不在食品生产许可证规定范围内，则应审批部门申请生产许可范围增项，申请扩大生产经营范围，经审查合格后方可生产；若新产品导致生产条件（现有设备布局和工艺流程、主要生产设备设施等）发生变化，需要变更食品生产许可证载明的许可事项或不再符合食品生产要求，应依法申请变更或重新办理食品生产许可。若研发的新产品是未被列入《食品生产许可分类目录》和无审查细则的食品品种，企业应向县级以上地方市场监督管理部门提交材料申请食品生产许可审查，县级以上地方市场监督管理部门依据《食品生产许可管理办法》和《食品生产许可审查通则》的相关要求，结合类似食品的审查细则和产品执行标准制定审查方案（婴幼儿配方食品、特殊医学用途配方食品除外），实施食品生产许可审查。

产品都应符合相应的食品安全标准。1988年通过了《中华人民共和国标准化法》。企业生产的产品没有国家标准和行业标准的，应当制定企业标准作为组织生产的依据，已有国家标准和行业标准的，国家鼓励企业制定严于国家标准或行业标准的企业标准，在企业内部使用。每一个新产品都应符合相应的产品标准。若有相应的强制性标准（强制性国家标准和地方标准），应当按照该标准执行；若有相应的非强制性标准（推荐性国家标准和地方标准、行业标准、团体标准等），可按照非强制性标准执行；若以上标准均没有的，应当制订企业产品标准。

2.2.2 产品与企业品牌有关联

推出的新品一定要与品牌的核心价值有紧密的关联，否则也将导致失败。产品与品牌之间本就是不可分割的一对孪生兄弟，在传统的营销学理论中两者也是并行不悖的。企业如果在新产品中选择了错误的品牌对应策略不仅不能成功推动新产品上市，有时甚至会阻碍新产品上市，形成不良的品牌反应。

2.2.3 配方简单化

配方中的每一种原料都应有使用的理论或实践依据，对可加可不加的原料应果断舍弃，使配方尽可能简单化。配方简单化有以下优点：首先，对成本有益，降低了原料或其半成品的采购管理、处理工序、仓储管理成本；其次，对生产操作有益，简化了产品加工步骤；第三，对环境有益，从源头控制和减少了加工废弃物的产生，降低了污染物处理和环境维护成本。因此，研发人员应能明确说明配方中的每一种原料的使用理由。此外，在获得满意产品的前提下，应尽可能减少食品添加剂的使用，且不使用对人体健康有危害的成分以及无法确定的成分；在确保产品品质的前提下，配方中还应考虑尽可能使用现有的原料，以降低原料浪费的风险。

2.2.4 产品定位明确

产品定位就是产品在消费者心中的认知，产品定位明确即产品的目标消费人群明晰。由于人们的需求呈现多样化,一个产品要想适合所有人往往需要牺牲许多有针对性的功能,获得一个兼顾的办法,但这样的产品在如今这个商品多元化和竞争激烈的市场背景下并不占优势,对消费者的吸引力不够。相反,若一个产品的目标人群过小,则会限制产品的市场规模,无法形成规模效应,也大大增加了成本。一个合理的目标市场划分是在尽量大的消费群体中,他们对新产品有共同且清晰的消费需求,并且在产品营销上更容易将其关注的方面清晰传达出来。因此,一个好的产品定位既能立足于现在,又能放眼于未来,从而创立以顾客为基础的价值主张,给目标市场应该购买该产品的令人信服的理由。

2.2.5 产品生命周期较长

产品生命周期(product life cycle,PLC)是一种新产品从开始进入市场到被淘汰退出市场为止的整个过程,即其在市场运动中的经济寿命。每个产品都有其特定的生命周期,长者上百年,如:传统饼干、糕点,短者一年半载。产品生命周期的长短由消费者的需求变化以及影响市场的其他因素决定,因此在食品研发时应考虑消费者的消费需求、产品的质量、产品的推广手段、竞争状态、可替代性等。

2.2.6 产品盈利空间大

盈利空间与产品定价的价格带有直接关系。若产品的成本既定,盈利空间的大小则由价格能提高的幅度决定,价格和成本的差额越大,则盈利空间越大。产品上市后的价格波动主要与供需关系、生产成本、流通成本、竞品市场、政府政策等密切相关,因此产品的上市价格一定要留下较大的利润空间,为后期产品促销、应对竞争对手、成本变化、延长产品生命周期等留下足够的可操作空间。最忌讳新品上市时为抢占市场占有率而制定较低的上市价格,这样的做法最终往往导致产品进入无利润区而退出市场。

2.2.7 产品的共性与个性

根据比较的对象不同,产品的共性与个性包括两个方面。一是与自身同系列产品相比,同一系列产品要先确保共性,再考虑个性。共性是这同一系列产品的标签,只有这样才能让消费者觉得这些产品是一个整体、一个系列,而不是各自为战、自成一体。其次,共性也能有效节约成本,最大限度地预防呆滞料产生。个性是同一系列产品中差异化的体现,有时体现在香精上,有时体现在风味原料上,它可为消费者提供更多的选择,吸引更多的消费群体。二是与竞争产品的差异性。差异性可以是功能差异、价格差异、渠道差异、定位差异等,只有自身产品具有差异性,才可能具有一定的竞争优势。如风味酸奶是深受大众喜爱的乳制品,市场前景较好,另一企业推出了市场上还未出现的柿子风味酸奶,这就与已有产品产生了差异,其销售较快。

2.2.8 产品稳定性

产品在储备过程中必须进行稳定性试验。在产品正式上市前所做的前期准备越充分，未来上市后可能面临的问题将越少，比如风味的变化、色泽的变化、稳定性的变化、理化指标的变化等，这些都需要通过时间的观察和检验。为此，当储备产品内部口味测试通过后，即应着手稳定性试验的观察，同时做好观察期间的记录评估工作。

2.3 食品研发人员要求

企业研发人员的主要任务就是研究技术、开发产品。科学技术是第一生产力，研发人员是企业实施科技创新的主体，很大程度上决定了产品在市场上的竞争力，而先进的科学技术在企业体现为产品的技术含量。但技术先进的产品未必是成功的产品，成功的产品还需具备功能强大、质量好、用户体验好、价格适度、易于生产和维护等特点，这对研发人员的能力素质提出了很高的要求。越来越多的企业将研发人员作为战略资源，在工作条件、薪酬待遇、教育培训、岗位晋升等方面给研发人员提供了良好的保障。有的企业极为重视研发人员培养体系建设，将之视为企业的核心竞争力。

2.3.1 食品研发人员应具备的素质

食品开发是极其复杂、极具探索性和创造性的工作，需要勤于思考、敢于创造、能跳出常规思维圈、能够开创新局面的创造型人才。如果一味地因循守旧、墨守成规、故步自封，就无法适应改革时代的需要。因此，在研发的道路上，一个人能走多远、多快取决于他的基础知识的储备、掌握程度以及管理、实践、创新等综合能力的高低。

2.3.1.1 丰富的理论知识储备

食品本身融合了物理学、化学、生物学、社会学和行为科学的知识。应用的原料是生物学的范畴。哪种成分可食，哪种又是不能食用的？选择使用的各种原辅材料的化学成分、加工性能、物理性能、生长环境、加工方式以及有可能与加入的辅料和添加剂发生的反应都需要充分了解，才能在配方设计时更科学合理。加工过程中集合了生物、化学和物理的变化。设计好的配方还需要通过生产来实现，甚至有的产品在设计配方时都是针对专门的设备来量身定做的，这就要求研发人员要对生产工艺、设备性能较为熟悉，才能把自己的设计变成有形的新产品。新产品研发后最终需要进行批量生产，为使所有产品统一且符合要求，需要进行质量控制，所以在产品设计阶段需要根据生产设备性能和生产管理水平来确定质量关键控制点和控制参数、确定食品危害的控制水平。

2.3.1.2 了解相关法律法规

"民以食为天，食以安为先。"近年来，由违反国家法律法规的产品造成的伤害层出不穷，从毒火腿到奶粉等。这些问题都不是生产过程品质管理的问题，都是在配方设计时就有意无意添加了违禁物品。所以说与食品配料有关的标准法规，是食品研发人员必备的基础知识，例如 GB 2760—2024《食品安全国家标准 食品添加剂使用标准》和 GB 14880—2012《食品安全国家标准 食品营养强化剂使用标准》等，应该都是研发人员案头常备并熟记的资料。

2.3.1.3 丰富的实践经验

丰富的实践经验可使研发人员熟悉产品生产单元设备的操作，不至于在产品小试、中试或者扩大生产时发生意外情况。一个优秀的食品研发人员应系统掌握基础知识的同时，还能够多动手多思考，加强动手能力。

2.3.1.4 社会学基础知识

食品研发的最终目的是给人提供既健康又美味的食品，所以研究消费文化、风俗、习惯等也是研发人员不能忽视的内容，不然就是闭门造车的产物，不能适应消费习惯的，也就没有经济效益。

2.3.1.5 富有创新思维

创新思维是一切创新活动的开始。作为食品研发人员必须具备创新能力，敢于突破常规，突破权威，只要理论上能够执行，并付诸实践，勇于创新，就有可能获得成功。

2.3.1.6 综合能力

要成为一名合格的食品研发人员，还需要具备强大的综合能力，不但掌握自身所从事行业的产品特点、加工工艺等，还要了解其他食品工艺的特点以及食品机械设备特性、食品包装等方面有关的知识。此外，还要善于总结记录，将研发过程中的成功或失败做详尽的记录和总结，不断积累经验，不断改进。

2.3.2 如何提高研发人员的素质

2.3.2.1 要有创造意识

创造意识是创造发明的前提，没有创造的愿望和动机，就不会有创造的行为。强烈的创造动机、坚定不移的信念、坚持不懈的意志和健康向上的情感是创造意识的重要条件。强烈的创造动机是激励研发人员将想法付诸实际行动的重要力量和内在动力，可以通过增强个人事业心和责任感等方式来培养思想意识，进而激发强烈动机的形成。坚定不移的信念是成功的重要基石。每个人天生就有创造力，只是后天教育、成长的环境不同，导致个体之间存在差异。创造力人人都有，缺乏创造力的人经过创造性思维的训练和技术的传授也能将创造潜能激发出来。在通往成功的路上，必然会遇到各种各样意想不到的困难和坎坷。成功者必须具有克服这些困难与障碍的意志，不断在失败中总结经验教训，坚持不懈地向目标前进，才能到达胜利的终点。此外，人的情感对创造力的发挥也有重要影响，它不仅会影响人的心理及精神状态，还可能引发不良的生理变化，进而影响创造力的发挥。

2.3.2.2 提高创造性思维

富有观察、吸收、记忆、想象以及操作等能力是具备创造能力的表现，要调高创造性思维就要提高这些能力。观察能力是能全面、正确地认识事物特点，它是新的设想与假设产生的源头。吸收能力包括学习能力、信息收集能力等，良好的吸收能力能使人不断地获得新的知识和技能、掌握新的方法和广泛信息。记忆是人脑对经历过的事物的反应能力，不断储存、提取、积累知识，在需要的时候用积累的知识经验解决问题。想象能力是通过思维活动把对客观事物的描述构成形象或独立构思出新形象的能力。操作能力是能将设想付诸实际行动独立完成的能力。

2.3.2.3 提高综合能力

食品研发是一个很需要综合能力的工作，不仅技术上的过硬，还需具备统筹研发进度能力、项目管理能力、沟通能力（与不同部门、客户等沟通）、遇到问题随机应变的能力、解决问题的能力等。

第 3 章

消费心理学概述

食品研发的最终指向是满足具体对象的需求，不论是心理需求还是生理需求，其中大多对象为消费者。食品研发设计需与市场相匹配，具有明确的产品属性和功能定位。消费者是市场主体，其消费行为及消费心理对所研发产品具有重要影响，食品研发人员与其研发产品的生命力息息相关，所研产品的品质也是形成持久消费力的主要因素之一。产品品质应最大化接近消费者需求，其中满足消费者心理需求极其重要，不论是市场营销还是产品质量，只有二者相结合才能创造具有极强生命力的产品。

3.1 消费心理学概念

3.1.1 心理学概念

心理学是研究人的行为和心理过程的科学。心理学包括基础心理学与应用心理学，其研究涉及知觉、认知、情绪、思维、人格、行为习惯、人际关系、社会关系、人工智能、智商、性格等许多领域，也与日常生活的许多领域——家庭、教育、健康、社会等发生关联。心理学一方面尝试用大脑运作来解释个体基本的行为与心理机能，同时，心理学也尝试解释个体心理机能在社会行为与社会动力中的角色；另外，它还与神经科学、医学、哲学、生物学、宗教学等学科有关，因为这些学科所探讨的生理或心理作用会影响个体的心智。实际上，很多人文和自然学科都与心理学有关，人类心理活动其本身就与人类生存环境密不可分，与人文社会不可分割。

3.1.2 消费行为概念

消费者行为研究是一门科学整合的学科，其架构与意义包括社会学、心理学、经济学及营销学等领域。消费者行为的定义，根据 Engel、Blackwell 及 Miniard（1993）的定义是："消费者于产品或服务的获知、消费及处置的相关活动，包括其事前与事后的决策过程"。而 Schiffman 及 Kanuk（1991）则认为"消费者为了满足需求，所表现出对产品、服务、构想的寻求、购买使用、评价和处置等行为"。综观发现相同观点，即消费者行为可以界定为消费者为满足需求，对产品或服务所表现出来的消费活动与过程中所发生的决策行为。消费者行为是一个过程，且包含所有相关购买与使用决策的活动。消费者行为是与产品或服务的交换密切联系在一起的。在现代市场经济条件下，企业研究消费者行为是着眼于与消费者建立和发展长期的交换关系。为此，不仅需要了解消费者是如何获取产品与服务的，而且也需要了解消费者是如何消费产品，以及产品在用完之后是如何被处置的。因为消费者的消费体验，消费者处置旧产品的方式和感受均会影响消费者的下一轮购买，也就是说，会对企业和消费者之间的长期交换关系产生直接的作用。

3.1.3　消费心理

消费心理学（consumer psychology）以消费者在其消费活动中的心理行为现象作为分析研究的对象。消费心理与行为作为一种客观存在的社会经济现象，如同其他事物一样，有其特定的活动方式和内在规律，对消费心理的专门研究，目的就是为了发现和掌握消费心理现象的产生、发展和变化的一般规律，更有针对性地开展营销活动，以取得事半功倍的效果。对消费心理学的研究，是市场经济条件下使企业经营与消费者需求实现最佳结合的基础。了解消费者的消费心理和行为，能够帮助企业管理者进行正确的经营决策，提高企业的服务意识，正确引导消费，促进对外贸易的发展。

3.2　消费行为与心理之间的关系

消费心理是指人作为消费者时的所思所想。消费行为是指从市场流通角度观察的，人作为消费者时对商品或服务的消费需要，以及使商品或服务从市场上转移到消费者手里的活动。任何一种消费活动，都既包含了消费者的心理活动又包含了消费者的消费行为。准确把握消费者的心理活动，是准确理解消费行为的前提。而消费行为是消费心理的外在表现，消费行为比消费心理更具有现实性。

3.2.1　个体消费心理与行为

个体消费者心理和行为具有极强的随机性、不可预测性，既定的消费计划随心理变化可随时变化。消费者行为对每一个人来讲，往往是既熟悉又陌生。熟悉的是，每一个人都是消费者，几乎时时刻刻都在消费，而且每一次的消费行为看上去似乎都是那么简单、平淡；陌生的是，消费者的心理和行为又超级复杂，有时候一种心理或行为反应发生以后，连自己都无法弄懂自己，这确实是消费者或消费行为研究的魅力所在，这也吸引了无数的社会学、心理学、人类学、经济学、营销学等学科领域乃至一些公共部门的专家和实际工作者的研究。

成长环境及经历塑造了每一个无与伦比的人，人不能踏入同一条河流，同样，世界上也没有完全相同的两个人，人的思维及心理在不同环境中产生不同的映射，即使看到同一事物，人的认知和思维活动也可能完全不同。食品被消费者消费时，面对一个单一食品，仅就价格因素讨论，就会产生很多分类，当风味、品质等因素叠加进来，消费心理更是多样化。理性消费者与不理性消费者更是没有绝对区分，也许当下的欲望和需求被一定程度上的满足是消费的最终解释。

那么之于人，却有共同的需要，食物是维持人生存的基础，对美好食物的追求是人之天性，色香味俱佳且安全的食物是绝大多数人的选择。美味的食物建立在人的感官基础之上，人的眼睛、鼻子、嘴巴的生理基础基本一致，这是个体差异性上的共性基础。个人的味觉差异可随时间和空间转变而转变，过往不认同的食物在某一时间和空间会变得美味，同样美味的食物亦可索然无味，但不可否认的一点是，美味会形成记忆，深深烙印在内心深处，甚至成为一种追求。辣条之风近年骤然崛起，依托于短视频渠道的大肆营销，成为食品行业的一个明星产品，前推几年，辣条被定义为典型的垃圾食品，辣条为何会突然崛起？其中不乏怀旧心理，80后和90后的童年，物资相对匮乏，食品相对单一，价格低廉的辣条成为许多人童年时期的选择，辣条的影子也深深烙印在心中，同时辣条不健康、不安全的因素也埋下种子。当质量安全得到保证，赋予其品牌效应之后，健康因素被暂时忽略，兼之价格低廉，其蔚然成风也是必然。在这里，也不禁要问，当时间和空间推移，辣条的出路又在哪里？是否会像可口可乐一样经久不衰？可口可乐的未来又是如何？

作为食品研发人员而言，个体消费心理及行为的复杂性、不确定性这是客观存在的事实，但是其共性也是每个人所共有，过度解读任何一面均无益处。

理论上关于什么是消费者行为，目前国内外尚无一个统一的、被普遍同意的概念。约翰·莫温从消费者行为学的角度界定了消费者行为。他以为，消费者行为学研究的是：购买单位（包括个人和集体）及其在获取、消费和处置商品、效劳、体会和观念时发生的互换进程。德尔I.霍金斯以为：消费者行为学研究的是个体、群体和组织为满足其需要而如何选择、获取、利用、处置产品（包括效劳）的体验和方式，和由此对消费者和社会产生的阻碍。美国市场营销协会（AMA）的概念：消费者行为是情感、认知、行为和环境因素之间的动态互动进程，是人类履行生活中互换职能的行为基础。至少有以下几层重要含义：①消费者行为是情感、认知、行为及环境因素之间交互作用的进程；②消费者行为是动态转变的；③消费者行为涉及互换。消费者行为是指：消费者为了满足其需求和欲望而进行产品与效劳的选择、采购、利用与处置，因此所发生的内心、情绪和实体的活动。消费者行为的大体范围包括与购买决策相关的心理和实体活动。心理活动包括评估不同品牌的属性、对信息进行归纳分析和形成内心决策等。实体活动包括消费者搜集产品相关信息、到购买地址和销售人员进行沟通和交流以及产品的实际消费和处置。

3.2.2　消费行为趋同性

趋同（收敛）研究是当前消费心理学研究的一个热门领域，但是，迄今为止，除了在特定情况下对趋同的含义作出特定的界定之外，尚未出现对趋同本身的正式定义。在经济学研究领域可以简单地把趋同理解为各个经济主体在某个经济变量上呈现出越来越接近的趋势。与趋同（收敛）相对应的是趋异（发散）。

研究消费行为趋同性在实际研究中，还涉及几个趋同相关概念。

（1）β趋同、绝对β趋同和条件β趋同　在一个增长率对初始水平的回归模型中，如果初始水平的系数为显著的负数，这就表明初始水平越低的经济体（国家或地区）增长速度越快。早期的趋同研究将此作为趋同存在的依据。由于该系数经常用β表示，β趋同因此得名。β趋同还可以分为绝对β趋同和条件β趋同，如果这种趋同是在控制其他决定稳态的因素的基础上得到的，这种趋同被称为条件β趋同，简称条件趋同；否则为绝对β趋同，简称绝对趋同。

（2）a趋同　在实际趋同研究过程中，β趋同概念遇到一些问题，于是，为了弥补这个缺陷，有学者把表示离散指标的测度与β趋同结合起来：如果一个分布（或样本）的离散程度在下降，就认为发生了趋同。由于统计学中衡量离散程度最常用的指标是标准差（方差的开方），而标准差经常用a表示，因此，a趋同由此得名。

（3）俱乐部趋同　借助于converge的词典释义，可以简单地认为，如果各经济体向一个点聚集，这种趋同称为全局性趋同，也就是通常意义上的趋同；如果各经济体不是向一个点聚集，而是向两个以上的点聚集，则认为发生了俱乐部趋同（club convergence），向各个点集聚的经济体就构成了趋同俱乐部（convergence clubs）。

（4）极化　与趋同俱乐部相关的一个概念是极化（polarization），极化是指事物在一定条件下发生两极分化，使其性质相对于原来状态有所偏离的现象。可以认为，俱乐部趋同尤其是双峰俱乐部趋同经常包含着极化过程；但是，极化过程不一定包含着俱乐部趋同。事实上，如果极化一直进行下去，其结果是趋同的反面——趋异。

消费行为趋同的研究对象较为广泛，涉及空间、行业、人群、产品等，例如不同省份的消费趋同性研究、饮料消费趋同性研究、大学生消费趋同性研究、可口可乐消费趋同性研究等。研究方法也具有多样性，例如使用特定数学方法及其他方法研究β趋同、a趋同、俱乐部趋同等。消费行为趋同性在空间上存在区域趋同性，不存在绝对的趋同性，更多表现为俱乐部趋同及趋异现象，例如川渝喜食麻辣、上海浓油赤酱、两广原味鲜甜等。在行业中消费行为趋同也表现较为明显，果汁饮料消费者普遍选择橙味饮料，其次是苹果饮料；碳酸饮料中可乐一枝独秀。从东西方饮食习惯亦可以发现这一现象，东方喜食大米，西方喜食小麦。形成以上消费行为趋同的因素较多，更多是与当地饮食文化、消费者味觉趋同及文化同化有关，随着全球化的进行以及经济水平的提高，消费行为的趋同性会更加显著，俱乐部趋同性在空间上会更加明显。

食品研发人员必须考虑消费行为趋同性在空间及时间的影响，食品研发的产品针对具体对象需明确定义，包含地域、人群、消费水平、文化等。地域不同食品风味需做相应的调整；虽地域之间消费行为具有趋同性，但是极化也必然存在，有时，极化会产生巨额的市场利润；消费水平决定了购买力，在原料选择、配方设计上做相应的调整；文化属性是对产品的又一次定义，不论是对所研发产品还是研发产品的消费对象。

严格意义上任何的食品研发设计需经过广泛的市场调研以获取足够的论证用于验证研发的可行性，保证食品研发设计的市场价值和劳动价值，最终目的是获得消费者的认可以获取足够的利润，最理想的是形成广泛的消费行为趋同性，在巨大的空间上获得较大群体的认可，消费趋同性的魅力无处不在，但具有极强生命力的产品也许在某一瞬间产生，这和研发人员的素质和积累息息相关。

3.2.3 消费习惯与消费心理

研究消费心理的重要作用之一就是延续消费者的消费习惯，获得消费者的认同，以获得持续的消费动能，创造产品的生命力。

消费习惯依据以上内容可分为个体消费习惯和群体消费习惯，二者相互联系，相互依托，构成了食品消费的主旋律。消费习惯亦可以消费惯性阐述，消费惯性有大有小，由多重变量共同构成，包括时间、风味、文化等因素，产品卖得好不好是其直接表征，也就是单位时间的销售量。

消费习惯随时间改变而改变，具有极强的历史背景。中国老字号中关于食品的部分，目前正走向没落，更多的是一种文化的象征。在物质匮乏年代，简单的食物即可给味蕾极大的享受，在物质日益丰富的今天，消费者对风味和品质要求越来越高，产品迭代速度也越来越快，中国老字号的产品的固有形态制约了其发展态势，这是历史发展的必然和缩影。

消费频次可以衡量消费者的消费习惯，消费频次受产品种类、风味优劣、收入情况等多重因素影响。对于米面粮油等生活基本保障类型产品，消费习惯具有极强的延续性，例如食用油，不同地区的消费习惯不同，有花生油、菜籽油等，但不可否认的是同一地区的较大基数的人会选择同一种类的产品持续消费，仅在品牌上有所替换。对于休闲类食品，消费者在选择上趋于多样性和随机性，在固定的时间段具有固定的消费趋势，直至消费习惯被某一因素打破，包括味觉疲劳、心理疲劳、环境改变等。但是消费者对于产品印象非常重要，这是其持续购买产品形成消费习惯的重要因素，这也是广告的魅力所在，长久持续性地形成消费影响，延续消费者消费习惯。

建立在生命基础的饮食必备的要素上，消费习惯依然和消费心理息息相关，其中安全和价格成为消费者主要考虑的两大因素。我国古代，食盐为官府垄断商品，个人不得行销，价格高昂，是官府获得巨大利润的手段，归根结底为食盐是生命所必需，也是饮食的基础味道之一，为百味之首，直至盐业开放之前，其产品也大多产于国企或央企。现如今，虽盐业开放，品类多样，价格差异较大，但民众依然习惯于固有品牌，其中和盐的价格不无关系，食盐虽每日不可或缺，但用量较少，价格低廉，选择之前熟知品牌是较佳策略，虽其他品牌在品质上或没有差别，但消费者不愿承担选择带来的风险。同样对于米面粮油，消费者的选择也倾向于保守，安全是其考量的重要因素之一，这也催生了国内的金龙鱼、福临门等巨头，这与当下的食品环境不无关系。

怎样养成消费者的消费习惯，提高消费者的消费频次，是每个生产厂商必然考虑的问题，也是食品研发人员对产品的又一次定位和阐述。群体性的消费习惯一旦形成，很难被打破，例如对于可乐赛道而言，可口可乐和百事可乐形成两雄争霸的态势，其余同类产品很难参与其中，均在夹缝中生存，这其实是对所有食品研发人员的一个命题，如何打破这种现象？面对资金雄厚、技术先进的大资本、大企业，如何从研发的角度予以破解。目前国内碳酸饮料市场，借助怀旧的心理，众多厂家推出网红汽水，各有亮点，产品设计上也兼具消费者心理因素的考量，例如添加果汁、低糖、无糖等，回避可乐这一赛道，但是否能真正崛起，这需要时间的验证。在饮料的另一赛道——茶饮料，我国做得较好，茶饮料初始以中国台湾品牌康师傅和统一独占鳌头，后进者农夫山泉以矿泉水为媒介，大力发展饮料行业，深度整合资源，精准定位，陆续推出包装和概念新颖的茶饮料，打破这一局势，农夫山泉在我国饮料行业一枝独秀。在时代及历史的变迁下康师傅和统一也许会成为又一个怀旧因素。可乐和茶饮料二者的文化背景截然不同，一个是西方的饮料代表，一个是我国具有深厚历史底蕴的文化符号，茶饮料我国企业的胜出有其必然因子，可口可乐虽也推出茶饮料，但收效甚微，这是饮食习惯、历史文化对产品的独特影响。

一个好的开始是成功的一半，对于产品而言，好的开始也许早就埋下了伏笔，一见如故、再见倾心、三见不忘也许是消费习惯的强大动力，好的包装、好的理念、好的产品才是产品的根本，这均需研发人员深切分析消费需求，以进行研发设计与开发，一切自然水到渠成。

3.3 消费心理学在食品研发中的应用

古人云："人以食为本，民以食为天"。一句耳熟能详的俗语处处表现出"食"的重要性。很显然，"食"是人的第一需要。但随着社会文明和精神文明的不断发展，人们对"食"的要求也越来越高，不仅需要从生理上满足饮食消费的需要，还需要从心理上满足，这就演变出消费者复杂多变的消费需求。既有食品产品的生命周期在消费者复杂多变的消费需求、不断进步的科学技术以及竞争日益激烈的市场的影响下变得越来越短。这就意味着对大多数食品企业来说，不创新就会走向灭亡。食品企业要想在市场上继续生存和发展，研发新产品已是必由之路，于是新产品的设计、研发和推广成为营销者们的重要工作之一。市场营销计划的主要任务就是不断提出新产品创意，并将之成功实现。随着消费者生活水平和文化素质的不断提高，其心理欲求在购买行为中占有越来越重要的地位。消费者是否购买某一新产品，通常取决于该新产品是否能够满足其心理欲求。而消费者的心理欲求受到社会和个人条件等多种制约。所以，新产品的设计研发应该适应消费者不断发展的心理欲求，这就需要从食品研发的角度根据饮食消费者的心理需求不断设计研发新产品。综上，研究消费者心理，使新产品的设计、研发和推广能够满足消费者的心理欲求，就显得非常重要了。

3.3.1 人群定位

面对琳琅满目的产品，消费者们的需求各有不同，但总有具有某一共同特征的消费者存在，从而构成复杂多样并各具特色的消费者群体。如若在食品研发过程中能够对适用人群进行精准定位，必定会达到事半功倍的效果。

消费者群体是由在购买行为、购买习惯和消费心理特征等方面具有某些共同特征的若干消费者组成的集合体。在各个群体成员之间通常以血缘、年龄、区域和社会阶层等作为纽带联系起来；他们有共同的目标、共同的群体意识、共同的规范以及持续的相互交往。只有具备以上基本条件和特征的社会成员才能构成一个群体。消费者群体之间还存在着诸多特征：①广泛性，消费者群体人口基数大，地理分布范围广；②分散性，以人为单位构成的消费者群体使消费者群体成员呈分散性分布；③同质性，消费者群体成员之间在性别、年龄、消费习惯等方面具有相同特征；④复杂性，消费者群体成员之间某些方面还存在着不同，例如在消费习惯相同的群体之间，在年龄、性别、性格、文化程度、社会阶层等方面必定存在着不同的特征，这就构成了消费者群体之间的复杂性；⑤稳定性，消费者群体形成后在较长一段时间内，保持群体成员相对稳定的状态；⑥变化性，当然，消费者群体形成以后也并不是保持一成不变的，随着消费者个体消费需求的改变，消费者群体的人员构成也会随之发生改变；⑦情感性，消费者群体对商品的购买往往缺乏对商品质量、性能等方面的专业相关知识，只能根据消费者个体的喜好做出购买抉择，这种抉择易受情感因素、品牌效应等多方面因素影响；⑧季节性，季节性的气候变化、风俗习惯和传统节日都能够引起消费者群体的季节性消费。

可根据不同的分类标准对消费者群体进行划分，不同的划分标准呈现出不同类型的消费者群体。常见的消费者群体分类方式有以下几种。①根据消费心理学因素划分。在这一分类标准下又以组织形式、心理归属和行为模式三种细分标准进一步分类。按照组织形式可分为正式群体和非正式群体。正式群体一般是指组织形式比较固定且具有特定目标的群体，如家庭、工作单位和班级等。消费者的消费行为都会有意识和无意识地受到其正式群体内成员的影响。非正式群体是指结构松散，由于消费者个体某一种兴趣爱好、信念信仰或某种特殊需要而从属或加入的群体，如篮球俱乐部、足球协会和舞蹈队等。基于人们社会交往的需要存在着非正式群体，并影响个体消费的行为。按照心理归属可分为所属群体和参照群体。所属群体是指一个人实际归属和加入的群体，它的构成有两种情况：一是由具有相同或相似价值观、审美观的人按照个人意愿自愿结合而构成的，如营养与美食协会。二是受自然、社会因素的制约，不以个人意志为转移而形成的，如学生。所属群体对消费者的影响是直接、显现和稳定的；参照群体是指消费者做出消费决策时所参照比较的群体。消费者往往会把群体的规范和准则作为自己产生消费行为的标准，通常会不自觉地把自己的消费行为与这些标准和准则作比较，试图改变与群体准则和标准不适应的地方。如在互联网时代，不少人会把一些明星当作自己的偶像，并尝试从各个方面进行模仿。因此造就了不少企业利用这种"明星效应"选择明星来作为某种产品的代言人，刺激整个消费者群体产生消费行为。按照行为模式可分为自觉群体和回避群体。自觉群体是消费者按照自己的年龄、性别、民族和受教育程度等因素自动地归属于某个群体，从而有意识地用这一群体的标准和规范来约束自己的消费行为；回避群体是消费者在自身主观意识下自认为与自己不符合、极力避免归属的群体，这与自觉群体相反，它可以影响到市场上某种产品的销售或企业形象。②根据自然地理因素划分。处在不同地理位置的消费者对产品有着不同的需要，按照自然地理因素这一个基本变量对消费者进行划分，可分为以下两种情况：按照地区划分，可分为国内消费者群体、国外消费者群体，欧洲、中东地区和东南亚地区消费者群体，华北地区、东北地区消费者群体等；按照自然、环境及经济因素划分，可分为山区、平原和丘陵地带消费者群体，沿海、内地和边远地区消费者群体，城市、农村消费者群体等。地理位置的差异导致各地区的自然环境、社会风气和政治经济环境不同，从而消费者的消费习惯和需求也会受到不同程度的影响。③根据人口统计因素划分。按照性别划分，可分为男性消费者群体和女性消费者群体；按照年龄划分可分为少年儿童消费者群体、青年消费者群体、中年消费者群体和老年消费者群体；按照受教育程度划分可分为小学文化消费者群体、中学文化消费者群体和大学文化消费者群体；按照职业划分可分为工人、医生、教师、经理和政府公务员等消费者群体；按照收入水平划分可分为高收入人群、中等收入人群和低收入人群等消费者群体；按照家庭类型划分可分为多代家庭、核心家庭、单亲家庭和单身家庭等消费者群体；按照民族划分可分为汉族、回族、藏族和彝族等多个民族消费者群体；按照宗教划分可分为信仰佛教的消费者群体、信仰基督教的消费者群体、信仰天主教的消费者群体和信仰伊斯兰教的消费者群体等多个宗教信仰的消费者群体。这些人口统计学因素变量一般都很容易确认和测量，这些特征通常会与特定产品的使用联系在一起，例如社会阶层较高的消费者才可能购买高质量消费品。④根据消费者心理因素划分。在具有众多相同或相似条件的消费者群体内也存在着不同的购买行为，这种差异往往是由个体的心理因素造成的，因此可根据消费者的心理因素来划分消费者群体。按照生活方式的不同可划分为不同民情的消费者群体、不同生活习惯的消费者群体、紧追潮流的消费者群体和趋于保守的消费者群体；按照心理倾向可划分为注重实际、相信权威和犹豫不决等不同的消费者群体。其中，注重实际的消费者对产品的实际效用、质量和价格具有更大的倾向性，相信权威的消费者更注重产品的品牌、商标、生产厂家等代表权威的指标，而对于犹豫甚至怀疑的消费者，可通过提供咨询、广告宣传或现场示范来争取这类客户。⑤根据消费者对商品的现实反应划分。按照购买动机可划分为求实、求新、求廉、求奢和求同等消费者群体；按照对商品品牌的偏好可划分为非常偏好、比较偏好、一般偏好、无偏好、反感和很反感等消费者群体；按照消费者对商品的使用程度划分可分为未曾使用、初次使用、长久使用和潜在使用等消费者群体；按照对商品的使用量可划分为大量使用、一般使用、少量使用和不使用消费者群体；按照对商品要素的敏感性可划分为对价格敏感、对质量敏感和对服务敏感等消费者群体。总的来说，以上提到的因素都能够导致不同消费者群体产生，这些因素相互关联、相互作用，共同对消费者群体心理与行为产生影响。企业可针对在多种因素共同影响下形成的不同消费者群体类型的特点，采取恰当的对策，以取得更好的效果。

消费者群体的形成在某种程度上能够对企业造成重要影响，特别是在企业生产经营和消费活动方面。具体来说，①消费者群体的形成能够为企业提供明确的目标市场，划分后的消费者群体的需求比较具体，易使企业经营者了解消费者需求。企业可根据自身条件和特点，锚定服务对象，并有针对性地制定特殊的营销策略。同时，由于消费者群体对细分消费需求变化的反馈也比较迅速，随之企业自身的应变能力和竞争能力也被提高。②有利于企业集中资源优势，对于资源有限的中小企业来说，在划分消费者群体以后，这些中小企业可以选择大企业没有涉及的目标市场，集中人力、财力和物力占领局部市场，以求生存发展。③能调节、控制消费，使消费活动向健康的方向发展。

不管是从消费者群体中的个体消费者成员来说还是对于企业来说，消费者群体的划分都有利于满足各自的需求，从而达到一个良性促进循环关系。所以，食品研发人员在研发新的食品产品时必须考虑不同消费者群体的需求，针对不同的人群设计研发出对应的产品。

娃哈哈集团成立 37 年，从企业规模和效益上来说，多年蝉联中国饮料行业榜首位置；从国民角度来说，品牌陪伴了不少"80 后""90 后"的成长，更是由一曲"娃哈哈"承载了几代人的珍贵记忆，是当之无愧的国民"老字号"。娃哈哈集团的成功，离不开在产品研发初期对市场人群的精准定位。从创立初期，娃哈哈集团就敏锐地捕捉到了当时儿童营养品市场孕育的巨大商机，瞄准儿童人群，研制开发了解决小孩子不愿吃饭问题的娃娃儿童营养口服液，产品很快走红全国，靠"喝了娃哈哈，吃饭就是香"完成了企业的初步积累。之后，娃哈哈不断在产品方面推陈出新，直至1996年，娃哈哈集团又精准定位到儿童人群，针对我国儿童钙的摄取普遍不足这一问题设计研发出娃哈哈AD钙奶饮料。这款饮料不但添加钙，而且能够被有效吸收。它以钙质吸收的最佳载体奶为基础，又辅以维生素A和维生素D促进钙质吸收，达到真正的补钙，一上市就得到了儿童家长的青睐。但随着时代的发展，娃哈哈品牌不得不面临消费者迭代的问题，拥有着娃哈哈记忆的那群"80后""90后"已经不再是当初的儿童，娃哈哈是否还能够在市场上立足，这需要企业深刻的思考。如今的"80后""90后"仍是消费主力军，但他们现在更愿意为自己的兴趣和爱好付费，重视产品体验、内涵以及社交。国货、性价比、颜值、个性和社交是他们的消费关键词。持续地满足这类消费者群体的需要，不断地输出新产品，已经成为娃哈哈与他们之间专属的有温度的连接桥梁。自2018年以来，娃哈哈先后推出AD钙奶味月饼、AD钙奶味"娃哈哈哈哈粽"，并在2019年国庆期间推出限量版AD钙奶小红瓶，搭载人民日报新媒体"70而潮"系列专题，用经典的"中国红"包装献礼新中国成立70周年。2020年，娃哈哈限量发售AD钙奶弹幕瓶，并推出AD钙奶味"哈小糖"系列糖果。娃哈哈不仅在产品端输出，形成和消费者之间的交流，还重视起了内容端的聚合。2020年，AD钙奶首次提出"未成年"概念，打出"一瓶还童奶，今日未成年"的口号。这种"未成年"倡导，不仅是年龄上的未成年，更代表了一种年轻、乐观的心态，既提醒未成年人要珍惜当下，也倡导成年人要保持一颗童心，尊重现实的一些失败和不顺，用乐观、积极的态度去面对。在"未成年"概念的框架下，娃哈哈携手钟薛高推出AD钙奶味的"未成年雪糕"，既勾起了成年消费者的童心，还引发了情感认同，和消费者一起重回童年时代。总的来说，娃哈哈的这些动作都是基于AD钙奶自带的独特内容输出力，赋予产品本身人格内容和情感内涵，定位人群，在满足消费者需求，得到消费者滋养的同时，也在为消费者持续地创造价值。

消费者的需求会随着环境和年龄不断地变动，但不管是时代的变迁还是生态变化，"人"是一直存在的。人的代际更迭，催生着商业的新陈代谢，更新换代。但不管时代如何变化，只要抓住人，就抓住了时代。企业应不断抓准人群定位这一绳索，不断地满足他们的需求，为他们持续创造价值，才能立足于各个时代。

3.3.2 年龄定位

不同年龄的消费者群体的教育程度、生理及心理基础、社会阅历、消费需求和消费心理等都有所不同，因而他们的消费心理特征也存在着较大差别。按照年龄指标，消费者群体可以划分为婴幼儿消费者群体（0～3岁）、少年儿童消费者群体（4～18岁）、青年消费者群体（19～35岁）、中年消费者群体（36～55岁）和老年消费者群体（56岁以上）。其中，婴幼儿消费者群体比较特殊，虽然他们也作为产品的最终消费者，但消费决策和消费人是他们的父母或长辈，所以分析婴幼儿消费者群体的消费行为时转移分析中青年消费者群体的消费行为。

3.3.2.1 少年儿童消费者群体的消费心理特征

少年儿童消费者群体是由年龄在 4～18 岁之间的消费者组成的群体。这个消费者群体的消费者是当今社会具有潜力的消费群体。

少年儿童还属于未成年，自我消费意识能力尚未成熟，道德观念等还需要不断完善和发展，自我控制能力不强，没有独立的经济能力。从某一层面来讲，少年儿童消费行为并不能完全由自己掌控。

4～18 岁的少年儿童，按照不同的特征可以分为学龄前（4～6 岁）、学龄期（6～11 岁）和少年期（12～18 岁）。不同年龄段的儿童表现出不同的消费心理特征。

(1) 学龄前儿童消费者群体的心理特征　学龄前儿童身体迅速生长，对周围事物的认知能力增强，开始有意识地学习，对身边的事物有了好恶之分，开始挑选自己喜欢的商品。其消费心理特征主要表现为以下几个方面：

① 比较心理。这个时期的儿童学会了辨别和比较，有了选择满意商品的心理，对曾经使用过的商品或是在电视节目中看到过的广告商品表现出极大的兴趣。处于这个阶段的消费者虽然大多不识字，但凭借着他们的认知可以识别出很多商品，例如对于包装漂亮或是有熟悉的卡通图案的包装有很大的热情。

② 模仿性消费。虽然处于学龄前的消费者群体有了一定的辨别意识，但还是相对缺乏辨别事物的能力，因而他们常常模仿父母、其他小朋友或影视人物，具有明显的模仿性，例如对别的小朋友的玩具感兴趣，并也想获得。

③ 具有不稳定的消费情绪。学龄前儿童的消费情绪易受到外界因素的影响，对商品的喜好情绪波动较大。例如前一秒还特别喜欢并想要某一个玩具，过一会儿就表示不喜欢了，或是以前不喜欢的东西由于看到别的小朋友拥有又变得喜欢起来，可谓是"阴晴不定"。

(2) 学龄期儿童消费者群体的心理特征　学龄期儿童消费者群体大多时间在学校学习，其消费行为更易受到外界环境的影响，特别是受到身边的老师和同学影响。这个阶段的儿童在心理上已经有了要求独立的意识，希望摆脱家长的控制，开始萌生独立购物的愿望。消费心理特征如下。

① 开始显现个性消费特点。随着年龄的增长，自我意识不断形成，这个时期的他们开始按照自己的需求，往带有个性特点的消费方面发展，不再模仿他人，要求自己的东西与众不同。

② 趋于稳定发展的消费情绪。由于该时期的儿童消费者群体多数时间在学校学习，接触社会消费实践，知识、经验等不断增加，所以他们调节与控制情感的能力得到了提高，其消费心理逐步成熟。他们的购物倾向于自己喜欢的事物，并表现出一种持续性的热衷。

③ 消费行为受社会影响程度加大。随着年龄的不断增长，儿童与社会接触的机会更多，儿童购物更易受到社会流行的影响。

(3) 少年期儿童消费者群体的心理特征　少年期是儿童向青春期过渡的时期，

这个时期的儿童自尊心强，希望自己被重视，被尊重，被关注，要求独立、自主，并希望参加有创造力、支配力的活动。具体的消费心理特征主要有以下几个方面。

① 乐于与成年人攀比。由于少年期儿童消费者从主观上认为自己已经是成年人了，应该有成年人的权利和地位，要求学习和生活都要自立，不希望家长多加干涉。他们喜欢自己做主，像成年人那样独立作出消费决策。

② 趋于稳定的购买行为。随着自身知识的不断丰富，再加上与同学之间的交流增多，这个阶段的消费者购买行为趋向稳定。随着感性认知不断增强，对消费品具备初步判断、识别的能力，开始确立消费倾向，养成消费习惯，对商品品牌也有了辨别意识。

③ 消费行为受社会影响大。少年期儿童在范围和时间上都大大增加了与社会的接触，受社会环境影响的程度不断提高，对新产品、新技术、新环境等事物拥有强烈的好奇心。比较突出的是这个阶段的消费者里存在着"追星族"，在消费行为上表现出对明星的青睐，受到明星和同族追星者的消费者影响较大，对明星代言或使用过的产品有极大兴趣。

④ 开始显现在家庭消费中的决定性作用。少年是家庭支出的主要对象，在家庭消费中起着重要的作用。这个时期的少年会对父母的行为作出干预，尤其是对自己要用到的商品，会要求家长按照自己的意愿进行购买，甚至会影响父母作出家庭消费决策。

3.3.2.2 青年消费者群体的消费心理特征

青年是处于从少年向中年过渡的阶段。青年消费者群体在自我意识方面已经相当成熟，道德观念也相对完善，自我控制能力增强，大部分消费者已经具备了独立的经济能力，消费行为的实现具有很大的自主性。相对于其他消费者群体来说，青年消费者群体的探索意识和冒险意识较突出，是创造消费流行和追逐流行的群体，消费潜力大。其消费心理也日渐成熟。

① 追求时尚，紧跟时代步伐。青年消费者信息资源丰富、思想活跃、敢于创新，对未来生活充满了无尽幻想。在消费心理方面，他们表现出以下特征：对商品的造型和外观要求展现时代风尚；对商品的结构和性能要求符合现代科学技术和现代生活方式；对服务的消费追求享受、新潮和快捷。他们紧跟时代潮流，勇于尝试新产品或新消费方式。

② 追求个性，消费展现自我。青年消费者群体是一个喜欢展现自我的群体，他们喜欢能够体现个性的商品，通常会把购买的商品与个人性格、理想、身份、职业和兴趣爱好等联系起来，并形成购买需求的总趋势。

③ 消费兼顾实用。这类消费者在追求商品的时尚个性的同时，也关注商品的经济性、实用性和科学性。

④ 注重情感消费，易冲动。青年消费者群体在消费时，情感因素和直觉因素起到重要作用。当理智与情感产生矛盾时，后者往往占上风，在作出购物决策时，

他们容易受到社会、环境、权威人士等因素的影响。例如他们在购物消费时，往往忽略综合选择的必要，而根据商品的款式、颜色、形状和价格等某种单独的因素而产生积极情感，进而冲动地购买某种商品。

3.3.2.3 中年消费者群体的消费心理特征

在以年龄为标准划分的消费者群体中，中年消费者的收入水平是最高的，支出能力也是最强的，消费的商品覆盖范围广泛。他们具有丰富的社会阅历和比较固定的生活方式，消费经验丰富，在家庭中是绝对的购买决策者和执行者，并且还会左右未成年子女和家中老人的购买决策，在消费活动中处于重要的决策地位。他们的消费心理特征如下。

① 人员数量多，素质高。从人口普查数据来看，我国中年人口占比较高，并且这类人群有较高的文化知识，积累了丰富的社会经验和生活阅历，综合素质较高。

② 注重产品的实用性，理性选择。该群体的成员注重商品实际效用、外观与价格的比例，在作出消费决策时，往往会细致地分析、比较和挑选商品，能够理智地支配自己的消费行为，不容易感情用事。

③ 注重理财，奉行量入为出。中年消费者群体大多是家庭经济的主要负担者，都肩负着赡养老人抚育孩子的重任，在家庭中处于消费决策者的地位。由于大多数中年人与社会保持着密切联系，对商品信息反映出传递快捷、更新频繁、准确性高的特点，他们能够对信息进行有效分析。因此，在家庭理财时他们注重经济合理支配，量入为出。

④ 注重身份，稳定性强。该消费者群体的成员正处于人生的成熟阶段，大多有稳定的职业。因此，他们比较注重建立和维护与自身身份相符合和相适应的消费标准和消费内容，而不会轻易受到外界环境的影响。

3.3.2.4 老年消费者群体的消费心理特征

在我国老年人口占比较大，并且随着老龄化形势愈加明显，老年消费者群体被商家高度关注。老年消费者群体由于生理演变的结果，在消费心理和行为上与其他消费者群体有很大不同，老年消费者群体的消费心理特征表现如下。

① 消费心理惯性强，对品牌、商品的忠实度高。老年消费者群体在长期的生活实践中形成了比较稳定的态度倾向和消费习惯，这种习惯一旦形成很难轻易改变。同时，他们大多数都有一种怀旧心理，尤其对"老字号"的喜爱是无法自拔的；对能唤起美好回忆的商品有特殊的感情，对传统品牌、传统商品的忠实度很高。

② 注重实用性，追求方便。老年群体消费者心理稳定程度高，注重商品的实用性，强调商品的质量可靠、价格合理、使用方便。由于体力和精力都在不同程度削弱，在消费过程中，对消费便利性的追求较高。因此，在消费过程中，他们一般要求购物场所交通便利、场内有休息设施、商品陈列便于挑选、购买程序简单和售

后服务周到等。

③ 需求结构呈现老龄化特征。随着老年消费群体生理机能的衰退，老年消费者群体成员对保健食品、健身器材和营养食品的需求量大大增加，而对体面穿着及其他奢侈品方面的需求量相对减少。由于需求结构的变化，他们在这些方面的支出大大减少，而对满足其兴趣、嗜好的商品消费支出明显增加，整个消费需求呈现出老龄化。

④ 部分老年消费者存在补偿性消费动机。在子女成年并独立后，老年消费者群体成员的经济负担减轻，部分老年消费者产生了强烈的补偿性消费心理，试图补偿过去因条件限制而未能实现的消费愿望。尤其是在美容养发、健身娱乐、特殊兴趣爱好等方面有着强烈的兴趣并乐于进行消费支出。

从食品研发角度来看，处于不同年龄阶段的消费者群体对事物的认知能力、看法、态度等都大相径庭，因此对于食品消费的需求也不一样。食品研发人员在设计研发食品新产品时，要充分了解不同年龄的消费者群体的心理需求，以根据他们的需求特点，有针对性地、精准地做好食品研发工作。纽崔莱"营养套餐"就充分地利用了这一点，将目标消费者细分为儿童、老人等四类消费者群体，并根据这四类消费者群体不同的身体机能特点，研制出了四个营养食品组合，分别找到了独特的诉求主张，然后推荐给与之相对应的消费群体。由此，在面对消费者时，纽崔莱品牌旗下琳琅满目的产品线就以四份个性化的、有针对性的、让消费者喜闻乐见的"营养套餐"呈现在市场上，将同一品牌的系列产品变得更有针对性。这就体现出了从食品研发阶段在满足不同年龄段消费者消费心理需求的同时，还不断地扩大了消费人群。又如，美国亨氏集团为了与我国合资在广州建厂，从一开始就直奔婴幼儿这一消费者群体，针对婴幼儿这一消费者群体的消费心理特征，多次召开"母亲座谈会"，充分吸取公众的意见，广泛了解消费者的需求，征求母亲对婴儿产品的建议。他们针对中国儿童缺少微量元素，造成儿童营养不平衡及影响身体发育的现状，在食品研发阶段，于食品中添加一定量的微量元素，如锌、钙和铁等，食品营养更趋于合理，使产品具有极大的吸引力，普遍地受到了中国母亲的青睐。亨氏集团擅于进行产品年龄定位，发展直接消费者群体和潜在消费者群体，从而一举成功。

食品研发人员要学会从不同年龄段的消费者群体出发，掌握他们各自的消费心理特征，研发新型食品产品，以满足他们的消费心理需求。只有这样才能不断地扩大消费者人群，才能使食品产业屹立不倒。

3.3.3　功能性定位

传统的观念认为食品具有提供营养的第一功能和感官享受的第二功能这两种功能。换句话说，也就是食品的本质要素历来被认为：一是营养功能，能保持和修补机体处于正常状态的营养素补给源和维持机体必要运动的能量补给源，这也是食品的基本功能；二是感官功能，消费者对食品的需求不仅仅满足于解决温饱，还要求在使用过程中同时满足视觉、触觉、味觉、听觉等感官方面的需求。食品的感官功能不仅是出于对消费者享受的需求，而且有助于促进食品的消化吸收。诱人的食品可以引起消费者的食欲和促进人体消化液的分泌，从而推动消费者购买。在当今社会中，食品的这一功能显得更加突出。但随着社会生产力的发展，人们的生活已经得到极大改善，社会主要阶层已经不满足于食品所具有的这两个功能，对食品功能的要求已经发展到更高的层次。长期以来的医学研究证明，饮食与健康存在着密切的关系，如一方面，某些消费者长期食用高糖、高脂肪、高胆固醇的食品，由于摄入的能量过剩或营养不当，会引起高血脂、肥胖，造成高血压、冠心病，易发糖尿病及癌症等；另一方面，有些消费者由于缺乏营养素和维生素或矿物质使得身体健康水平下降引起疾病。大量研究发现，食品中含有大量营养素和少量具有调节机体功能的成分。因此，在社会生产力发展的催生下，食品被孕育出了第三个功能——调节功能。这就要求，食品研发人员在设计研发食品新产品时，需要明确食品功能，才能做到有的放矢。

3.3.3.1　食品的营养功能

食品营养功能的实现离不开机体对食品中含有的营养素的摄取。营养素是指一些维持机体正常发育、新陈代谢所必需的物质——营养物质，具体指食物中能被人体消化、吸收和利用的有机和无机物质，包括碳水化合物、脂肪、蛋白质、维生素、矿物质、水及膳食纤维。其中，作为机体能量来源的碳水化合物、脂肪和蛋白质普遍存在于谷类食物中。

(1) 蛋白质　蛋白质是人体的必需营养素之一，生命的产生、存在和消亡都与蛋白质有关，是生命的物质基础，可以说，没有蛋白质就没有生命。蛋白质的重要生理功能主要体现在：蛋白质是肌体细胞的重要组成部分，是人体组织更新和修补的主要原料。人体的毛发、皮肤、肌肉、骨骼、内脏、大脑、血液、神经及内分泌器官等都是由蛋白质组成的；蛋白质能够调节生理功能，例如构成人体必需的具有催化和调节功能的各种酶，为合成激素的主要原料，调节体内各器官的生理活性，构成神经递质乙酰胆碱、5-羟色胺等，维持神经系统的正常功能，维持机体内渗透压的平衡及体液平衡，合成免疫细胞和免疫蛋白；蛋白质水解能为机体提供热能。

(2) 脂肪　脂肪，包括脂和油，常温时呈固体状态称脂，呈液体状态叫油。脂肪由一分子甘油和三分子脂肪酸组成，也称甘油三酯。脂肪的生理功能主要表现在脂肪水解为机体供给能量；促进脂溶性维生素的吸收；维持体温和保护内脏；增加饱腹感，提供必需脂肪酸；提高膳食感官性状，使膳食增味添香。

(3) 碳水化合物　碳水化合物也称糖类，是由碳、氢、氧三种元素组成的一类化合物，根据聚合度可分为单糖、寡糖和多糖。碳水化合物主要有储存和提供能量、作为神经系统和心肌的主要能源、构成组织及重要生命物质、节约蛋白质、防止产生酮血症和酮尿症、解毒、提高人体消化系统功能等生理功能。

机体通过摄取食物中的营养素获得营养，而营养是维持人体健康的基础。主要表现在以下几个方面。

① 维持人体组织的构成：营养是人体的物质基础，从胚胎发育到成年，营养对组织器官的正常发育极为重要，孕妇的营养状况直接影响胎儿，而胎儿发育不良又会关系到成年期的健康。

② 维持生理功能：正常的机体功能首先要保证能量的需要，其中基础代谢消耗的能量是机体活动所必需的。各种器官的正常功能均有赖于营养素通过神经系统、酶、激素来调节，特别是脑的功能、心血管的功能、肝肾功能、免疫系统功能尤为重要。营养代谢需要上述功能的调节，保持平衡状态，而它们之间存在着相互依存的关系。

③ 维持心理健康：身心健康是指除保持正常器官的生理功能以外，还需要保持较好的心理承受能力。研究表明，营养素不仅构建神经系统的组织形态，而且直接影响各项神经功能的形成。

④ 预防疾病：营养素的缺乏或过剩都会引发疾病。合理的营养，防止营养素缺乏或过剩可预防因营养缺乏而诱发的疾病。

3.3.3.2 食品的感官功能

物质生活水平的提升，造就了食品市场日新月异，人们的消费理念日趋成熟和自主，食品的感官功能日益受到重视。"感官"一词想必几乎没有人会陌生，它是人体对外部刺激作出反应的器官，这些器官分别是视觉、嗅觉、味觉、触觉和听觉，这些反应器官相辅相成，帮助我们感知事物并获得经验。人类不仅通过多种感官接收信息，还通过多种感官进行交互，将情绪保存在记忆中。研究表明，感官之间会相互影响，共同作用于人对某一物体、食物、场景的体验。例如，我们对食物的愉悦感不仅受其外观、气味和味道的影响，还受其口感和声音的影响。食品的感官是人对食物材料的进食体验，具有明显的主观性和个体差异。人们在挑选食物时，他们的抉择通常会受到感官的影响，因此开发新食品产品应当具备满足消费者感官需求的感官功能。

3.3.3.3 食品的调节功能

在经济高速发展的时代背景下，人们解决了温饱，生活水平大大提高，膳食结构发生了变化。人们不再满足于食品当下所具有的两个基本功能，衍生出的食品第三功能"调节作用"成为人们的追求。食品的调节功能最终体现在功能性食品的应用中。功能性食品是指调节人体生理功能，适宜特定人群食用，不以治疗为目的的一类食品。这类食品除了具有一般食品具备的营养功能和感官功能（色、香、味）外，还具有一般食品所没有的或不强调的调节人体生理活动的功能。功能性食品的调节作用是经过严格的科学试验充分证明的，这也是人们信任追捧的基础和前提。其调节作用主要体现在以下方面。

（1）可预防营养缺乏 功能性食品通常富含重要营养素，包括维生素、矿物质、脂肪、蛋白质等，可以确保机体获得所需的营养并防止营养缺乏。事实上，自引入强化食品以来，全球营养素缺乏的流行率显著下降。又如在约旦引入铁强化小麦粉后，儿童缺铁性贫血的发生率几乎减半。除此之外，营养强化型功能性食品还能被用于预防由营养缺乏而引起的其他疾病如佝偻病、甲状腺肿和一些先天性缺陷疾病。

（2）促进生长发育　作为健康饮食的一部分，食用各种营养丰富的功能性食品有助于确保满足营养要求。加入对生长发育有利的特定营养素对机体的生长发育是有益的。例如，谷类和面粉中通常含有 B 族维生素，如叶酸，它会影响胎儿的生长发育。低水平的叶酸会增加神经管缺陷的风险，从而会影响到大脑、脊髓或脊柱。除了叶酸外，如 ω-3 脂肪酸、铁、锌、钙和维生素 B_{12} 在机体的生长发育中也发挥着关键作用。

（3）增强智力　营养素失衡或地方性营养素缺乏可以导致智力落后。氨基酸作为神经递质或前体物质直接参与神经活动，研究表明：用 9.5% 赖氨酸与 5.9% 的蛋氨酸喂养大鼠，可提高其在被动回避试验中的记忆功能。神经递质的合成和代谢，必须有各种维生素的参与，维生素 A 直接参与神经元的代谢；维生素 D 通过对钙、磷代谢的调节作用而影响大脑功能；维生素 B_1、维生素 B_2、维生素 B_6、烟酸、泛酸等在体内以辅酶形式参与糖类、脂肪和氨基酸代谢，间接影响和调节大脑活动；矿物质缺乏也会影响大脑，缺乏铁会减缓婴儿的精神发育，注意力不集中，缺乏锌会损害神经元细胞的正常生长。

（4）有助于减肥　当肥胖已经成为流行，减肥就会成为主流。事实上，肥胖已经成为一种全球流行病，据调查，我国城市人口中有 17% 是肥胖者。肥胖症往往会引起代谢和内分泌紊乱，并伴有糖尿病、动脉粥样硬化、高血脂、高血压等疾病。减肥的主要目的是抑制食欲，减去多余的脂肪。目前，有很多功能性食品，是能达到较好减肥效果的天然制剂。

（5）具有抗肿瘤作用　肿瘤是机体局部组织的细胞发生了持续性的异常增殖而形成的赘生物。当肿瘤细胞生长到一定程度时，就会将正常的器官挤在一起，并夺取进入机体内的营养物质，干扰机体的正常功能，最终导致死亡。现如今谈癌色变，抑制剂能够减缓致癌过程，它能在机体细胞损伤之前分解致癌物，减少肿瘤的发生。研究表明："硒"不但能够清除过氧化物和自由基，直接抑制肠道病菌群，还能够调节胃肠道内的平衡，修复和保护胃黏膜，防止其癌变。另外，维生素 C 能增强机体对肿瘤的抵抗力，流行病学调查表明，维生素 C 摄入低的地区，食管癌与胃癌的发病率较高，癌症病人体内维生素 C 含量低于健康人。除此之外，维生素 C 还能够降低 3,4-苯并芘、黄曲霉毒素 B_1 的致癌作用。

（6）促进机体消化吸收　消化是人体生长发育、补充营养、支持新陈代谢的最基本的过程，一旦消化不良就会引起各种疾病。引起消化吸收不好的原因主要有：饮食不规律；膳食结构不合理；能量蛋白比例不协调；生冷的食物摄取过多。促进消化吸收的功能性食品富含充足的碳水化合物。例如，膳食纤维能促进体内有益菌的发酵,有利于铁、钙的吸收;能调节肠道菌群,增加肠道中的有益菌,改善体内的微环境刺激肠道分泌,使肠道内酸度增高,减轻腹胀症状,加速肠道蠕动从而达到促进消化吸收的目的。

(7) 改善骨质疏松　骨质疏松是以骨量减少、骨组织显微结构退化而导致的骨脆性增加、骨折危险增加为特征的一种系统性、全身性骨骼疾病。蛋白质参与一切细胞的合成、是骨骼有机成分的主要原料,在摄入高钙、高蛋白质的地区,骨质疏松的人数相对较少。长期摄入脂类物质不足,人体会因缺乏维生素 D 而患骨质疏松症的概率增加。研究表明:ω-3 系脂肪酸有助于骨质的形成,ω-6 系脂肪酸将导致骨质的丢失。维生素 D 和维生素 K 能够使骨密度增加,还能抑制破骨细胞,促进骨组织钙化,防止骨质疏松。

(8) 改善慢性疲劳综合征　慢性疲劳综合征的症状包括发热、淋巴结肿大、极度疲劳、失去食欲、复发性上呼吸道感染、小肠不适、焦虑、情绪不稳等。充足的碳水化合物和氨基酸能够达到缓解精神疲劳的作用。

(9) 调节高血压　高血压是血管收缩压与舒张压升高到一定水平而影响健康或引发疾病的一种症状。如不及时治疗,会影响心脏、大脑、肾脏等器官。"低钠高钾"是降血压的准则,低钠不仅能预防高血压,不易使胃黏膜受腐蚀,还可减少高血压所致中风的死亡率,同时补充钙、镁,可降低血压。卵磷脂能使血管中多余的胆固醇和中性脂肪乳化而排出,防止其沉淀于动脉血管中,降低血液黏稠度、促进血液循环、预防血栓形成。

从食品本身的功能出发,不少食品已获得了领军地位。当众多方便面企业还在感叹"人们的口味越来越挑剔了,真是众口难调"的时候,日本日清食品株式会社却以"只要口味好,众口也能调"的独特理念,从人们的口感差异性出发,不惜人力、物力、财力在食品的口味上下功夫,使日清的方便面成为美国人的首选快餐产品。首先,他们针对美国人热衷于减肥运动的生理需求和心理需求,巧妙地把自己生产的方便面定位于"最佳减肥食品",具有"高蛋白、低热量、去脂肪、剔肥胖、价格廉、易食用"等多种食疗功效;其次,他们为了满足美国人爱吃硬面条的感官特性,将最初具备柔软特性的方便面精心加工成稍硬又筋道的美式方便面,吃起来更有嚼劲;他们还根据美国人"爱喝口味很重的浓汤"的独特口感,不仅在面条制作上精益求精,而且在汤味佐料上力调众口,使方便面成为美国人眼中"既能吃又能喝"的二合一方便食品。同样是做方便面的今麦郎,面对康师傅和统一在中国市场上的垄断,另辟蹊径,通过专业的市场调研发现,消费者虽然喜欢康师傅和统一方便面的口味,但有很大一部分消费者认为现有的方便面不够劲道,于是,今麦郎有了新的目标。从食品的感官功能出发,他们通过定位"弹面",与康师傅和统一方便面形成了有效的市场间隔,赢得了众多消费者的认可。我国茶饮料代表"王老吉"从食品功能定位出发,以中国传统凉茶为主基调,"怕上火,喝王老吉"为核心的功能诉求点,研制出了一款专业的功能饮料,实现了我国凉茶饮料质的跨越。

第 4 章

食品研发基本程序

4.1 食品研发目的

食品属于快速消费品，其产品周转周期短，进入市场的通路短而宽，因为使用寿命较短，消费速度较快。食品生产经营企业如逆水行舟，不进则退。没有食品研发的企业如同失去往上划的动力，也等于无视消费者的新需求，失去了长足发展的生命动力。根据食品研发活动类型的不同，食品研发具有不同的目的。

4.1.1 新产品开发

新产品开发是指为了满足社会和消费者需要，开发一种市场上从未出现的产品。这是一项极其复杂的工作，从根据用户需要提出设想到正式生产产品投放市场为止，其中经历许多阶段，涉及面广、科学性强、持续时间长。因此必须按照一定的程序开展工作，这些程序之间互相促进、互相制约，才能使产品开发工作协调、顺利地进行。

4.1.2 产品优化改进

产品优化改进的主要目的是提高或改善原产品的质量或实现其多样化，以满足不同消费者的需求或适应不同时期的消费观念。

4.1.3 产品模仿与复制

产品模仿与复制是为获得具有相同/相似特点或更优的产品，该产品与市场上已经出现的产品具有相似的加工原理、配方和加工工艺等。

4.2 研发对象分析

4.2.1 食品感官特性

食品的品质特性包括直观性和非直观性两类。直观性品质特性即前文所阐述的食品感官特性，是消费者容易知晓的食品质量特性；非直观性品质特性指食品的安全、营养即功能特性，是消费者难以知晓的质量特性。食品感官特性包括气味、滋味、质地和外观特性（即通常指的色、香、味、形）等。食品在加工过程中，其物料的特性总要产生变化，不同的加工方法对食品的感官特性会产生不同的影响，因此食品的感官特性是衡量食品质量的重要指标，即使是同一类食品，只要在感官特性上出现微小的差异，也会对消费者可接受程度带来重大的影响。

4.2.1.1 气味

食品气味是指食品本身所固有的、独特的气味，即食品的正常气味，其挥发性物质在鼻腔中刺激嗅觉接收器而使人体产生感觉。令人喜爱的食品气味会增加人们的愉快感和引起人们的食欲，因此气味是食品的一种重要特征。食品气味的改变往往与其品质的变化相关，所以通过分析食品的气味，能够对食品的品质进行检测和控制。

4.2.1.2 滋味

滋味是食品中可溶性成分溶于唾液或食品的溶液刺激舌表面的味蕾，再经过味觉神经传入神经中枢，进入大脑皮质，产生的味觉。在人的感觉中，味觉是由化学物质引起的，故称为化学感觉。

4.2.1.3 质地

食品质地是由视觉和触觉感知的食品性质，包括几何性质和表面属性，在变形力作用下（如果是液体，在被迫流动时）感知的变化，及在咀嚼、吞咽和吐出之后发生的相变行为，如溶化和残余感觉。其中几何性质是通过接触感受到的食品中颗粒的大小、形状、分布情况，如平滑感、砂砾感、颗粒感、粉末感等。表面属性是通过接触感受到的水、油、脂肪等的情况，如湿润程度、多油或多脂情况等。机械特性是与对食品压迫产生的反应有关，包括 5 种基本特性：硬度、黏着性、黏附性、紧密性、弹性。而相变行为与食品成分在口中释放方式有关。

4.2.1.4 外观

食品外观是指我们用视觉所能观察到的所有外部可见特性，通常包括颜色、大小（长度、厚度、宽度、颗粒大小、几何形状）、表面质地（粗糙、平滑、软硬、干燥、湿润等）、透明度（透明液体或固体的浑浊度以及肉眼可见的颗粒存在情况）、充气情况（充气饮料/酒类倾倒时的产气情况）等。食品外观是人们食用或购买食品时，最先感知的一个特性。在食品的外观特性中，食品颜色最显著影响食品的可接受性。

4.2.2 食品营养特性

食品的营养特性是指食品对人体所必需的各种营养物质、矿物质元素的保障能力，即食物中所含的能量和营养素能满足人体需要的程度。食品中能够供应人体正常生理功能所必需的物质称为营养成分（营养素）。食品的营养成分包括水、碳水化合物、蛋白质、脂肪、维生素、矿物质等，其中碳水化合物、蛋白质和脂肪称为三大营养素。食品的营养特性决定了其营养价值，营养价值的判定包括营养素的种类是否齐全、营养素的数量和比例是否合理、是否易于被人体消化吸收和利用等几个方面。一般来说，没有一种食品是十全十美的，也没有一种食品（除母乳、婴儿奶粉对婴儿之外）能够满足人体的所有营养需要。但食物可以按照其营养素含量的特点分为几类，每一类在膳食中都有独特的营养贡献，只要在日常膳食中合理地搭配这几大类食物，就可以获得充足而平衡的营养素供应。在食品研发过程中也可通过合理搭配食品原料以获得不同营养特性的产品。以下为常用食品原料类别的营养特性。

4.2.2.1 谷薯类

谷类也称谷物，包括稻、麦、高粱、玉米等，多为植物之种仁，为我国人民的主食。我国居民膳食中 60%～70% 的热能、70% 的碳水化合物、50% 的蛋白质由谷类食物提供。谷类的碳水化合物主要是淀粉，此外还有糊精、葡萄糖、果糖等。谷类蛋白质含量一般在 7%～12%，其中赖氨酸是谷类蛋白中的第一限制氨基酸（即食物蛋白质中，按照人体的需要及其比例关系相对缺乏最多的氨基酸）。谷类属低脂肪食物，脂肪含量多在 2%～4% 之间，主要集中在谷胚和谷皮部分，同时谷类也是人类膳食中 B 族维生素的重要来源。

薯类包括马铃薯、甘薯、木薯等，与谷类相比，薯类含有 70% 以上的水分和较低的能量，其淀粉含量一般在 15%～25% 之间，甘薯和马铃薯维生素和矿物质含量较一般谷类高，其中还含有相当数量的维生素 C。谷类加工精度越高，其胚芽、糊粉层损失越多，营养损失越大。如淘洗过程中即可使水溶性维生素和无机盐发生损失，维生素 B_1 可损失 30%～60%，维生素 B_2 和烟酸可损失 20%～25%，无机盐为 70%。

4.2.2.2 豆类和坚果类

豆类可分为大豆类和其他豆类（蚕豆、豌豆、绿豆、红豆等）。大豆类含有丰富的优质蛋白质，除蛋氨酸外，其余必需氨基酸的组成和比例与动物蛋白相似，而且富含谷类蛋白缺乏的赖氨酸，是与谷类蛋白质互补的天然理想食品。大豆碳水化合物大多是纤维素和可溶性的糖，人类消化道不存在消化它的酶类，但能被细菌发酵产气，引起胀气。大豆含有丰富的钙、磷、铁及 B 族维生素，其含量都高于谷类，并含有一定数量的胡萝卜素和丰富的维生素 E。此外，大豆还含有多种有益健康的成分，如大豆皂苷、大豆异黄酮、植物固醇、大豆低聚糖等。其他豆类蛋白质含量为 20%～25%，属于完全蛋白质；脂肪含量较低，1% 左右，碳水化合物含量较高 55% 以上，维生素和矿物质含量较为丰富。

坚果类包括花生、核桃、杏仁等，是一类营养丰富的食品。其蛋白质含量多在 13%～35% 之间，高油硬果类的脂肪含量一般在 40%～70% 之间，花生是最常见的坚果，它含油量达 40%，是重要的食用油籽，葵花籽和核桃的含油量达 50% 以上，松子仁的含油量更高达 70%。硬果类所含的脂肪酸中必需脂肪酸含量高，其中特别富含卵磷脂。

4.2.2.3　蔬菜、水果和菌藻类

蔬菜含水分多，能量低，富含植物化学物质，是微量营养素、膳食纤维和天然抗氧化物的重要来源。一般新鲜蔬菜含 $65\%\sim95\%$ 的水分，多数蔬菜含水量在 90% 以上。蔬菜含纤维素、半纤维素、果胶、淀粉、碳水化合物等，大部分能量较低 [209kJ(50kcal)/100g]，故蔬菜是一类低能量食物。蔬菜是胡萝卜素、维生素 B_2、维生素 C、叶酸、钙、磷、钾、铁的良好来源。每类蔬菜各有其营养特点。嫩茎、叶、花菜类蔬菜（如白菜、菠菜、西蓝花）是胡萝卜素、维生素 C、维生素 B_2、矿物质及膳食纤维的良好来源，维生素 C 在蔬菜代谢旺盛的叶、花、茎内含量丰富，与叶绿素分布平衡。一般深色蔬菜的胡萝卜素、核黄素和维生素 C 含量较浅色蔬菜高，而且含有更多的植物化学物。同一蔬菜中叶部的维生素含量一般高于根茎部，如莴笋叶、芹菜叶比相应根茎部高出数倍。叶菜的营养价值一般又高于瓜菜。根菜类蔬菜膳食纤维较叶菜低。十字花科蔬菜（如甘蓝、花椰菜、野甘蓝等）含有植物化学物质如芳香性异硫氰酸酯，它是以糖苷形式存在的主要抑癌成分。水生蔬菜中藕等碳水化合物含量较高。

多数新鲜水果含水分 $85\%\sim90\%$，是膳食中维生素（维生素 C、胡萝卜素以及 B 族维生素）、矿物质（钾、镁、钙）和膳食纤维（纤维素、半纤维素和果胶）的重要来源。红色和黄色水果（如芒果、柑橘、木瓜、山楂、沙棘、杏）中胡萝卜素含量较高；枣类（鲜枣、酸枣）、柑橘类（橘、柑、橙、柚）和浆果类（猕猴桃、沙棘、黑茶藨子、草莓）中维生素 C 含量较高；香蕉、黑茶藨子、枣、龙眼等的钾含量较高。成熟水果所含的营养成分一般比未成熟的水果高。水果中含碳水化合物较蔬菜多，主要以双糖或单糖形式存在，如苹果和梨以果糖为主，葡萄、草莓以葡萄糖和果糖为主。水果中的有机酸如果酸、柠檬酸、苹果酸、酒石酸等含量比蔬菜丰富，能刺激人体消化腺分泌，增进食欲，有利于食物的消化。同时有机酸对维生素 C 的稳定性有保护作用。水果含有丰富的膳食纤维，这种膳食纤维在肠道能促进肠道蠕动，尤其是水果含较多的果胶，这种可溶性膳食纤维有降低胆固醇作用，有利于预防动脉粥样硬化，还能与肠道中的有害物质如铅结合，促使其排出体外。此外，水果中还含有黄酮类物质、芳香物质、香豆素、柠檬萜（存在于果皮的油中）等植物化学物质，它们具有特殊生物活性，有益于机体健康。

菌藻类主要包括食用菌（蘑菇、香菇、银耳、木耳等）和藻类（海带、紫菜等），富含蛋白质、膳食纤维、碳水化合物、维生素和微量元素。蛋白质含量 20% 左右，氨基酸组成均衡。脂肪含量低约 1%。碳水化合物含量为 $20\%\sim35\%$。胡萝卜素含量相差较大；维生素 B_1 和维生素 B_2 含量比较高。微量元素含量丰富，尤其是铁、锌、硒。

4.2.2.4　动物性食品

动物性食品是动物来源的食物，包括畜禽肉、蛋类、水产品、奶及其制品

等，主要为人体提供蛋白质、脂肪、矿物质、维生素 A 和 B 族维生素。不同类型的动物类食物之间的营养价值相差较大，只是在给人体提供蛋白质方面十分接近。

肉类可分为畜肉和禽肉两种，前者包括猪肉、牛肉、羊肉等，后者包括鸡肉、鸭肉和鹅肉等；肉类食物中含有丰富的脂肪、蛋白质、矿物质和维生素，碳水化合物较植物性食物少，不含植物纤维素。肉的组分变化不仅取决于肥肉与瘦肉的相对数量，也因动物种类、年龄、育肥程度及所取部位等不同而呈显著差异。

常见的蛋类有鸡蛋、鸭蛋、鹅蛋等，各种禽蛋的营养成分大致相同。鸡蛋蛋清中的蛋白质含量为 $11\%\sim13\%$，水分含量为 $85\%\sim89\%$；蛋黄中仅含有 50% 的水分，其余大部分是蛋白质和脂肪，二者的比例为 $1:2$。此外，鸡蛋还含有碳水化合物、矿物质、维生素、色素等。

水产品包括各种鱼类、虾、蟹、贝类和海藻类（海带、紫菜）等，其中以鱼类为最多。鱼类的营养成分因鱼的种类、年龄、大小、肥瘦程度、捕捞季节、生产地区以及取样部位的不同而有所差异。总的来说，鱼肉的固形物中蛋白质为主要成分；脂肪含量较低，但其中不饱和脂肪酸较多；鱼肉还含有维生素、矿物质等成分，特别是海产咸水鱼含有一定量的碘盐和钾盐等。对人体健康有重要意义。

奶类是一种营养丰富、容易消化吸收、食用价值很高的食物，不仅含有蛋白质和脂肪，而且含有乳糖、维生素和无机盐等。鲜奶一般含水分 $87\%\sim89\%$，蛋白质 $3\%\sim4\%$，脂肪 $3\%\sim5\%$，乳糖 $4\%\sim5\%$，矿物质 $0.6\%\sim0.78\%$，还含有少量的维生素。牛奶是人类最普遍食用的奶类，与人乳相比，牛奶含蛋白质较多，而所含乳糖不及人乳，故以牛奶替代母乳时应适当调配，使其化学成分接近母乳。

4.2.2.5 纯能量食物

纯能量食物包括动植物油、淀粉、食用糖和酒类，主要提供能量，动植物油还可提供维生素 E 和必需脂肪酸，其他营养素的含量极少。植物油包括花生油、豆油、菜籽油等，植物油富含多不饱和脂肪酸，可以降低血清胆固醇。动物油包括猪油、牛油等，其中除了鱼油含有丰富的多不饱和脂肪酸外，其他动物油都含有较多的饱和脂肪酸和胆固醇。精制糖类包括白砂糖、红糖等，摄入过多会在体内转变为脂肪沉积下来，成为心脑血管疾病、糖尿病的潜在危险因素；并且还易使人产生饱腹感，影响食欲，造成营养不良。乙醇是酒类的主要成分，乙醇被机体吸收后大部分在肝中氧化分解，使脂肪在肝中蓄积，诱发脂肪肝；还可抑制三羧酸循环，影响糖代谢，使血糖上升，进而可能引起心、脑组织病变等。

4.2.3 食品原料要求

食品原料是指用于食品加工的所有材料，可分为食品主料（即食品主要原料）、食品配料和食品添加剂 3 大类。食品主料是指食品加工中用量较大、未经深加工的农副产品，主要包括糖、面、油、肉、蛋、奶等。食品配料是指经深加工过的或用量较小的农副产品，其特点是生产原料和配料本身都是天然物质，即"双天然"，一般无用量限制，具有改善食品品质、加工性能及代料的作用，不是食品添加剂标准中所列品种，可分为淀粉、变性淀粉、淀粉糖、糖醇、专用面粉、酵母制品、低聚糖、蛋白类、膳食纤维、馅料、调味料、香辛料、动植物提取物、饮料浓缩液、可可制品、功能性食品配料、其他，共 17 类。食品配料也称食品辅料，有搭配、辅助之意。在此讨论的配料是代表一大类食品原料的专用名词，而一些食品包装袋上配料表中的配料指的是所有原料的配合，两者意义不同。食品添加剂是为改善食品品质和色、香、味，以及为防腐、保鲜和加工工艺的需要而加入食品中的人工合成或者天然物质。食品用香料、胶基糖果中基础剂物质、食品工业用加工助剂也包括在内。

食品按照其特殊性可分为普通食品和特殊食品两类，其原料要求也有所不同。其中，特殊食品又包括保健食品、特殊医学用途配方食品和婴幼儿配方食品等，国家对这些食品进行严格监督管理。

普通食品生产加工所用的原材料必须具备适合人食用的食品级质量，不能对人的健康有任何危害，必须符合相应的国家标准、行业标准及有关规定，不得使用非食品用原辅料生产食品。直接用于食品生产加工的水必须符合 GB 5749—2022《生活饮用水卫生标准》的要求。因加工工艺的要求以及最终产品的不同，各类食品对其原料的具体质量、技术指标要求也不同，但都应以生产出的食品具有好的品质为原则。此外，GB 2760—2024《食品安全国家标准 食品添加剂使用标准》中规定食品添加剂有如下使用原则：①不应对人体产生任何健康危害；②不应掩盖食品腐败变质；③不应掩盖食品本身或加工过程中的质量缺陷或以掺杂、掺假、伪造为目的而使用食品添加剂；④不应降低食品本身的营养价值；⑤在达到预期效果的前提下尽可能降低在食品中的使用量。在下列情况下可使用食品添加剂：①保持或提高食品本身的营养价值；②作为某些特殊膳食用食品的必要配料或成分；③提高食品的质量和稳定性，改进其感官特性；④便于食品的生产、加工、包装、运输或者贮藏。

保健食品原料要求在本产品使用范围内是安全的（安全毒理学试验），药品原料需经过药理学和毒理学以及临床综合评价才能认定。《中华人民共和国食品安全法》规定：保健食品原料目录和允许保健食品声称的保健功能目录，由国务院食品安全监督管理部门会同国务院卫生行政部门、国家中医药管理部门制定、调整并公布。保健食品原料目录应当包括原料名称、用量及其对应的功效；列入保健食品原料目录的原料只能用于保健食品生产，不得用于其他食品生产。使用保健食品原料目录以外原料的保健食品和首次进口的保健食品应当经国务院食品安全监督管理部门注册。保健食品的选料应根据保健目标进行，功能作用一旦确定就需要广泛收集可能具备该功能的原料，分析这些原料所具有的功效成分的含量、作用机制与效果。通过功效分析，从中选择功效成分比较明确、含量较丰富、生理调节作用比较明显，并经过科学研究得到证实且被广泛认可的原料作为该保健食品的主料。然后再选择其他配料，以达到较好的调节功能。例如改善睡眠的重要保健食品，可以选择富含黄酮类、萜类和水溶性膳食纤维类的食品原料，如已批准具有辅助降血糖功能的常用物质有：三七、葛、黄芪、山药、山楂等。生产婴幼儿配方食品使用的生鲜乳、辅料等食品原料、食品添加剂等，应当符合法律、行政法规的规定和食品安全国家标准，保证婴幼儿生长发育所需的营养成分。

4.2.4　食品安全要求

民以食为天，安全是食品消费的最低要求，没有安全，色、香、味、营养都无从谈起；安全也是食品消费的最高要求，关乎百姓的健康甚至生命，食品安全压倒一切。因此，保证产品安全是贯穿整个食品研发过程的要求。

4.2.4.1　食品原料选择安全

原料是食品生产的源头，其选择对产品的安全性具有重要影响。首先，不同种类的食品在选择原料时需要考虑的因素是不同的，总的来说，优质的原料更容易确保食品的安全性。例如，在选择肉类原料时，需要考虑肉质的颜色、气味、质地和饲养方式等因素，排除有污染或疾病的动物。对于水果和蔬菜等植物性原料，需要重视农药残留和化肥污染等问题。但就加工型食品来说，有的企业考虑到生产成本并不会选择质量最优的原料，而是选用其质量符合或稍高于基本要求的原料，因此在食品开发过程中应考虑产品原料的实际情况，在保障安全的条件下，进行合理的产品设计与研制。其次，大多数产品并不是由单一的食品原料加工而成，因此在选料时还应考虑不同原辅料同时使用时是否会发生不良反应，从而影响产品安全性。最后，还应注意食品添加剂的使用。在食品的生产加工中，为实现其色香味品质的有效提升，食品企业与加工人员通常会使用食品添加剂，添加剂可起到有效的防腐作用，从而确保食品品质。就目前的食品生产加工来看，应用到其中的食品添加剂主要有天然食品添加剂和人工食品添加剂。食品添加剂若超范围使用或用量过多，会对食品安全产生不良影响。但部分食品生产企业为实现食品口感的提升，从而提升食品销量以及企业的经济效益，不按国家和有关部门的规定，在食品生产加工的过程中，使用过量的食品添加剂，如将过量的过氧化苯甲酰加入面粉中，或将过量的亚硝酸盐加入肉制品中，对食品安全产生了严重影响，长期食用此类食品，会威胁到食用者的身体健康。

4.2.4.2　加工方式与设备选择安全

为了迎合人们追求食物安全、健康、美味的饮食需求，食品从业人员不断开发新产品或进行产品升级，同时也在加工方式方面不断创新、优化和调整，以为人们提供优质食品。在食品原料加工过程中，其部分成分可能会发生变化，这种变化可能是积极的，也可能是消极的，加工方法不同，造成的影响也不同。因此，选择合适的食品加工方式和加工条件，能够从根本上提升食品安全性和营养价值。例如，热加工可以增加食品口感、风味、杀灭病菌和延长保质期等，但也可能会降低食物本身的营养价值，并且在加热过程中可能会生成一些有害化学物质（如：煎炸的油温过高会产生大量苯并芘、丙烯酰胺致癌物），从而影响食品安全。

食品加工设备是把食品原料加工成食品半成品或成品过程中所应用的机械设备和装置。食品加工设备对保证食品质量与安全有着重要的作用。食品加工机械对食品资源的及时加工，使得食品资源更好地贮藏、保鲜，减少了资源浪费；并且食品机械设备的应用减少了人直接与食品接触的机会，从某种程度上大大避免了微生物的污染或者由人员疏忽造成的食品质量问题。但是，食品机械设备在满足食品生产及工艺要求的同时，也要防止差错和设备自身材料或润滑油等对食品造成的交叉污染。

4.2.4.3　包材选用安全

包材是直接与产品本身长时间接触的物品，其质量安全直接关系到产品的质量与安全。包材对食品质量安全的影响可分为两个方面，一是它可以防止食品受到污染、变质或受到外界气体、光线、温度等因素的影响，这是有利于食品安全的。二是食物的性质和包装材料的特性可能会发生相互作用，从而影响到食物本身，进而影响到食品的安全，这是不利于食品安全的。例如，酸性食品应该使用一些抗酸食品包装材料，这样可以避免酸性食品与包装材料发生反应而影响食品的质量。因此，在选择食品包材时应充分考虑食品本身特性。

4.2.5　食品保质期要求

GB 7718—2011 中规定的保质期，是指预包装食品在标签指明的贮存条件下，保持品质的期限。在此期限内，产品完全适于销售，并保持标签中不必说明或已经说明的特有品质。相比较于 GB 7718—2004，删除了"超过此期限，在一定时间内，预包装食品可能仍然可以食用"。由此可见，保质期是厂家的一个承诺，是个法律概念，意在裁定生产厂家对食品安全负责的界限。在保质期内，在规定的储藏条件下，食品的风味、口感、安全性等都有所保证，产品的生产企业对该产品质量符合有关标准或明示担保的质量条件负责，销售者可以放心销售，消费者可以安全使用。从理论上说，超过保质期的食品不应该再食用，因为其品质可能发生了变化，不再符合产品的标准要求，甚至发霉变质，更不可再进行销售。从法律上说，在保质期内的食品，拆封即食后出现的人体损害，厂家需要承担相应责任，但因消费者存放而超过了保质期后再食用所出现的不良后果，是不能要求或获得赔偿的。保质期相当于一个"免责条款"，保护的是厂商而非消费者。超过保质期的食品是否绝对不能食用，法律对此没有规定，消费者应理性加以区别。如该食品色、香、味没有改变，仍然可以食用；如仅凭感官不能作出鉴定，可通过化验检测来判定。

比如袋装奶、罐头、调味料、酱油等，消费者买回家后过了保质期，只要食品没有明显的外观、气味、色泽、状态等的变化，在一定时间内仍然可以食用，只是厂家不再做担保，消费者理应在保质期内把食品消耗掉，从而避免过期后"万一变坏了"的风险。

保质期强调的是在一定期限内食品的任何一方面都没有发生明显的变化。众所周知，任何产品基本不可能永久保质，从生产、包装、流通、销售到消费者保存的各个环节，食品的各个方面都在慢慢地发生变化。而对于不同的食品，这种变化的性质、速度与程度是不同的。只要在销售流通环节没有明显的环境改变或是存储方式的不当，理论上在保质期内的食物都是可以放心食用的。但食品保质期不等于食品的最后可食用时间，过期食品也未必对人体健康带来危害，只是发生食品安全问题的可能性会大于保质期内的食品，不能再行销售而必须下架。判定食品是否变质，一般要通过一系列的理化实验和微生物检测来确定，这需要专业的技术设备，作为只有感官经验的消费者，在保质期内将食品消耗完毕才能达到百分之百的食用放心。比如饼干、膨化食品等含水量较少的食品，长时间暴露在空气中很容易受潮变软，最先带来口感的变化，而冷冻食品长时间储存后味道会变得不新鲜。这些变化只不过是食品在感官品质上某种程度的下降，即便是已经过了它们的安全保质时间，也仅仅是达不到最佳的食用安全效果，并不会真正带来食用安全问题，出于经济方面考虑，在一定时间段内还是可以放心食用的。又如一些抽真空的密封食品，只要没有破损泄露，是很难坏掉的。再如密封袋装或罐装食品，储存过程中没有胀袋或胀罐，打开时的状态和气味正常，从感官上也很难判定是否能够安全食用。但是某些冷冻冷藏、金属罐装等食品，在保存条件还不错的前提下，即便过了保质期后没有腐败变质，也不一定有当初的营养价值，有些可能还会存在重金属、过氧化值、酸价超标等安全隐患，如果不是过于节俭，最好就不再进行食用了。

4.2.6 食品价格要求

产品定价一般遵守成本加成定价、客户导向定价（价值导向定价）和竞争导向定价三个要求。

历史上，成本加成是最常用的定价法。这种定价法将每种产品成本加上一个合理的利润额作为该种产品的价格。成本加成定价的基本逻辑是：首先，确定产品销售量；然后，计算出产品的单位成本和利润目标，进而确定产品的价格。广告资源的价值往往与电视节目的成本关系不大，至少没有直接的关系，因此，电视广告价格的制定一般不会重点考虑这一原理。

客户导向定价也叫价值导向定价，就是说价格是根据产品的价值以及市场需求来制定的。客户的需求、广告资源的价值是决定电视广告价格的重要因素，因此客户导向定价（价值导向定价）是电视广告定价所依据的主要原理之一。在其他行业的定价中，许多公司现在已认识到以成本为基础的定价法的局限及其对公司获利性的负面效应，并意识到定价应当反映市场状况。于是，它们开始将定价权从财务经理手中转移到销售经理或产品经理手中。从理论上讲，这种趋势与价值定价法相符。因为营销部门是公司中最了解客户对产品价值评价的部门。然而，从实践上看，如果为了追求短期销售目标而滥用定价权，则最终会损害公司的长期获利性。以价值为基础定价的目的并不是简单地寻求客户满意。事实上，客户满意通常可通过一定的折扣来获得。但是，如果营销者认为最大销售额就意味着经营成功的话，那无异于自欺欺人。以价值为基础定价的目的在于通过获取更高产品价值来实现更高的获利性。而这并不意味着必须扩大销售额。一旦营销者将以上两个目标混为一谈，他就掉进了一个陷阱，即，按客户愿意支付的金额定价不是看产品对客户到底值多少来定价。尽管这样定价能完成销售目标，但从长远看却会损害公司的获利性。

随着市场营销学的发展，出现了一种根据竞争状况确定价格的定价策略。从这种策略看来，定价只是用以实现销售目标的手段。一些经理认为这种是"战略性的定价"，其实这是喧宾夺主的。不错，提高市场占有率通常会带来更多利润。然而，为了完成市场份额目标而牺牲价格的获利性颠倒了市场份额与利润之间的主次。只有当产品价格与其竞争产品价格相比，不再与其价值相符时，降价才是合理的。

4.2.7 食品包装、运输、贮存要求

4.2.7.1 食品包装要求

食品包装除了保障食品安全外，还是保障食品的色、香、味等感官质量的重要手段。在现代发达的商业领域，食品包装还对食品的促销起重要的作用。因此，作为食品的包装，至少应满足如下几点要求。

(1) 强度要求 由于食品在包装完成之后还要经过堆码、运输、储存等流通过程才能到达消费者手中，这就要求食品包装具有一定的强度，在流通过程中不会破损。

(2) 阻隔性要求 食品包装的阻隔性要求是由食品本身的特性决定的，不同的食品对其包装阻隔性的要求也不一样。食品包装的阻隔性一方面保证外部环境中的各种细菌、尘埃、光、气体、水分等不能进入包装内的食品中，另一方面是保证食品中所含的水分、油脂、芳香成分等影响食品质量的成分不向外渗透，从而达到保证包装食品不变质的目的。还有一些食品要求包装材料对气体的阻隔要有选择性，如，果蔬保鲜包装，通过掌握材料的孔隙大小，可以有选择地透过 O_2 和 CO_2，从而掌握包装食品的呼吸强度，达到果蔬保鲜的目的。

(3) 安全卫生要求 食品的包装材料在具备必要的阻透性的同时，必须保证包装材料自身的安全无毒和无挥发性物质产生，也就是要求包装材料自身具有稳定的组织成分。并且在包装工艺的实施过程中，也不会产生与食品成分发生化学反应的物质和化学成分。在贮藏和转移的过程中也不会因气候和正常环境因素的变化而发

生化学变化。

另外，由于食品是日常消费品，要经过流通环节才能到达消费者手中，这就要求食品包装要适于放置、搬运、陈设和便利购买，不能带有伤人的棱角或毛刺，尽量有专设的手提装置，以便利购买。还要考虑，打开包装时，即使不正确操作，也不至于对消费者造成损害。

（4）耐温性要求 食品加工过程中大都要经热处理，有的是包装后进行高温处理，如罐头食品和蒸煮类食品，有的是热灌装，如很多热灌饮料，还有很多食品保质期很长，如达到或超过一年，这种常温保存食品储存过程中难免会经过酷热的夏天，气温连续在30℃以上，这些都要求食品的包装具有一定的耐温性。随着食品和加工工艺的不同对耐温性的要求也有所不同。

（5）避光性要求 光照对食品质量和营养的保持非常不利，尤其是紫外线的照射会使食品中的油脂氧化导致酸败，使食品中自然色素氧化食品的色泽发生变化，会促进食品中维生素的损失。另外，光照还会发生氨基酸和蛋白质分解、糖溶化等不利于食品质量保持的物理和化学变化。因此，好的食品包装避光性也很重要。

（6）促销性要求 促销性是食品包装的重要功能之一。促销性要求食品包装材料要具有易于印刷、易于造型、易于着色、自重轻等特点。在这方面，塑料无疑具有得天独厚的优势。

（7）便利性要求 便利的包装常常是消费者选择某种食品的重要理由。包装的便利包括使用便利（如调味品的包装）、形态便利（如新推出的奶片）、场所便利（如外出食用的旅游、休闲食品要求具有质量轻、体积小、开启便利等特点）、携带便利、计量便利、操作便利、选择便利等方面的要求。

4.2.7.2 食品运输要求

食品运输是食品从供应地向接收地的实体流动过程。食品运输因具有流体、载体、流向、流量、流程等多个构成要素，其安全亦不容忽视。根据食品类型、特性、运输季节、运输距离以及产品贮藏条件选择运输温度、湿度、气体、防腐条件、运输包装等，选择合适的运输工具。对温湿度有特殊要求的食品，应确认运输满足相应的食品安全要求，例如冷藏车、保温车的性能应符合 QC/T 449—2010 的规定，铁路冷藏车应符合 GB/T 5600—2018 的规定，运输车辆添加电子温度追踪仪等。在运输过程方面，食品在运输过程中应符合保证食品安全所需的温度等特殊要求。装卸产品应按照产品特点使用装卸方法、装卸工具。例如，应严格控制冷藏、冷冻食品装卸货时间，装卸货期间食品温度升高幅度不得超过3℃。散装食品应采用符合国家相关法律法规及标准的食品容器或包装材料进行密封包装后运输，防止运输过程中受到污染。

4.2.7.3 食品贮存要求

食品的变质因素往往十分复杂，而贮存不当是导致食品腐败变质的重要因素之一。食品贮存的作用不仅是存放食品，更重要的是防止其腐败变质，保证食品质量。贮存食品的方法主要有两种，即低温贮存和常温贮存。低温贮存主要适用于易腐食品（如动物性食品）的贮存。按照低温贮存的温度不同，低温贮存又分为冷藏贮存和冷冻贮存。冷藏贮存指温度在 0～10℃ 条件下用冰箱或低温冷库等贮存食品（如蔬菜、水果、熟食、乳制品等）；冷冻贮存指温度在 -29～0℃ 条件下，用冷冻冰柜或低温冷库等贮存食品（如水产品、畜禽制品、速冻食品等）。常温贮存主要适用于粮食、食用油、调味品、糖果、瓶装饮料等不易腐败的食品。常温贮存的基本的要求是：贮存场所清洁卫生；贮存场所阴凉、干燥，避免高温、潮湿；贮存场所无蟑螂、老鼠等虫害。在购买定型包装食品的时候，应注意产品的外包装上产品标签（或产品说明书）中所标识的产品贮存方法、保质期限等内容，根据产品标签（或说明书）标识的贮存方法进行贮存。散装食品和各类食用农产品应根据各类食品的特点进行贮存。

4.2.8　产品定位

产品定位是指针对目标消费者或目标消费市场，塑造产品的鲜明个性或特色，树立产品在市场上一定的形象，从而使目标市场上的顾客了解和认识该产品。产品定位是对目标市场的选择与企业产品结合的过程，是在产品设计之初或在产品市场推广的过程中，通过广告宣传或其他营销手段使得本产品在消费者心中确立一个具体的形象的过程，简而言之就是给消费者选择产品时制造一个决策捷径。产品定位有助于确定本产品区别于竞争者的特色，针对产品特色可以有机地进行市场营销组合，发挥产品及其他资源优势。因此，产品定位是所有传播活动的基础，这些传播活动包括产品的品牌、产品广告、促销、产品包装、推销、商品化、企业公关报道等，因为这些活动必须按产品定位来组织才能有的放矢。美国的米勒啤酒定位于蓝领阶层，开始广告投放在晚间黄金时段，效果不理想，后来经调查得知，蓝领阶层一般在下班后就到小酒馆去喝酒，回家早早就休息了，故公司调整了广告方案，将广告安排在刚下班后的一段时间内，并在各个小酒馆安装了电视，供蓝领们观看，此举效果颇佳。百事可乐将产品定位于 14～24 岁的年轻人，根据定位人群的特点确定营销传播的方法，所以其广告以音乐和足球为载体，请歌星和影星来代言，产品销售取得很好的效果。因此，在进行产品定位时一方面要了解竞争对手的产品具有何种特色，即竞争者在市场上的位置；另一方面要研究顾客对该产品各种属性的重视程度，包括产品特色需求和心理上的要求，然后分析确定本产品的特色和形象。研发人员所做的每一件事，也都必须反映出一种定位，所以定位必须准确无误，否则营销活动将无法开展。

4.2.8.1　产品定位的内容

(1) 质量定位　质量是产品的主要衡量标准，质量的好坏直接影响到企业的产品在市场上的竞争力，因此在产品研发和生产时，应该根据市场需求的实际状况确定产品的质量水平。一般认为产品质量越高越好，质量高，价值也高；但事实上，这种观点不一定正确。一方面，质量的衡量标准是很难量化的，即使可通过 ISO 体系等质量标准认证的方式来表明你的产品质量高于其他企业，但消费者对质量的认同往往包含个人因素，而不一定与这些标准相符合。另一方面，市场上并不一定需要高质量的产品，在许多区域市场，尤其是发展中国家市场，消费者往往更青睐于质量在一定档次上，但价格更优惠的产品。因此，产品定位时应能正确认识质量的定位，包括消费者对市场上产品质量的要求和认识水平、市场上同类产品的质量标准以及边际效益等都应成为企业质量定位的重要考核因素。

（2）功能定位 功能是产品的核心价值，功能定位直接影响产品的最终使用价值。产品的可购买程度常用性价比来量化，即产品的性能值与价格值的比。性价比是同类产品在市场竞争时常用的比较指标，往往对消费者的购买决策有重要影响。影响产品功能定位的因素是多方面的，如企业自身实力、市场需求、地域市场、消费者等。研发人员在进行功能定位时，要综合考虑这些因素，并且能够明确哪些因素是决定性的。功能定位一般分为单一功能和多功能定位两种。定位于单一功能，则造价低，成本少，但不能适应消费者多方面的需要；定位于多功能，则成本提高，但能满足消费者多方面的要求。

（3）外观和包装定位 外观和包装包括产品的色泽、形态、包装设计风格、规格等方面，是消费者对产品的第一印象，也是影响消费者购买决策的最直观因素。

无论食物的味道有多诱人，不起眼的外形是很难不被忽视的，正如人们所说，我们也是"用眼睛来吃的"，因为视觉比其他感觉更容易形成。人类的视觉是如此易于形成，以至于从其他感官而来的信息经常被忽视，如果它们与你所见的相冲突时。黄色糖果被认为是柠檬口味，如果是葡萄味的，许多人则不能准确地判断出其口味。被染成粉红色的草莓冰激凌看起来比没有添加着色剂的更像是草莓味的，即使没有任何本质上的区别。然而，作为一个专业人士，你必须训练你的感官能力，以便不会被你的视觉所误导。同时，理解外观是怎样影响顾客的感觉也是很重要的。外观表现在很多方面。颜色或色彩，比如说是红色还是黄色，是极为重要的一个方面。其他方面包括透明度、光泽度、形状和大小以及质地的直观评估。透明度是产品质量呈现不透明或灰暗，或者是清晰或透明。如，牛奶属于不透明产品，而水则是透明产品。光泽度是指呈现光滑亮丽的产品状态。与光滑相反的便是暗淡。如，蜂蜜是光泽产品，而姜饼，则是暗淡产品。

对于食品行业来说，食品包装设计是非常重要的。首先，食品包装设计在外观方面一定要能够吸引广大消费者的视线，也就是说，在进行食品包装设计的时候要有一定的诱惑力，只有使消费者产生购买的欲望，才能够刺激消费，这也是商家非常注重食品包装设计的原因。另外，食品包装设计在外观上的重要性还体现在能够表达出更多的食品属性，这一点也是非常重要的。很多的食品包装设计公司对于包装的设计完全按照商品的特点，以最大程度展示商品的各个优点为前提，以充分地带动消费者的消费积极性为目标。除了包装设计外，包装规格的问题也会直接影响消费者的购买选择。不同规格可能导致产品包装产生区分，如瓶装、袋装等，这些包装均可做出不同容量产品，这可为消费者对同一产品在不同场景使用提供选择，如厨房长期使用的调味料，家庭场景可选择大容量规格，而在野外露营、烧烤等场景时，可选用小容量规格的便携装。此外，不同规格也为商家提供便利，有助于他们搭配和销售。

（4）价格定位　价格定位是产品定位中最难以捉摸的。一方面，价格是产品获取利润的重要指标，但很难对价格全面把握；另一方面，价格也是消费者衡量产品的一个主要因素，对价格的敏感度将直接决定消费者的最终消费方向。目前，价格定位主要有三种。①高价定位。实行高价定位策略的产品，其优势必须明显，使消费者能实实在在地感觉到。行业领导者的产品、高端产品等都可以采用高价定位策略，而日常消费品则不宜采用，否则很容易影响产品的销售。采用高价定位策略应考虑到价格的幅度、企业成本、产品差异、产品性质以及产品可替代性等因素。如果不考虑这些因素的影响，盲目采用高价定位策略，很容易导致失败。②低价定位。在保证商品质量、产品一定的获利能力的前提下，采取薄利多销的低价定位策略有助于产品进入市场，并且前期在市场竞争中的优势也会比较明显。采用低价定位取得成功的企业很多，如深受年轻人喜爱的奶茶品牌蜜雪冰城就是近年来最典型的例子，在同类产品中，蜜雪冰城饮品的价格是最低的，这是吸引众多消费者最有力的武器。③中价定位。介于高价和低价之间的定位策略称为中价定位。在目前市场全行业都流行减价和折扣等价格或者高价定位策略时，采用中价定位也可以在市场中独树一帜，吸引消费者的注意。总的来说，产品的价格定位并不是一成不变的，在不同的营销环境下，在产品生命周期的不同阶段，在企业发展的不同阶段，价格定位可以相应灵活变化。

4.2.8.2　产品定位的方法

（1）产品差异定位法　产品差异定位法是指使自己的产品与市场上的同类产品相比具有明显差异特征的方法，包括产品状态、功能、颜色、大小、形状、包装、味道等都可以成为差别优势来作为产品卖点。例如，蒙牛的奶球、奶片、奶酪，利用相同的奶原料制作出不同状态的产品形成差异化；夹馅面包相比于普通面包，又在夹馅面包的基础上对其营养搭配、外形等做改进，使其更迎合特定人群（如中小学生群体）的喜好。

产品差异性有时很容易被模仿，如前述的例子——普通面包生产厂家也开始生产夹馅面包；但产品特征如果真正是产品本来就有的特征，本身具有很高技术含量的差异性，则产品差异性也较难被模仿，也就是说只有产品内在的差异性不容易模仿。对于食品来说，一般是指配方上的差异。如美国可口可乐饮料，其口味不是别人能轻易模仿的，可口可乐配方以100年不泄密著称于世，因此可口可乐产品才在市场上永远立于不败之地。当然产品包装得新颖，并申请专利保护，也是产品间一个很重要的差异。

差异化价值点定位既需要解决目标需要、企业提供产品以及竞争各方的特点的结合问题，又要考虑提炼的这些独特点如何与其他营销属性综合。在上述研究的基础上，结合基于消费者的竞争研究进行营销属性的定位，一般的产品独特销售价值定位方法包括从产品独特价值特色定位、从产品解决问题特色定位、从产品使用场合时机定位、从消费者类型定位、从竞争品牌对比定位、从产品类别的游离定位、综合定位等。在此基础上，需要进行相应的差异化品牌形象定位与推广。

（2）主要属性或利益定位法　利益定位法是指主要通过对顾客欲望和需求寻找利益切入点进行产品定位。自问产品所提供的利益对于目标市场来说是否重要。例如，初期的方便面产品为袋装，目标市场认为如何？通过对目标市场的消费者调查，他们需要带碗的方便面以适应各种场合食用，但是加一个碗价格就提高了，目标市场的想法就可能变了。要么降低面的质量，要么降低碗的价格，而前者是不可能的，于是降低碗的成本成为研发的主要内容。最后方便面定位为方便、营养、价格低，其在市场上成为畅销食品，成为近年来成长率最高的食品之一，成功进入到广大农村市场。而其他在城市中销量很大的食品却很难做到这一点。营销人员为公司所塑造的外在定位形象等属性或利益，对公司内部人员也会产生积极的影响。在零售业中，最重要的消费者特征，莫过于品质、选择性、价格、服务及地点。牢记品质和价格这两项特征，会转变为第三种非常重要的特征：价值。

（3）产品使用者定位法　找出产品的正确使用者/购买者，会使定位在目标市场上显得更突出，在此目标组群中，为他们的地点、产品、服务等，特别塑造一种形象。一家公司曾以使用者定位法来定位，该公司专门销售热水器给公司冲泡即溶咖啡，以取代需要煮的咖啡。在此例中，针对目标顾客群，直接将产品定位为："在办公室中泡咖啡的人，向烦人的酿煮咖啡说再见吧！"向在办公室负责准备咖啡者的个人名单（或职称），直接在信函上以"办公室咖啡准备者"称呼，此时的定位，则直接针对使用者及办公室行政人员二者。

一家奶茶品牌可以将目标客户群体设定为年轻女性，年龄在 20～30 岁之间，喜欢甜食，热衷于时尚潮流，喜欢在商业区或购物中心消费。针对这一目标客户群体，品牌推出多种口味的奶茶，并提供符合年轻人口味的店内装修和音乐等环境，让消费者感受到时尚、青春、活力的氛围。同时，宣传渠道也以社交媒体为主，通过网红宣传、参加活动等方式增加品牌曝光度，吸引了更多的目标客户群体。

（4）使用场景定位法　有时可用消费者如何及何时使用产品，将产品予以定位。场景定位法，是将消费者记忆中固有的生活场景与品牌绑定，从而更快速进入用户的大脑，最终在消费者心中占据一个有利的位置。场景定位可以是生活场景，也可以是情感场景。美国 Coors 啤酒公司举办年轻成年人夏季都市活动，该公司的定位为夏季欢乐时光、团体活动场所饮用的啤酒。后来又将此定位转换为，"Coors 在都市庆祝夏季的来临"并向歌手 John Sebastian 购得"都市之夏（Summer in City）"这首歌的版权。另一家啤酒公司 Michelob，根据啤酒使用场合为自己定位，然后扩大啤酒的饮用场合，Michelob 将原来是周末饮用的啤酒，定位为每天晚上饮用的啤酒——即将"周末为 Michelob 而设"改为"属于 Michelob 的夜晚"。王老吉"怕上火，喝王老吉"的广告语深入人心，把其定位成了预防上火的饮料，它关联的是消费者生活中的一个高频场景——上火。还有"今年过年不收礼　收礼只收脑白金"也是通过将产品与既有场景结合而成功的案例。

（5）分类定位法　这是非常普遍的一种定位法。产品的生产并不是要和某一特定竞争者竞争，而是要和同类产品互相竞争。当产品在市场上属于新产品时，此法特别有效，不论是开发新市场，还是为既有产品进行市场深耕。淡啤酒和一般高热量啤酒之竞争，就是这种定位的典型例子，此法塑造了一种全新的淡啤酒，不愧为成功的定位法。由于淡啤酒的市场大幅增长，使得美乐淡啤酒（Miller Lite）重新定位为优先选购的领导品牌，以防止被其他淡啤酒影响市场地位——"只有一种淡啤酒……那就是美乐淡啤酒"。

（6）针对特定竞争者定位法　这种定位法是直接针对某一特定竞争者，而不是针对某一产品类别。速食零售业中，Burger King 把自己定位为汉堡口味远胜于麦当劳，Wendy's 则以"牛肉在哪里?"向麦当劳挑战；Hardee's 则指出竞争者的潜在弱点，为自己寻求更有利的定位。挑战某一特定竞争者的定位法，虽然可以获得成功（尤其是在短期内），但是就长期而言，也有其限制条件，特别是挑战强有力的市场领袖时，更趋明显。市场领袖通常不会放松懈怠，他们会更巩固其定位。麦当劳面对许多竞争者，反而显得更强劲、更出色。要挑战市场领袖时，请先自问：公司拥有所需的资源，且管理当局能够全力向市场领袖挑战吗？公司愿意投入所需的资金，来改变目标市场对公司产品和市场领袖的比较结果吗？公司有能力提供使用者认为具有明显差异性的产品吗？请记住：一家小小的公司，很不容易正面挑战大规模公司。

（7）关系定位法　当产品没有明显差异，或竞争者的定位和公司产品有关时，关系定位法非常有效。利用形象及感性广告手法，可以成功地为这种产品定位。

（8）问题定位法　采用这种定位法时，产品的差异性就显得不重要了，因为若真有竞争者的话，也是少之又少。此时为了要涵盖目标市场，需要针对某一特定问题加以定位，或在某些情况下，为产品建立市场地位。

4.2.8.3　产品定位的步骤

产品定位的确定过程就是突出产品自身优势，达到占据消费者心理空间的过程，通常必须使得产品（或服务）方、竞争方、消费者三方获得协调统一。因而产品定位确定的程序步骤一般分为：明确潜在的竞争优势→选择竞争优势→实施定位三个步骤。以此将产品固有的特征、独特的优点、竞争优势等和目标市场的特征、需求、欲望结合在一起。

（1）明确潜在的竞争优势　通过对市场环境分析、消费群体分析、本产品分析来寻找定位产生的依据所在。

① 市场环境分析要素：市场中同类产品的情况、目前消费者最为喜爱的产品及原因、本产品最直接的竞争对手及其定位、竞争品牌的定位效果、市场空缺大小。

② 消费群体分析要素：消费者对于该类产品的品牌偏好及主要偏好品牌、不同消费群体对该类产品的选择倾向、消费者的主要需求心理如何、消费者对本产品的印象、消费者对本品牌的满意程度、消费者选择本品牌的动机、消费者的需求。

③ 本产品分析要素：本产品的主要优势（如：历史、技术、多样化等）、相较于竞争对手所独有的优势、该类产品是否还有未被充分表现的共同特征。

经过上述三个方面分析，我们基本上可以获得本产品与同类产品相比所拥有的独特优势，并以此为基础，进一步确定明确的定位概念。

(2) 选择竞争优势 选择竞争优势是具体定位决策阶段，要根据具体策略和创意需要，对定位内容进行具体抉择。为保证这一过程的科学性，在定位决策时通常要遵循以下原则。

① 利润最大化原则。有一些企业为了突出产品的"品质优良""性价比高"等定位而提高成本，降低利润，最终使企业在营销中陷入困境。这种做法是不可取的。我们对产品进行定位的本身，就是要使企业能够在营销运作中获取更大的利润。因此，在选择产品的优势作为定位决策时，首先应考虑这种优势是否能给企业带来最大的利润，这就要求选择定位的竞争优势必须符合企业整体营销体系的要求，和营销系统统一协调。

② 消费者认同原则。消费者认同就是要找出产品优势中能满足消费者实际需求以及心理需求的要点，并使其在消费者心中占据地位。一个产品如果在进行定位时，只注重产品自身特质，而忽略这种特质对消费者的意义，那么定位就起不到任何促销效果，甚至还适得其反。

③ 可行性原则。在定位决策过程中，有些定位概念看起来很合理，但在具体实施中，往往不便于实际操作，给广告及促销活动带来很大困难。因此，在进行具体定位时还要将定位实施的可行性加以充分考量，包括产品推出所需费用、方便性、可操作性等。

④ 符合企业形象原则。企业形象是一个企业长期以来在消费者心中所形成的固定的定位特征和总体印象。作为一个企业应以什么样的特色、优势及形象出现在消费者面前等，都是通过定位决策阶段解决的，并且相对于产品定位而言，企业定位的实现需要更长的周期及更稳定的概念。因此，从这一方面来说，产品定位必须同企业的形象保持一致，并且充分考虑定位的持续性和延伸性。在产品成长过程中需要多次定位时，要充分考虑前一次定位与后一次定位的连续性、关联性，以及多次定位概念在消费者心目中产生的该企业印象与总体企业形象塑造的统一性。

(3) 实施定位 实施定位是一种营销战略的推广，必须向市场广为传达。这种定位一方面要依靠营销活动的配合，突出定位优势；另一方面通过广告和促销活动，将产品的定位信息向消费者广为传播，使消费者不断接触、认知产品的定位理念，从而留下深刻印象，对本产品产生好感。

4.2.9　销售方式

销售是指以销售、租赁或其他任何方式向第三方提供产品或服务的行为，包括为促进该行为进行的有关辅助活动，例如广告、促销、展览、服务等活动。常见的销售方式包括三种：厂家直销、网络销售、平台式销售。

厂家直销以可口可乐为代表，适用于城市运作或公司力量能直接涉及的地区，销售力度大，对价格和物流的控制力强。优点：渠道最短，反应最迅速，服务最及时，价格最稳定，促销最到位，控制最有效。缺点：局限于交通便利、消费集中的城市，会出现许多销售盲区，或人力、物力投入大，费用高，管理难度大。

网络销售以娃哈哈和康师傅为代表，适用于大众产品，适用于农村和中小城市市场。优点：可节省大量的人力物力；销售面广、渗透力强；各级权利义务分明，为共同利益可组成价格链同盟；借他人之力各得其所。缺点：易造成价格混乱和区域间的冲货，在竞争激烈时反应较迟缓，需有高明的管理者使之密而不乱。

平台式销售以上海三得利啤酒和百事可乐为代表，适用于密集型消费的大城市，服务细致、交通便利、观念新颖。优点：责任区域明确而严格；服务半径小（3～5公里）；送货及时、服务周全；网络稳定、基础扎实；受低价窜货影响小；精耕细作、深度分销。缺点：受区域市场的条件限制性较强，必经厂家直达送货，需要有较多的人员管理配合。

4.2.10　竞品分析

竞品是竞争产品，竞争对手的产品，竞品分析顾名思义，是对竞争对手的产品进行比较分析。做竞品分析对产品的意义主要有三点：决策支持、学习借鉴和预警避险。

首先，从产品的战略层面来说，做竞品分析可以为企业制定产品战略、布局规划提供参考依据。通过竞品分析，找准产品定位，找到合适的细分市场。在产品推广阶段，还可以根据竞争对手的市场推广策略、定价策略，及时调整自己的战术。例如，这两年主打"以油养肤"的两个品牌，为了争取这一细分市场的领导地位，从产品线、到定价、到广告投放，相互竞争十分激烈。

其次，从产品的战术层面来说，做产品设计时，需要先分析竞争对手的产品，取长补短。这在护肤品开发我们叫"仿样"，就是通过先模仿市场上最受欢迎的产品、已经得到好评验证的产品，让自己的产品处于比较高的起点。

最后，关注竞品分析，还可以帮助我们预警避险。比如政策的变化、新技术的出现、新竞争对手的出现、市场上出现的颠覆性替代品等。

4.3 食品配方设计

4.3.1 食品配方设计概述

4.3.1.1 食品配方

配方是指工艺规程规定的各种原料、辅料、食品添加剂的实际加入量，配方有量的概念，配料仅指标示的各种原料。

4.3.1.2 食品配方设计

所谓食品配方设计，就是根据产品的性能要求和工艺条件，通过试验、优化、评价，合理地选用原辅材料，并确定各种原辅材料的用量配比关系。

4.3.1.3 食品配方设计基本功

（1）熟悉原料的性能、用途及相关背景 每种原料都有其各自的特点，你只有熟悉它，了解它，才能用好它。在不同的配方里，根据不同的性能指标的要求，选择不同的原料十分重要。例如，生活中常见的各种各样的糖：砂糖（蔗糖）常用于蛋糕、油酥点心、糖果、咸味浆料等等的制作；细砂糖（绵白糖）适用于蛋白霜和其他泡沫、蛋糕面糊、起泡式面团等制作；糖粉往往被用于某些特定的蛋糕糊（比如海绵蛋糕）、可丽饼糊、油酥面团等，同时也非常适合被制成糖霜、翻糖和糖浆；果冻糖常用于由低果胶水果所制成的果冻；黄糖适用于焙烤制品，使食物的风味更加浓厚；糖蜜是糖精炼过程的副产物，是一种风味丰富的糖浆，浅色糖蜜一般用于姜饼等烘焙食物，深色糖蜜常与浅色糖蜜或者其他糖浆混合，黑糖蜜用于裸麦面包之类的食物着色，也被用于烟草烘焙之类的工业过程。

（2）熟悉食品添加剂的特点及使用方法 食品添加剂是食品生产中应用最广泛、最具有创造力的一个领域，它对食品工业的发展起着举足轻重的作用，被誉为食品工业的灵魂。依靠优化使用食品添加剂的方法，促进食品工业技术进步，是投资少、见效快的途径。

了解食品添加剂的各种特性，包括复配性、安全性、稳定性（耐热性、耐光性、耐微生物性、抗降解性）、溶解性等，对食品配方设计来说，是重要的事情。不同的加工方法产生不同的性能，例如湿法魔芋精粉是干法魔芋精粉的升级，两者的性能有天壤之别。利用食品添加剂的复配性能可以增效或派生出一些新的效用，这对降低食品添加剂的用量、降低成本、改善食品品质、提高安全性等有着重要的意义。

（3）熟悉设备和工艺特点 熟悉设备和工艺特点，对配方设计有百利而无一害；只有如此，才能发挥配方的最佳效果，才是一项真正的成熟技术。比方说喷雾干燥和冷冻干燥、夹层锅熬煮和微电脑控制真空熬煮、三维混合和捏合混合等，不同设备导致不同的工艺和配方。

（4）积累工艺经验　重视工艺，重视加工工艺经验的积累。就好比一道好菜，配料固然重要，可厨师的炒菜火候同样重要。一样的配方，不一样的工艺，出来的产品质量天壤之别，这需要进行总结、提炼。

（5）熟悉实验方法和测试方法　配方研究中常用的实验方法有单因素优选法、多因素变换优选法、平均试验法以及正交实验法。一个合格的配方设计人员必须熟悉实验方法及测试方法，这样才能使他不至于在做完实验后，面对一堆实验数据而无所适从。

（6）熟练查阅各种文献资料　许多在校的学生和老师十分注重查阅各种文献，具体的生产企业就很少这样做。现在网络十分发达，一般都可以找到你需要的文献。查文献并不耽误时间，恰恰可以节约时间，因为你看到的都是一些间接经验。通过检索、收集资料，确定原料比例，经感官评定调整后设计出自己的产品配方。

（7）多做实验，学会总结　仅有理论知识，没有具体的实践经验，是做不出好的产品的。多做实验，不要怕失败，做好每次实验的记录。成功的或是失败的经验，都要有详细的记录，要养成这个好习惯。学会总结每次实验的数据及经验。善于总结每次的实验数据，找出它们的规律来，可以指导实验，取得事半功倍的效果。

（8）进行资源整合　配方设计人员应把配方设计当成一个系统过程来考虑，设计不仅仅是设计本身，而是需要考虑与设计相关的任何可以促进发展的因素。因此，设计人员不应该仅仅是在实验室内闭门造车，而应"推倒两面墙"：对内，要推倒企业内部门之间的墙，与生产、销售等部门建立联系；对外，要推倒企业之间的墙，与这个行业的人员建立联系。即走出实验室，与用户和其他相关人员进行深入交流和合作。这种做法有助于设计人员更好地理解用户需求和市场环境，从而设计出更符合实际需求的产品。

4.3.2　食品配方设计原则

产品配方设计是食品生产中一个非常重要的环节，普通食品在进行配方设计之前要考虑以下几个基本原则。

4.3.2.1　安全原则

科学合理的配方设计，应该严格按照国家、行业有关产品和相关原辅料规定，必须要注意原料的安全性，对国家禁用的原料如某些添加剂类产品，配方中坚决不能采用，以确保产品的安全。在食品添加剂使用方面，严格遵守食品安全标准以及相关法律法规的要求，合法合理使用，不超范围和超限量添加。例如，在肉制品配方中，除了含肉成分，还含有一些非肉成分（食盐、硝酸盐、亚硝酸盐、磷酸盐、大豆蛋白、卡拉胶等），这些非肉成分对改善肉制品品质起着重要作用，但是它们的使用量受到限制和约束，如果使用不当不仅不会改善肉制品的品质，甚至会影响产品的质量和安全。

4.3.2.2　理化标准原则

理化标准原则是以产品质量为依据，不同质量的产品可能对原料的要求是不一样的，如肉制品、粮油制品等。因此，在进行产品配方设计之前，必须明确产品的质量及质量标准，如果是中低档产品，在保证安全性的前提下，可以选用一般的原料；如果是高档产品，应选用优质原料。一般情况下，在进行产品配方设计时，要明确产品质量标准中的理化标准，包括水分、蛋白质、脂肪等营养指标，以及各种非营养指标，如糕点类食品的过氧化值。不同种类的产品，其质量指标是不一样的，同一种产品不同级别其质量指标也是有区别的，这些都是在进行产品配方设计之前必须明确的目标。当然，加工过程中的损失和损耗在配方设计时也必须考虑，如蒸煮损失、加工损失等。凡是设计合理的产品配方，无论其使用的原料有多少种，都是以产品的质量标准为依据的，这样才能生产出符合质量要求的产品。当然在进行产品配方设计时也要考虑色、香、味、形等这些定性指标。它们也是决定产品质量的重要因素。

在明确产品的质量指标后，就要开始进行原辅料的选择。原辅料中水分、蛋白质、脂肪等的含量将最终决定终产品中水分、蛋白质、脂肪的含量。所以，在进行配方设计之前，要通过适当的检测手段确定所有原辅料的主要化学成分含量。在没有条件的情况下，可以查阅相关原辅料的化学成分表。掌握了这些指标再进行适当的配比就能够得到符合质量要求的产品。当然，在考虑理化指标符合产品质量的同时，还必须要考虑各种原辅料的加工特性和使用限额。因为不同原料理化性质不同，如颜色、保水性、凝胶特性、乳化特性和黏着力等。它们最终影响产品的色、香、味、形等感官品质指标。

4.3.2.3　感官标准原则

根据产品特点，进行必要的风味调配，最终保证产品色、香、味、形完美统一。不管是哪一种食品，其感官属性（色香味形）都是消费购买选择的重要依据，所以在产品配方中，可能需要加入色素、香精香料等调味剂，来改善产品的感官品质。例如，在西式肉制品中通常使用香精香料和色素及品质改良剂来改善产品的色、香、味、形；中式肉制品更注意色、香、味、形的完善，一般情况下，通过酱油、色素、味精、盐和香辛料来改善感官品质，所以，特别是对中式肉制品来说，调味料显得尤为重要。

4.3.2.4　成本原则

设计配方要考虑原料成本、运输费用、培训学习成本、加工成本、销售成本等，所以为了降低各个环节的成本，要从源头配方上设计具有经济性的配方。设计配方时应首先充分利用当地原料，提倡原料基地化生产。

4.3.2.5 符合设备和工艺要求原则

要根据现有的设备和工艺的特点组配原料。什么产品匹配什么设备。如焙烤食品馅料有些原料营养性较高，安全性方面也不存在问题，但由于其自身物理特性所限，需要特殊加工才能作为馅料成分。如果不具备加工该类物料的设备或工序，就不能将其列入配方中，应先考虑用其他原料替换。对于现代企业来说，不管规模大与小，因为人力成本的上升和管理上的问题，大家都想实现机械化。

4.3.2.6 符合不同群体或地域原则

根据产品目标人群或市场地域的差异，生理状态（年龄、健康情况）、宗教信仰、风俗习惯、饮食习惯和嗜好、职业以及清真食品、民族食品、地方产品、南方食品、北方食品等因素也应在配方设计时加以考虑。

在这里还要强调的是，保健食品因其特殊性，在配方设计时需要考虑的因素与普通食品相比又有所不同，要从理论和技术方面对产品配方给予支持，其食品配方设计的原则与注意事项主要包括以下几个方面。

(1) 设计原则 安全性原则。功能性食品在配方设计时必须首先考虑的是安全，不能使用对人体构成安全危害的任何原料，产品必须按照国家标准《食品安全国家标准 食品安全性毒理学评价程序》（GB 15193.1—2014）进行严格的安全性评价，确保产品的安全性。

功效性原则。对功能性食品的功效性必须进行客观评价，必须明确产品的主要功效，而不能含糊其词或过分夸大。在配方设计时首先应该围绕食品的功效进行考虑。

对象性原则。功能性食品的配方应该有明确的对象性，针对明确的食用对象而设计。根据食用对象的不同，功能性食品可分为日常功能性食品和特种功能性食品两类。如对于老年人日常功能性食品来讲，应符合足够的蛋白质、膳食纤维、维生素、矿物元素和低能量、低钠、低脂肪、低胆固醇的"四高四低"的要求。

依据性原则。配方必须有明确的依据，包括政策、法规方面的依据和理论、技术方面的依据。为确保功能性（保健）食品的健康发展，我国政府相继制定了一系列政策与法规。《中华人民共和国食品卫生法》和《保健食品管理办法》确立了功能性（保健）食品的法律地位，使其进入了规范管理并依法审批的轨道。国家技术监督局（现国家市场监督管理总局）发布了《保健（功能）食品通用标准》；卫生部（现国家卫生健康委员会）相继制定了《保健食品评审技术规程》、《保健食品功能学评价程序和检验方法》、《保健食品通用卫生要求》和《保健食品的标识规定》等技术文件，功能性（保健）食品的开发必须符合相关政策与法规的各项要求。

(2) 注意事项 有明确毒副作用的药物不宜作为开发功能食品的原料；已获国家医药管理部门批准的中成药或已受国家保护的中药配方不能用来开发功能性食品；功能性食品的原料如中药，其用量应控制在临床用量的 1/2 以下。在重点考虑功效成分的同时还要注意其他基本营养成分的均衡；要注意在产品形式、成分含量等方面与"药品"相区分；配方设计要和生产工艺相结合。

4.3.3 模块化设计在配方设计中的应用

4.3.3.1 模块化设计概念

模块化设计的概念在 20 世纪 50 年代由欧美一些国家正式提出，随后得到越来越广泛的关注和研究，最早用于机械制造业。它是指在对一定范围内的不同功能或相同功能、不同性能、不同规格的产品进行功能分析的基础上，划分并设计出一系列功能模块，通过模块的选择和组合构成不同的顾客定制的产品，以满足市场的不同需求。这是相似性原理在产品功能和结构上的应用，是一种实现标准化与多样化的有机结合及多品种、小批量与效率的有效统一的标准化方法。也就是对产品的构成要素根据功能类别进行拆分，把同一种功能的构成要素组合在一个单元模块，对其进行标准化的处理，使其成为通用单元且具有相对独立的特性，然后与其他构成要素组合成新的产品。模块化设计需先对产品构成要素的功能进行划分，在保证功能的前提下为用户提供相对多样的选择。

4.3.3.2 食品配方模块化设计

食品配方的模块化设计是将食品配方的组分按照功能分解为若干模块，通过模块的不同选择和组合得到不同品种的产品。模块化主要方法是系统的分解和组合，模块化的产品是由标准的模块组成的。模块如何产生，模块划分的合理性，能否有效地组成产品或系统，产品或系统的分解和组合的技巧和运用水平，对产品性能、外观以及模块通用化程度和成本等都有很大影响，是模块化的核心问题和成功关键。建立模块是实施模块化设计的前提，形成模块化产品则是模块化的最终归宿。

4.3.3.3 配方模块化设计图

食品种类繁多，表现形式千差万别，规格也各有不同，但从某个方面来说，各种食品的组成之间都存在不同程度的共性，这就是食品配方设计的规律。按照食品配方中不同组分的功能可将其分为 7 种：主体骨架、调色、调香、调味、品质改良、防腐保鲜、功能营养。各个功能单元（即模块）分工明确，各负其责，不同的食品可由这 7 大模块中的部分或全部组成，这就形成食品配方设计的框架。这些功能单元又可以进一步分解为一系列子功能，甚至每一种子功能还能分解为多个更低级别的子功能。因此，我们对这 7 个模块进一步向下分解后可以看到两种情况：一是由单个原料组成；二是由两种或两种以上的原料组成。这两者都称之为子配方，是食品配方设计的重要内容。对于前者，单个原料的选择及用量是配方设计的内容，这是一种小模块；对于后者，具有更高的技术含量，通常所说的子配方主要指后者，它分为两类：增效复配和相加复配，它主要发生在食品添加剂的应用过程中。这是食品配方设计的发展方向。

由此看来，食品配方设计首先可分解为 7 大模块，然后再分解为更小的模块，即子配方。这两个层次的设计，就是食品配方设计 7 步的内容（见图 4-1）。这是进行食品配方设计的平台。市场不断在变，按照简单流程处理（增、删、改），就能适应市场变化的需求，这个平台发挥着很大的作用。

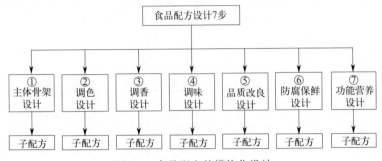

图 4-1　食品配方的模块化设计

4.3.3.4　配方模块化设计的好处

食品配方模块化设计就是将食品配方的组分按功能分解为若干模块，再把不同模块进行组合，并快速换用模块，从而得到不同的产品配方。采用模块化设计的方式进行食品配方设计具有以下好处。

① 模块化组合的方式使食品配方设计更加简洁、方便和快速，在配方出现问题时，也能通过分析不同模块来更快更准确地发现问题和解决问题。

② 模块化产品设计的目的是以少变应多变，以尽可能少的投入生产尽可能多的产品，以最为经济的方法满足各种要求。

③ 在配方模块化设计中，框架和模块的重复利用、对工作效率的提升以及产品开发和测试能够并行开展的方式大大缩短了设计周期，借助已有的成熟模块也可加快产品的上市进程。

④ 模块是产品知识的载体，模块的重用就是设计知识的重用，模块和知识的重用可以大大降低设计成本；大量利用已有的经过试验、生产和市场验证的模块，可以降低设计风险，提高产品的可靠性和设计质量。

4.3.4　食品配方设计 7 步

在食品中，优质的产品首先要有科学合理的配方，所以食品配方设计在食品研发中占有重要地位。在讨论食品配方设计的 7 个模块前，我们先了解食品属性。一般来说，我们认为食品有 4 个属性。

一是感官属性，即人体在摄取过程中对食物色、香、味、形和触觉等的感知，同时也满足人体的生理需要（即饱腹需求）。食品的外观、滋味、香气等感官属性在很大程度上决定了食品的可口性，即食物带来的一种主观的愉悦体验，对人的食欲和食量有重要的调节作用。

二是营养性，指的是人体通过外界摄取各种食物，经过消化、吸收、新陈代谢，用来维持机体的生长、发育和各种生理功能的生物学过程。

三是安全性，是指食品按其用途进行制作或食用时不会使消费者受害的一种担保。食品安全的含义有三个层次：①食品数量安全，即一个国家或地区能够生产民族基本生存所需的膳食需要，要求人们既能买得到又能买得起生存生活所需要的基本食品；②食品质量安全，它是指提供的食品在营养卫生方面满足和保障人群的健康需要，食品质量安全涉及食物的污染、是否有毒，添加剂是否违规超标、标签是否规范等问题，需要在食品受到污染之前采取措施，避免食品被污染和主要危害因素侵袭；③食品可持续安全，这是从发展角度要求食品的获取需要注重生态环境的良好保护和资源利用的可持续。

四是功能性，是一类特殊食品的属性。这类食品在具有一般食品共性的基础上还具有特定的功能。一个产品按功能分类可分为两种：一是基本功能，是指产品能够满足人们某种需要的物质属性。对食品来说，其感官属性、基本营养性等就是它的基本功能，满足人体饱腹、维持机体运行的要求，这往往是消费者对产品诸多需要中的第一需要。二是特定功能，是指产品在具备基本功能的基础上，附加的特殊新功能，从而成为功能性产品。功能食品的概念在不同国家的概念有所不同，但一般认为它应具有以下属性：食用安全且具备基本的营养性，能使人产生食欲（感官性或修饰属性），还对机体的生理机能有一定的良好调节作用（功能性）。功能性是一般食品所不具备的特性，而功能食品正是这三个属性的完美体现和科学结合。这三点也是功能食品研究中必须做到的基本要求。功能性食品应符合以下几方面要求：作为食品，由通常使用的原料或成分构成，并以通常的形态与方法摄取；属于日常摄取的食品；应标记有关的调节功能。

将以上属性细化、延伸，可以形成食品作为商品的基本要求，如表4-1所示。在了解食品属性及食品作为商品的基本要求后，食品配方设计结合自身工作特点可分为主体骨架设计，调色、调香、调味设计，品质改良设计，防腐保鲜设计，功能营养设计7个方面。

表4-1　食品作为商品的基本要求

序号	项目	说明
1	卫生与安全性	食品的最基本的要求
2	营养与易消化性	食品（保健）价值的体现
3	外观（色泽、形状、完整性等）	商品的第一印象，最直观的判断依据，（外）包装也应考虑
4	质地与风味（口感、滋味、香气等）	应对不同年龄、偏好人群的要求，影响消费者食欲、购买欲
5	方便性	消费者食用、携带等便利性
6	储运耐藏性	贮藏、运输便利，拥有一定的货架（保质）期

4.3.4.1　主体骨架设计

主体骨架设计主要是主体原料的选择和配置，形成食品最初的形态和档次。主体骨架设计是食品配方设计的基础，对整个配方设计起导向作用；也是后续设计的载体，全部加工完成之后才能确定食品的最终形态。食品的形态多种多样，按照食品的形态，可以将食品分为液态食品、固态食品和半固态食品。也有人将食品分为液态食品、凝胶状食品、凝脂状食品、多孔食品和纤维状食品。

（1）主体原料的选择 主体原料能够根据各种食品的类别和要求，赋予产品基础架构的主要成分，体现了食品的性质和功能。水、能量原料及蛋白质原料等是常见的主体原料。一般来说，在食品配方设计时，主体原料的选择应符合如下要求。

卫生性和安全性。卫生性和安全性是主体原料最重要的属性，近年来，随着国内外大量食品安全事件的曝光，广大消费者的食品安全意识显著提高。因此，加强食品生产、加工和流通环节的安全防护与监督控制，保证向消费者提供安全、卫生的食品是所有食品生产者首先必须牢记的原则。所有食品生产过程必须严格遵守政府和卫生部门的有关规定，采取积极措施，严格控制和消除各种污染源，保证生产卫生安全的食品，以保障消费者的健康。

营养和易消化性。营养和易消化性是人们对食品最基本的要求。自然状态下的食品原料有时会含有某些有害的或有毒的成分，这时应该对这些成分进行鉴定并研究其性质和作用方式，以便采取适当的加工处理方法将它们除去或消除其危害性，保证食品的营养功能。改变食品中营养素的含量，尤其是降低食品的热量或提高维生素和矿物质的含量是消费者对食品的营养功能提出的新要求。但是这些添加的成分必须均匀地分散于产品中，而且性能稳定，同时不得影响食品的风味和外观。易消化性是指食品被人体消化吸收的程度，食品只有被消化吸收后，才能成为人体的营养素。在食品加工过程中去粗取精不仅可以提高食品的营养价值，也是提高食品易消化性的重要措施。但是食品加工必须适度，否则会造成营养素的流失，甚至可能会引起疾病。

贮运耐藏性。对于规模化的食品生产活动，贮运耐藏性是必须考虑的问题。因为食品容易腐败变质，食品生产者要保证食品的贮运耐藏性。

外观。外观即食品的形态和色泽，食品不仅应当保持应有的形态和色泽，还必须具有整齐美观的特点，食品的外观会在很大程度上影响消费者的选购，为此，在食品生产过程中必须力求保持或改善食品原有的色泽，并赋予其完整的形态，对有包装的产品来说，应力求保证包装完整、外形美观、标注清楚，尤其是食品的保质期必须标注在包装的明显位置，易于识别。

风味。风味即食品的香气、滋味和口感，食品中的香气成分主要是一系列挥发性化合物，这些物质在食品的热加工过程中极易挥发而使食品失去香气，或者生成另外一些不被人们接受的不良气味成分。因此，最大限度地保持食品的香气，防止异味的产生就成为食品生产者和研究人员面临的重要课题。

方便性。随着人们生活方式的演变和生活节奏的加快，人们对食品的方便性和快捷性的追求也越来越高。方便食品一方面为人们的各种经济和社会活动提供了便利，另一方面也可以使集体餐饮业和许许多多家庭准备膳食的时间大大缩短，为家务劳动社会化创造了条件，所以说，食品的方便性是不容忽视的一项重要指标。

（2）食品档次的提升　主体原料是食品档次的基础。根据我国食品安全认证等级划分，食品等级由低到高主要分为：普通食品、无公害食品、绿色食品、有机食品。后面三种食品都是在对主体原料以及某些辅助原料等作出不同程度的限制。无公害食品最早是在 20 世纪 80 年代后期为解决农产品中农残、有毒有害物质等"公害"问题，我国部分省、市开始推出的，在一定安全范围内允许有农药残留、药物残留以及痕量重金属的存在，是保障国民食品安全的基准线。绿色食品的要求较无公害食品严格，品质也更好，与无公害食品产生背景大致相同，在社会强烈期盼"无毒、营养、环保"的背景下，我国推行的一种食品质量标准。有机食品位于食品等级金字塔顶端，这就足以说明它在食品界的地位。目前来说，有机理念已经被大众广泛接受。尤其在美国和欧洲的一些国家，如德国、丹麦、荷兰、英国、瑞士等，他们的有机食品行业已经发展得较为成熟。

（3）主体原料的量化原则　对主体原料的量化，其实也是对辅料的量化过程。在实际设计过程中，通常采用倒推法，先设定主体原料的添加量，在此基础上确定其他辅料的添加量，对于主体原料在食品所占的具体比例，要在最终配方设计完成后才能确定。对主体原料的量化原则，要体现产品特点，以标准为准绳。其中的关键是处理好主体原料与辅料的比例问题。

4.3.4.2　调色设计

食品的感官属性讲究色、香、味、形，其中以色为首。食品的色泽作为食品最直观的质量指标之一，越来越受到食品开发者、生产者以及消费者的重视。有研究认为，色彩作用于人的感官，刺激人的神经，进而会对人的情绪心理产生影响，而人的行为往往在很多时候容易受情绪的支配。因此，调色设计是食品配方设计的重要组成部分之一。

（1）食品色泽的来源　食品色泽主要来源于两个方面。一是食品中原有的天然色素。食品本身含有的色素使不同的食品呈现不同的色泽。例如，番茄、红辣椒、草莓呈红色，茄、紫葡萄呈紫色，黄瓜、油麦菜等呈绿色。二是食品加工过程中人为添加的食用色素。在食品加工过程中，由于光、热、氧气等作用，可能会使天然色素发生褪色、变色等现象，导致人们误认为食品已经发生质变，实际使用价值下降。因此，生产者常在食品加工过程中先适当添加食用色素，以此获得色泽令人满意的终产品。

（2）食品色变　在食品加工、贮藏过程中，褐变和褪色是食品发生色变的主要原因。

①褐变　褐变是食品中一种常见的变色现象，广泛存在于果蔬和食品加工、贮藏和运输过程中，是指食品在加工、贮藏或受损后，色泽变暗或变褐色的现象。褐变对不同食品的加工所带来的影响是不同的。有的褐变现象是人们所希望

出现的，可以加以利用，如酱油、咖啡以及焙烤食品等的生产。但对于另一些食品来说，如蔬菜类产品，褐变往往带来的是不良反应，会导致食品的感官属性和风味变差，营养成分流失，降低食品的营养价值和商品价值，有的甚至会产生有害成分。根据褐变发生机理和原因的不同，可将其分为两个类别：酶促褐变和非酶促褐变。

酶促褐变是指在有氧的条件下，多酚类物质在酶的作用下发生氧化聚合反应而引起的褐变，常见于水果、蔬菜等新鲜植物性食物中。植物组织本身含有大量的酚类物质和多酚氧化酶，由于细胞的区室化作用而分布在不同的部位，多酚类物质存在于液泡中，多酚氧化酶一般分布在细胞质中。当植物组织受到机械损伤或处于逆境中时，细胞完整性遭到破坏，区室化作用丧失，多酚类物质被多酚氧化酶催化形成醌类物质，醌类物质通过自身氧化缩合或与其他物质结合产生黑色或褐色物质，从而造成褐变。与褐变相关的酶包括多酚氧化酶（PPO）、过氧化物酶（POD）和苯丙氨酸解氨酶（PAL）等，而参与酶促褐变的酶主要是PPO和POD。酶促褐变发生的基本条件是酚类物质、氧化酶和氧气的存在，三者缺一不可。因此，可通过改变上述三个条件来控制食品中的酶促褐变。在实际生产中，控制酶促褐变的常用措施有：热处理法、二氧化硫或亚硫酸盐处理、调节pH、去除或隔绝氧气、底物改性和加酚酶底物的类似物等。

非酶促褐变是指不需要氧化酶参与的情况下发生的褐变，这种褐变常因热加工及较长期的贮存而发生。非酶褐变反应产物主要有挥发性和非挥发性两大类物质，会导致食品营养物质损失，芳香成分逸散。非酶促褐变按照反应机理不同可分为美拉德反应、焦糖化反应、抗坏血酸氧化分解和多元酚氧化缩合。美拉德反应（Maillard reaction，MR），又称为羰氨反应，是醛、酮及还原糖等的羰基与氨基酸、肽链及蛋白质等的游离氨基之间发生的缩合反应，由于终产物是类黑精，亦称为类黑精反应。美拉德反应对食品的影响是多方面的，比如产生某些香气和色泽，还原糖丧失而降低营养价值，产生醛酮等抗氧化物质而提高食品的抗氧化性，油炸烘烤产生丙烯酰胺等对人体有害的有毒物质。影响美拉德反应的因素很多，主要包括氨基酸类型、还原糖类型、温度、pH值以及金属离子等。焦糖化反应（caramelization）是指糖类在没有氨基化合物存在时，受热作用而发生的一系列失水聚合反应而形成黑褐色物质的现象。其反应产物是一系列结构不明的大分子化合物（即糖脱水后产生的焦糖）和一些具有挥发性的热降解产物（如醛、酮、酚等）。影响焦糖化反应的因素包括贮藏加工的温度、时间、反应环境的pH等。抗坏血酸氧化分解存在3种情况：有氧条件下先脱氢再脱水生成2,3-二酮-L-古洛糖酸（DKG），最后脱羧生成还原酮参与美拉德反应的中后阶段；无氧但存在氧化还原电位较高的物质时，抗坏血酸脱氢形成酮式环状结构，水参与该结构的开环反应形成DKG，DKG继续脱水脱羧形成呋喃醛或还原酮，参与美拉德反应；当既无氧也无氧化还原电位较高的物质存在时，抗坏血酸分解为糠醛类化合物。多元酚类物质的性质活泼，酚性羟基易被氧化为苯醌，苯醌具有较强的亲电子基团，能够与亲核基反应，尤其在高温高湿的碱性条件下，更容易发生自身氧化生成深色物质。

非酶褐变的反应机理十分复杂，涉及众多的中间产物，产生的终产物结构尚未完全研究清楚。此外，由于影响非酶褐变反应的因素众多，因而为有效抑制其发生，常采用多种措施协同作用。控制非酶褐变反应方法有：

a. 降低温度。降低温度可减缓褐变反应速率。

b. 亚硫酸盐处理。通过还原醌类化合物抑制褐变。

c. 改变 pH 值。羰氨反应中缩合物在酸性条件下易水解，降低 pH 值可防止褐变发生。

d. 降低产品浓度。适当降低产品浓度，可以使褐变速率降低。

e. 使用不易褐变的糖类。对于羰氨反应的速度而言：还原糖＞非还原糖；五碳糖＞六碳糖；五碳糖中，核糖＞阿拉伯糖＞木糖；六碳糖中，半乳糖＞甘露糖＞葡萄糖＞果糖；双糖中，乳糖＞蔗糖＞麦芽糖＞海藻糖。在胺类化合物中，胺＞氨基酸＞多肽＞蛋白质；在氨基酸中，碱性氨基酸＞酸性氨基酸，氨基在 ε 位或末端比 α 位的反应快。

f. 发酵法和生物化学法。有些食品含糖量甚微，可加入酵母发酵除糖。如蛋粉和脱水肉末的生产中就采用此方法。

g. 加金属离子螯合剂。如乙二胺四乙酸（EDTA）和 EDTA-2Na，主要通过络合 PPO 结构中的 Cu^{2+} 抑制酶促褐变。

② 褪色　大多食用色素存在稳定性差的特点，pH 值、氧化、光照、温度、金属离子及微生物等因素对其显色均有不同程度的影响，尤其是天然色素。因此，食品在加工和储运过程中易受外界影响而发生变色或褪色。褪色往往造成食品贬值降价，甚至造成报废，给厂家和经销商带来严重的经济损失。常见的防褪色措施有：真空包装，避光保存，低温存放，添加脱氧剂、抗氧化剂、发色剂、护色剂等。

(3) 食品着色

① 食用色素的分类　在食品中，着色一般是通过添加呈色物质来实现的，我们也将这些以给食品着色为主要目的而添加的成分称为食品着色剂，也叫作食用色素。食用色素按照来源分为天然色素和人工合成色素两种。天然色素是从天然资源中获取的食用色素，主要是来源于植物和动物组织及微生物培养，其中植物性着色剂占多数。例如：姜黄素、辣椒红、红曲红、胡萝卜素等。天然色素安全性高，对人体危害小，有的还兼具营养作用，是安全、理想的食用色素，但它们成本高，着色能力较差，保质期短，性质也不稳定。人工合成色素是指用人工化学合成方法所制得的有机色素。人工合成色素有色彩鲜艳、着色力强、性质较稳定、结合牢固等优点，这些都是天然色素所不及的。但人工合成色素的安全性问题日益受到重视，各国对此均有严格的限制，因此生产中实际使用的品种正在减少。常见的人工合成

色素有苋菜红、胭脂红、赤藓红、柠檬黄、日落黄、靛蓝、亮蓝等。

此外，食用色素作为一种食品添加剂，其在食品中的使用范围和用量都应符合国家 GB 2760—2024《食品安全国家标准　食品添加剂使用标准》的要求。

② 食用色素的选择与使用　色调是表面呈现出类似知觉色红、黄、绿和蓝中的一种或两种组合的视觉属性。食品大多具有丰富的色彩，而且其色调与食品内在品质和外在美学特性具有密切的关系，也决定了加工过程中食用色素的选用。因此，在食品的生产中，特定的食品采用什么色调是至关重要的。食品色调的选择依据是心理或习惯上对食品颜色的要求以及色与风味、营养的关系。要注意选择与特定食品相应的色调，或根据拼色原理调制出相应的特征颜色。例如，樱桃罐头、杨梅果酱应选择樱桃红、杨梅红色调，红葡萄酒应选择紫红色调，白兰地选择黄棕色调等；又如，糖果的颜色可以其香味特征为依据来选择，薄荷糖多用绿色，橘子糖多用红色或橙色，巧克力糖多用棕色等。有些产品，尤其是带壳、带皮的食品，在不对消费者造成错觉的前提下可使用艳丽的色彩，如彩豆、彩蛋等。对于色调的选择也不能墨守成规，现在很多引人注目的"异彩食品"（如白咖啡、黑色豆腐等）具有新颖的效果，但不可滥用，最起码要符合特定的消费心理。

拼色也叫色素复配，即将各种色素按不同的比例混合拼制，由此可产生丰富的色素色谱，以满足食品生产加工中着色的需求。由此而产生的色素称为调和色素。复配色素要求：互相不起反应；互相能均匀溶解，无沉淀悬浮物产生；互溶后使原来稳定性有所提高。拼色是一项比较复杂而细致的工作，影响色调的因素很多，主要有以下几个方面。

a. 色素性能影响。拼色用的色素的性能要相似，例如扩散性等，否则会形成色差；不同种色素的纯度有时候不一样，因此在实际拼色过程中，色素的比例还要做适当的调整，要通过试验来决定使用量。

b. 食用色素间的影响。拼色中各种色素之间同样存在相互影响，如靛蓝能使赤藓红生成褐色；靛蓝与柠檬黄混合后经过日光照射，靛蓝极易褪色，而柠檬黄几乎不褪色，在二者配成的绿色用于青梅酒着色时，往往出现靛蓝先褪色而使酒的色泽变黄。

c. 溶剂的影响。不同的使用色素溶解于不同的溶剂，同一种色素溶解在不同的溶剂中，可能产生不同的色调和强度，尤其是在使用两种或数种合成色素拼色时，情况更为显著。例如，黄色和红色配成的橙色，在水中色调较黄，在酒精中较红。各种酒类酒精的含量不同，同样的食用色素溶解后变成不同的色调，故需要按照其酒精含量及色调强度的需要进行拼色。

d. 色素数量的影响。拼色所用的色素种数要尽量少，一般三种以下拼混较好，便于质量稳定均一，减少色差。

在实际生产中，直接使用色素粉末会导致其在食品中分布不均匀，可能形成色斑，影响产品外观，宜先配置成色素溶液后使用。通常，先称取所需的粉状色素于容器中，加入少量温水（35～50℃）调浆，然后加入剩余水（常温）调成所要色泽浓度。建议使用前将溶液过滤，防止因不溶物在食品上留下色斑、色点。溶液宜现用现配，若储存应避免阳光直射。容器质地为搪瓷、玻璃、不锈钢。溶解水最好为蒸馏水，其他水质应作小试测试水质是否合适。常用的食品着色方法有3种：

a. 基料着色法，将色素溶解后，加入所需着色的软态或液态食品中，搅拌均匀。

b. 表面着色法，将色素溶解后，用涂刷方法使食品着色。

c. 浸渍着色法，色素溶解后，将食品浸渍到该溶液中进行着色（有时需加热）。

需要注意的是，各种着色剂溶解于不同溶剂中可产生不同的色调和强度，尤其是在使用两种或数种着色剂拼色时，情况更为显著。此外，食品在着色时是潮湿的，当水分蒸发逐渐干燥时，色素也会较集中于表层，产生所谓的"浓缩影响"，特别是在食品与色素的亲和力低时更为明显。运用拼色原理调制特定色调，往往只适用于合成色素。天然色素由于其坚牢度低、易变色和对环境的敏感性强等因素，不易用于拼色（或混合色色调不遵循以上拼色原理）。由于影响色调的因素很多，在应用时必须通过具体实践，灵活掌握。

(4) 护色　色素类物质都含有生色团和助色团，使其呈现不同的颜色。但这些基团在实际加工过程中易被氧化、还原、络合，使基团的结构和性质发生变化，从而导致颜色发生变化或褪色。护色就是针对各种色素对这些因素的敏感程度，有目的地采取抗氧化、螯合、包埋、微胶囊化、改性等措施来保护食品的色泽。例如，对于体系中金属离子的影响，可加入一些对金属离子有络合能力的物质，如植酸、柠檬酸及其钠盐、复合磷酸盐等酸类和盐类物质，从而减弱金属离子对色素的影响。类胡萝卜素为油溶性色素，耐热性和耐光性差，可加入维生素C、维生素E、天然抗氧化剂来增强其耐光性。肉中的肌红蛋白易被氧化变色，添加硝酸盐和亚硝酸盐可使其生成鲜艳、亮红的亚硝基肌红蛋白，如果在肉制品的腌制过程中，同时使用L-抗坏血酸、异抗坏血酸及其钠盐、烟酰胺，护色效果更好，并能保持长时间不褪色。β-胡萝卜素经微胶囊化技术处理后，其光、热的稳定性在一定程度上有所提高。

(5) 调色结果评价

① 比色分析法　比色分析法是指应用单色性较差的光（即波长范围较宽）与被测物质作用而建立的分析方法。只在可见光区域内使用，可分为目视比色法、光电比色法。其中，目视比色法是指用眼观察比较溶液颜色深浅来确定物质含量或溶液浓度的方法，其又可分为标准色卡对照法和标准液比较法。

标准色卡对照法测定时要注意观察的位置和光源、试样的摆放位置。使用标准色卡作为对照法进行对比时，光线一般要求采用国际照明委员会所规定的标准光源，照射角度为45°。没有合适的标准光源时，可利用晴天北窗照射光线，避免在阳光直接照射下比较。观察面积不同也会影响其判断的正确性，所以要求对试样进行一定的遮挡。这种方法比较有光泽的食品表面或凹凸不平的食品如果酱、辣酱存在一定困难，因此，标准色卡对照法在食品上常用于谷物、淀粉、水果、蔬菜等规格等级的鉴定。

标准液比较法主要用来比较液体食品的颜色，其中标准液多用化学药品溶液制成。例如橘子汁采用重铬酸钾溶液作标准色液。在国外，酱油、果汁等液体食品颜色也要求标准化质量管理。除目测法外，在比较标准液时也可以使用比色计来测定，例如，对食用油就可以采用威桑比色计来进行颜色测定。这种简单的比色计可以大大提高比较的准确性。在液体食品颜色测定中，常使用一种称为杜博斯克比色计的仪器，通过改变标准液的厚度使之与试样液体颜色一致，从而求出试样的浓度。鲁滨邦德比色计是使标准白光源发出的光通过一组滤光片变成不同色光，同试样相比较。当改变滤光片组合，使得到的色光与试样颜色一致时，则用这一组滤光片的名称来表示其所代表的颜色。

光电比色法实际上是以光电管代替目测，以减少误差的一种仪器测定方法。光电比色计由彩色滤光片、透过光接收光电管和与光电管连接的电流计组成。该仪器主要用来测定液体试样色的浓度，所以常以无色标准液为基准。

② 光电反射法　光电反射光度计亦称色彩色差计，这种仪器可以用光电测定的方法，迅速、准确、方便地测出各种试样被测位置的颜色，并且通过计算机直接换算表示，还能自动记忆和处理测定数值，得到两点间颜色的差别。色彩色差计目前种类很多，有测定大面积的，也有测定小面积的；有测定带光泽表面的，也有测透明液体颜色的。

③ 色素稳定性及护色效果测试　色素稳定性测试主要包括耐光性、耐热性、耐氧化性、耐还原性、耐金属离子性。

光稳定性：在两支干净比色管中加入 10mL 色素溶液，一支避光放置作为对照液，另一支置于紫外灯下照射 2~4h，然后用肉眼观察两只样品的色调差别，并用分光光度计测定最大吸收波长和吸光度值。

热稳定性：在两支干净比色管中加入 10mL 色素溶液，一支避光室温放置作为对照液，另一支避光 90℃ 水浴 1h 后取出冷却至室温，然后用肉眼观察两只样品的色调差别，并用分光光度计测定最大吸收波长和吸光度值。

氧化还原稳定性：在三支干净比色管中加入 10mL 色素溶液，一支避光室温放置作为对照液，另两支分别加入数滴高锰酸钾溶液和抗坏血酸溶液，振荡均匀后静置 0.5h，然后用肉眼观察两只样品的色调差别，并用分光光度计测定最大吸收波长和吸光度值。

对金属离子的稳定性：在四支干净比色管中加入 10mL 色素溶液，一支避光室温放置作为对照液，另三支分别加入数滴三氯化铁、氯化铜、硫酸锡溶液，振荡均匀后静置 0.5h，然后用肉眼观察两只样品的色调差别，并用分光光度计测定最大吸收波长和吸光度值。

护色效果测试可以通过比较对照组（不添加任何护色剂）和使用不同添加量或组合护色剂的终产品色泽来实现。如肉制品护色实验可设置为：对照组（不添加任何护色剂）、实验组（不同亚硝酸盐添加量、亚硝酸盐和不同护色助剂协同使用等）。

（6）调色常见问题及原因

① 色素沉淀　色素沉淀通常有以下几方面原因。一是用量超过溶剂的最大溶解度。例如，苋菜红在水中溶解度为 $50g/L(20℃)$，而在乙醇中溶解性极微，超过溶解度就会产生沉淀。二是发生化学反应。在低温下发生皂化反应的叶绿体色素溶液，易乳化出现白色絮状沉淀。三是低温导致水溶性色素的溶解性降低。四是 pH 值过低。pH 值对水溶性色素的溶解度有较大影响，溶解度一般随着 pH 下降而降低，影响程度因色素种类而异，胭脂红、柠檬黄、日落黄等耐酸性较强，而靛蓝耐酸性弱，会形成沉淀。

② 斑点　食品中色素斑点的产生主要有以下原因。一是色素未完全溶解。这种情况易出现在固态食品中，未溶解的色素还是特高浓度的固体，调色后易形成斑点。二是色素中有杂质，导致色素液体中存在沉淀物，调色后形成斑点。三是色素溶剂使用不当。色素分为水溶性和脂溶性两类，分别对应了两类食品体系，如果使用错误会导致其溶解性极差，从而形成斑点。四是溶剂中的内容物或 pH 使色素发生沉淀、盐析等作用。

③ 褪色　色素褪色通常与光照、热处理、氧化还原、金属离子存在、强酸或强碱以及拼色等有关。

4.3.4.3　调香设计

食品的香气是多种挥发性物质共同表现出来的，这些物质种类多、含量低，配合得当，能产生诱人的香味。食品的香气是衡量食物品质的重要指标之一，与滋味共同组成了食品风味。食物的香气特征取决于其香气成分的组成差异。食物的调香主要是通过使用一些香气增强剂或异味掩蔽剂来显著增加原有食品的香气强度或掩蔽原有食品具有的不愉快的气味。

（1）香气的形成　食品中的香气成分，有的是食物本身所携带的，有的是由香气前体物质通过各种途径产生的。香气的前体物质有的本身无气味，但它们能通过各种生物化学或化学途径转化或降解成气味物质，这些物质称作香气的前体物质，简称为香气前体（或前驱物）。食品中香气产生的途径主要有以下几种。

① 生物合成。香气直接由各种食品原料在天然生长和收获后的鲜活状态下代谢合成。

② 酶作用。酶作用分为直接和间接两种。直接酶作用是指经过酶作用后，底物直接转变为香气成分，能被酶反应生成气味物的前体叫风味前体。葱、蒜、萝卜、甘蓝、洋葱等许多蔬菜的气味都是这样产生的。间接酶作用是指酶反应时并不直接产生气味成分，它只是产生气味成分的前提或为气味成分产生提供条件。例如，酶促氧化中的酚酶，将酚氧化成醌，醌进一步氧化成氨基酸、脂肪酸、胡萝卜

素等产生香气。

③ 分解作用。食品产生气味的非酶化学反应都以分解反应为主，包括热分解、氧化反应和光辐射分解三类。加热时能直接产生气味的反应主要是：糖、氨基酸和油脂的直接分解，糖、氨基酸、油脂的相互反应以及二次反应（即各种成分、分解反应产物的进一步偶联、交叉）。食品气味的产生还与氧化、光解等反应有一定的关系。加热时，氧化作用本身也变得强烈，产生热氧化的分解产物。氧化、光解主要是在加工、贮藏时对油脂进行分解。油脂的自动氧化是产生酸败的主要原因。

(2) 香气的控制与增强 从前述内容可知，食品香气除了一部分来自生物体直接合成外，其余是通过在加工、贮存过程中的物质反应生成，这些反应的底物大多来自食品中的营养成分。因此，若从营养角度来说，这些反应会导致营养流失，甚至还可能产生有害物质，对食品的加工和贮存是不利的。但从食品工艺角度来看，食品加工过程中产生香气的反应，虽然会导致营养流失和不良褐变，但也有有利影响，可以增加食品多样性和商业价值，如花生、芝麻等食物的烘炒，在其营养成分尚未受到较大破坏前已获得了良好的香气，且这类食物在生鲜状态也不大适合直接食用，这种加工是消费者所接受的；又如咖啡、茶叶、酒类以及酱、醋等食物加工过程中，形成良好香气的同时营养也受到较大破坏，但消费者一般不会对其营养状况感到不安，所以这些变化也是有利的。因此，在食品加工和贮存过程中，往往会对其食品香气的形成采取一定的控制措施。

① 控制作用。酶的控制作用。酶对食品（尤其是植物性食品）香气的形成起着十分重要的作用，在食品加工和贮存过程中除了采用热处理或低温等方法来抑制酶活性外，如何利用酶活性来控制香气的形成也是目前正在研究的内容。一般认为对酶的利用主要有两个方面：一是生香，通过酶与食品基质作用生成香气，如在乳制品中加特定的脂酶获得有特征香气的脂肪酸。二是去臭，利用酶反应去除食品本身携带的不良气味成分，如大豆制品中产生豆腥味的中长碳链类化合物。

微生物的控制作用。不同微生物在相同食品中的代谢产物可能不同，如发酵乳制品的细菌有的只产生乳酸，有的可产生柠檬酸和发酵香气成分，有的可产生乳酸和发酵香气成分，并且不同的发酵条件也可能导致代谢产物的不同，因此可以选择纯化菌种或者控制发酵条件来控制香气。此外，微生物还具有抑制某些气味生成的作用，例如腊肉、干腌火腿在后熟过程中会生成气味不良的低级脂肪醛类化合物。

② 稳定和隐蔽作用。香气具有不稳定性，易受内部、外部条件的影响，发生氧化、聚合等化学反应，从而失去原来的香气特性。香气成分的易挥发性构成有效的香气或感觉，但其含量是有限的。食品的香气，主要应表现在人们食用时，因此，必须减缓或阻止食用前食品香气的损失。还必须考虑挥发的可逆性，即食用前少挥发或不挥发，而食用时又恢复原来的状态。稳定食品香气途径大致有以下两种。

a. 包埋法。利用一些半渗透性物质（纤维素、淀粉、糊精、果胶、羧甲基纤维素 CMC 等）将较大分子香气成分结合并包埋起来，在食品微粒表面形成一种水分子能通过而香气成分不能通过的半渗透性薄膜。这种包合物一般是在干燥食品时形成，加水后又能将香气成分释放出来。

b. 物理吸附法。对一些不能用包埋法的香气成分，我们可以通过物理吸附作用将香气成分吸附在某个载体上。一般液相要比固相有更大的吸附力，而由于大多数香味成分具有亲脂性，脂肪又是液相中吸附作用比较强的成分，大分子量物质对香气的吸收性较强。例如，糖可用来吸附醇、醛、酮，用蛋白质来吸附醇等。

在实际生产中，食品的异味是很难通过加入某种物质来直接抵消的，因此对异味进行隐蔽或变调就成为常用的方法。隐蔽作用是指使用其他强烈气味来掩盖某种气味。变调作用是指使某种气味与其他气味混合后性质发生改变的现象。

③ 增强作用。目前，主要采用两种途径来增强食品香气。一是加入食用香料以达到直接增加香气成分的目的。二是加入香味增强剂。香味增强剂是指能显著增加食品原有香味的物质，它们具有用量极少、增香效果显著，并且能直接加入食品中等优点。目前在实践中应用较多的主要有麦芽酚、乙基麦芽酚、香兰素、食用香精等。

（3）调香步骤

① 确定调香要解决的问题。是解决产品香气不够丰满，还是解决杂味较重，还是余味问题等，这一步目标越具体、越详细越好，这样才能为第二步选择香料奠定基础。

② 确定调制香精用于哪个工艺环节，考虑其挥发性问题。

③ 确定调制香精的香型。香型方向确定之后再确定是创香还是仿香，创香要在广泛调研的基础上发挥调香工作者的想象力设计出独特的风格。若是仿香，就要对所仿制的香气有深入的了解，要对被仿制对象的香气特征、香韵组成把握准确，并分析了解被仿制产品的香料使用情况。

④ 确定产品的档次。由于产品品质及档次不同，所以加香的目的不同，所选用原料价格也不相同。

⑤ 选择合适的香精香料。

⑥ 拟定配方及实验过程。

⑦ 观察并评估效果。

（4）调香作用　香精、香料可以弥补食品本身的香气缺陷，具有引起食欲、促进食欲的作用，因而是食品中不可缺少的一部分，好的香精、香料经过巧妙搭配之后，可使产品锦上添花。

① 辅助作用。某些原来具有良好香气的产品，由于自身香气浓度不足，通常需要选用香气与之相对应的香精、香料来衬托。

② 赋香作用。某些产品本身无香气，通过加香赋予其特定的香型。

③ 补充作用。补充因加工原因而损失掉的大部分香气，使其达到应有的香气

程度。

④ 稳定作用。有时候原料因产地、贮存环境、运输条件、生产批次的不同，香气很难一致，这时候调香就可以起到基本的统一和稳定作用。

⑤ 矫味作用。某些原料在加工过程中会产生令人不愉快的气味，这时候可以通过调香来掩盖。

⑥ 替代作用。由于货源不足或价格方面原因，某些原料不能使用，则可用香精、香料替代部分或全部原料。

(5) 调香结果评价　香气的评价方法包括感官评价和仪器分析两类。

在产品研发过程中，感官评价是香气评价的主要方法，并且由于香气和滋味共同组成食品风味的两个部分，调香和调味的结果评价通常是一同进行的。一般是先由实验室内的人员进行初步评定后，再向外扩大评定范围，包括盲测。感官评价的顺序通常为：看→嗅→尝，分别对应了外观（颜色、光泽度、完整性等）、气味（香味、异味）、滋味。

盲测是将样品与同类市场畅销产品混合，隐藏试样之间可以识别的特征，不告知评价者品牌，收集意见和建议，进行改进。这种方式是产品测试中的一项内容也是产品上市前的一项准备工作，目的是检验目标消费群体的满意度，目前常用的方法包括试用法、观察法等。对于食品而言，各地的消费习性、饮食习惯、消费能力等都不尽相同，那么经过调研就能针对当地口味改善产品、针对当地消费能力改变包装以及其他方面的调整。

感官评价的结果往往受到人的生理、经验、情绪、环境等主观因素的影响，同时人的感官易疲劳、适应和习惯；而化学分析方法是将结果数字化，虽然不是直观的嗅觉感知，但避免了上述主观因素。香气的现代仪器分析手段包括：电子鼻（E-nose）、气相色谱（GC）、气质串联（GC/MS）、气相色谱嗅闻（GC/O）等。E-nose 也叫人工嗅觉系统，是建立在对生物嗅觉系统的模拟基础上的，由气敏传感器阵列和模式分类方法两大部分构成。气敏传感器阵列在功能上相当于嗅感受器细胞，模式识别器、智能解释器和知识库相当于人的大脑，其余部分则相当于嗅神经信号传递系统。GC/MS 是对食品的挥发性物质进行分析，是通过色谱柱将各个香气组分分离，从而确定食品的香气物质组成。GC/O 是一种感官检测技术，其将气相色谱与人类嗅觉结合起来。仪器方法虽然能够准确分析食品中香气成分，但是很难判断哪个组分是香气成分中的风味组分，而气相色谱嗅觉测定法能很好地解决这个问题。

(6) 调香过程应注意的问题

① 调香不能改变产品的本质，其他原辅料优劣会干扰调香的效果。

② 要根据产品的工艺条件（如加热温度的高低、产品最终形态）选择适宜状态（液体、固体、乳化状）的香精。

③ 香精的用量要适当。人体可通过口腔、鼻腔等多个器官接受刺激产生嗅感，

用量过多或不足都可能带来不良效果。

④ 选择适宜的添加时机和添加顺序。较高的加工温度和较长的加工时间，都会导致香精的损失，应尽可能在冷却室或加工后期加入，且不要过度搅拌，防止某些组分氧化，只要香精能在终产品中分散均匀就行。此外，某些香辛料成分可能会与香精相互作用从而破坏香气平衡与协调，一般可用麦芽糊精对香精进行预混拌。

⑤ 香气要和味感协调一致。在食品中，味是香气发挥作用的基础，香气是风味的增效剂和显效剂，应注意香与味的和谐。

4.3.4.4 调味设计

食品的调味设计，就是在食品生产过程中，通过原料和调味品的科学配制，产生人们喜欢的滋味。调味设计过程及味的整体效果与所选用的原料有重要的关系，还与原料的搭配和加工工艺有关。食品中的味是判断食品质量高低的重要依据，也是市场竞争的一个重要突破口，因此调味是配方设计的重要部分。

（1）调味原理 食品调味设计是一个复杂的动态过程，随着时间的变化，食品的味道也会发生变化。所以掌握调味设计的规律；掌握味的增效、味的相乘、味的掩盖、味的转化及味的相互作用；掌握原料的特性，选择最佳时机，运用适合的调味方法，除去异味，突出正味，增进食品香气和美味，才能调制出口味丰富、色泽鲜艳、质地优良、营养卫生的风味。

① 味的增效。一种味的加入使另一种味得到一定程度的增强。这两种味道可以是相同的，也可以是不同的，且同味强化的结果有时会远远大于两种味感的叠加。例如，咸味与甜味、咸味与鲜味。味精（MSG）与 I＋G 共用能相互增强鲜味；麦芽酚几乎对任何风味都有协同增强的作用。例如，相同质量分数的 MSG 溶液中加入少量 5′-鸟苷酸（GMP）后的鲜味明显强于未加 GMP 的溶液；在 MSG 溶液中加入有机酸（柠檬酸、琥珀酸）后鲜味也有所增强。

② 味的掩蔽。味的掩蔽是指一种味的加入使另一种味的强度减弱，甚至消失的现象。如味精可掩盖苦味，白砂糖掩盖苦味、酸味，葱姜掩盖腥味等。掩盖不同时抵消，在口味上虽然相抵，但是物质仍存在于体系中。

③ 味的干涉。味的干涉是指一种味加入后，使另一种味失真的现象。先摄取食物的味道对后摄取食物的味道会带来质的影响。例如，菠萝味或草莓味能使红茶变苦，吃了乌贼干后再吃温州蜜柑会感觉到苦味等。

④ 味的派生。味的派生是指两种味混合后，会产生出第三种味。例如，豆腥味与焦苦味结合能产生肉鲜味。

（2）味觉的影响因素

① 温度。同一种食物在不同温度的味感是有差异的，这是因为食品中的可溶性呈味成分对神经刺激的强弱与温度有关联。食物温度在产生味感时最能刺激味觉神经的温度范围为 10～40℃，其中又以 30℃ 时最为敏感。

② 黏稠度。食物的黏稠度高可以延长呈味成分在口腔黏着的时间，给较弱味

感以更多的感受时间，同时降低了呈味成分从食物中释放出来的速度，对于过强味感还可以给予一定程度的抑制，这有利于味蕾对滋味的良好感受。但食物黏稠度必须适当，黏稠度过高后味不干净，有糊住嗓子、非常难受的感觉；而黏稠度较稀，则味感会迅速消失，使人感觉不醇厚、丰满。

③ 颗粒感。食物的颗粒度是食物的特征性质。通常来说，细度越大，食物颗粒越小，越有利于呈味成分的释放，同时对口腔的触动较柔和，对味觉的影响有利，所以细腻的食物可以美化口感。这一点对酱类、膏状等含水分较高的食物来说尤其显得重要。

④ 溶解速度和浓度。由于呈味物质只有溶解之后才能被感知，显然溶解速度对味感是有影响的。因此产生味觉的时间就有快有慢，对味觉维持的时间也有长有短。通常呈味物质溶解快，味感产生得就快，但消失得也快。比如蔗糖较容易溶解，味觉的产生、消失得也快，较难溶解的糖精与此相反，其甜味感产生得慢，而持续的时间较长。

实际经验告诉我们，呈味物质的浓度不同则味感不同，只有适合的浓度才有愉快的味感。不同呈味物质的浓度与味感的关系是不同的。通常，任何浓度的甜味都是愉快的；任何单一的苦味几乎总是让人难以接受。低浓度的酸味和咸味令人愉快；而高浓度的酸味和咸味则会使人感到难受。另外，在可以感知的范围内，呈味物质的浓度与味感强度成正比关系，即浓度高则对人的味觉感受器的刺激强度也高，味感强度大。

⑤ 醇厚感。醇厚感是由于食物中的呈鲜味的成分多，并含有肽类化合物及芳香类物质，能够使味感相互均衡协调而留下良好的厚味。与黏稠度不同，醇厚感是指味觉丰满、厚重的感觉，涉及味的本质，属于化学现象。

⑥ 年龄。一个人的舌头上有轮廓乳头 8～12 个，外形较大。而在一个轮廓乳头内含有若干个味蕾，在不同的年龄阶段所含的味蕾数是不同的。而一个人的舌体上味蕾数目的多少能够反映出某人对味觉敏感强度的大小。味觉衰退的原因正是由于味觉器官味蕾数随年龄的增大而减少的缘故。一般来讲，年龄增长到50 岁以上，舌体上味蕾的存在数量就会相应减少，人的味觉敏感程度有较为明显下降的趋势。

⑦ 油脂。油脂不起直接的呈味作用。它对味感的影响是间接的、隐性的。这是因为油脂往往给人更多的是弱的、反应较慢的味感印象。油脂在口腔中的触觉是受诸多影响因素支配的，如油粒的大小，舌头表面形成油膜的厚度、溶解性、扩散性、乳化性等。在我们品尝时之所以感觉到含有油脂的食物的味道，是含有油脂的乳化液或是混浊液对我们的味觉神经作用的结果所致。当水溶性的呈味物质与油脂形成乳化液（有时是形成混浊液）后，这些乳化液或混浊液将会粘连在菜肴或面点上，在我们进食时对味觉产生影响。

食物中的油脂会减弱甚至能够短暂地改变食物的味道。因为食物中的呈味物质都是水溶性的，油脂在口腔内形成的薄膜通过屏蔽作用阻碍了水溶性呈味物质与味觉器官的接触，但是油脂薄膜不可能将口腔内所有味觉器官全部覆盖住，而且油脂薄膜也受到唾液的动态冲刷作用。所以在有油脂存在时，人的味觉感官对各种呈味成分的感知是不同的，是动态变化的，使得风味有了很好的层次感和立体感。油脂的这种作用缓和了呈味物质对味觉器官的刺激强度，使食物的味更加可口。例如蛋黄酱就是一种水包油型的典型乳化液，而人造奶油与蛋黄酱不同，它是油包水型的，即油脂在体系中是大量存在的。由于这两种形态的乳化液不同，品尝时呈味的特点也不同。蛋黄酱中的呈味物质直接作用于味觉感受器，所以品尝时，能够马上感觉到有明显的滋味。但是人造奶油则首先是油脂作用于舌头，使舌头有油感后，然后才感觉到有咸味的产生，味感产生的速度要慢一些。一般来讲，呈味物质与油脂形成乳化液后，能感觉到呈味物质的最低浓度可能会有所上升。

（3）常见的食品调味剂

① 甜味剂。甜味剂是指能使食品呈现出甜味的食品添加剂，其在食品中主要体现为三方面的作用：使食品具有适合的口感；风味的调节和增强；风味的形成。甜味剂种类较多，按其来源可分为天然甜味剂和人工合成甜味剂；按其营养价值分为营养性甜味剂和非营养性甜味剂；按其化学结构和性质分为糖类和非糖类甜味剂。常见甜味剂有：甜菊糖、糖醇类、安赛蜜、三氯蔗糖等。

② 酸味剂。酸味剂是能够赋予食品酸味并控制微生物生长的食品添加剂。除去调酸以外，兼有提高酸度、改善食品风味、抑制菌类（防腐）、防褐变、缓冲、螯合等作用。酸味剂按照其组成分为有机酸和无机酸两大类。食品中天然存在的主要是有机酸，如柠檬酸、酒石酸、苹果酸、延胡索酸、抗坏血酸、乳酸、葡萄糖酸等；无机酸有磷酸等。

③ 鲜味剂。鲜味剂又称风味增强剂，是一类可以增强食品鲜味的化合物。根据化学成分的不同，可将食品鲜味剂分为氨基酸类、核苷酸类、有机酸类、复合鲜味剂等。鲜味剂对蔬菜、肉、禽、乳类、水产类乃至酒类都起着良好的增味作用。常用的鲜味剂有：味精、呈味核苷酸二钠（I＋G）、干贝素、L-丙氨酸、甘氨酸，以及水解植物蛋白、酵母提取物等。

④ 咸味剂。咸味是一种非常重要的基本味。它在调味中作用是举足轻重的，人们常称咸味是"百味之主"，是调制各种复合味的基础。然而，具有咸味的并不只限于食盐（NaCl）一种，其他一些化合物如氯化钾、氯化铵、溴化钠、溴化锂、碘化钠、碘化锂、苹果酸钠等也都具备咸味的性质，但这些化合物除了呈现咸味外，还带有其他的味。食品调味用的咸味剂是食盐，主要含有氯化钠，还含有微量 KCl、$MgCl_2$、$MgSO_4$ 等其他盐类，由于这些钾、镁离子也是人体所必需的营养元素，故以含有微量的这些元素的盐作调料为佳。

⑤ 苦味剂。苦味是中国传统五味之一，属于基本味，是动物在长期进化过程中形成的一种自我保护机制。因为多种天然的苦味物质具有毒性，尤其是那些腐败

和未成熟的食物，所以动物会本能地厌弃有恶臭和苦味的食物。但有些苦味物质不仅无毒，反而对身体有益，多数苦味剂具有药理功能。食品中的苦味物质主要有以下几种：生物碱类（咖啡碱、可可碱、茶碱等）、苷类（黄酮苷、柚皮苷等）、酮类（律草酮、蛇麻酮等）、肽类（含苯丙氨酸、精氨酸等的肽）。常见的苦味调味料有：陈皮、苦杏仁、菊花等。

（4）调味结果评价　调味结果评价包括口感测试和仪器测试两种。

口感测试是主要的评价方法，与调香结果评价方式类似。通常是实验室内人员先从酸甜苦辣咸等角度品尝，收集意见和建议并改进后，再扩大品尝范围，包括盲测。

仪器测试主要是通过电子舌来分析的，也称为味觉分析系统。电子舌是一种模拟人类味觉系统对食品中不同滋味成分进行识别的检测技术，可以方便测试不挥发或低挥发性分子（和味道相关）以及可溶性有机化合物（和液体相关的），适用于液态食品的常规风味分析，目前已广泛应用于酒、茶叶、水产品、食用油、果蔬制品、乳制品等食品中。

4.3.4.5 品质改良设计

品质改良是在主体骨架的基础上，为改变食品质构进行的品质改良设计。品质改良设计是通过食品添加剂的复配作用，赋予食品一定的形态和质构，满足食品加工的品质和工艺性能要求。食品质构是食品除了色、香、味之外另一种重要的性质，它是在食品加工中很难控制的因素，也是决定食品档次的最重要的关键指标之一，它与食品的基本成分、组织结构和温度有关，食品质构是食品品评的重要方面。

食品品质改良设计有两种方式：一是通过生产工艺进行改良；二是通过配方设计进行改良，这是食品配方设计的主要内容之一。食品品质改良设计的主要方式主要有增稠设计、乳化设计、水分保持设计、膨松设计、催化设计等。

（1）增稠设计　食品增稠是通过食品胶进行的。食品胶也称亲水胶体、水溶胶，能溶解或分散于水中，并在一定条件下，其分子中的亲水基团，如羧基、羟基、氨基和羧酸根等，能与水分子发生水化作用形成黏稠、滑腻的溶液或凝胶。在食品加工中起到增稠、增黏，改变黏附力、凝胶形成力、硬度、脆性、紧密度，稳定乳化、悬浊体等作用，使食品获得所需要的各种形状和硬、软、脆、黏、稠等各种口感，故也常称作食品增稠剂、增黏剂、胶凝剂、稳定剂、悬浮剂、胶质等。世界上允许使用的食用胶品种有60余种，中国允许使用的约有40种。按照来源可将食品胶分为5类，如表4-2所示。

表4-2　食品胶分类表

分类	来源	主要成分	主要品种
植物胶	植物渗出液、种子、果皮和茎等	半乳甘露聚糖	瓜尔豆胶、槐豆胶、亚麻籽胶、皂荚豆胶、阿拉伯胶、黄蓍胶、刺梧桐胶、桃胶、果胶、魔芋胶等

分类	来源	主要成分	主要品种
动物胶	动物的皮、骨、筋、乳等	蛋白质	明胶、干酪素、酪蛋白酸钠、甲壳素、壳聚糖、乳清分离蛋白、鱼胶等
微生物胶	微生物代谢	高分子多糖	黄原胶、结冷胶、茁霉多糖、凝结多糖、酵母多糖等
海藻胶	海藻	高分子多糖	琼脂、卡拉胶、海藻酸(盐)、海藻酸丙二醇酯、红藻胶、褐藻盐藻聚糖等
化学改性胶	大分子原料的化学反应	大分子原料,如纤维素、淀粉等	羧甲基纤维素钠、羟乙基纤维素、微晶纤维素、变性淀粉等

食品胶在食品中的广泛应用归因于其多功能特性,各类食品胶的特性比较见表 4-3。

表 4-3　各类食品胶的特性比较（各种特性强度按顺序排列）

特性	食品胶种类
凝胶作用	凝胶强度:琼脂、海藻酸盐、明胶、卡拉胶、果胶 凝胶透明度:卡拉胶、明胶、海藻酸盐 凝胶热可逆性:卡拉胶、琼脂、明胶、低酯果胶
增稠作用	瓜尔豆胶、黄原胶、槐豆胶、魔芋胶、果胶、海藻酸盐、卡拉胶、羧甲基纤维素钠、琼脂、明胶、阿拉伯胶
乳化稳定作用	卡拉胶、黄原胶、槐豆胶、阿拉伯胶
悬浮分散作用	琼脂、黄原胶、羧甲基纤维素钠、卡拉胶、海藻酸钠
保水稳定作用	瓜尔胶、黄原胶
抗酸作用	海藻酸丙二醇酯、抗酸型羧甲基纤维素钠、果胶、黄原胶、海藻酸盐、卡拉胶、琼脂

食用胶体以其安全、无毒、理化性质独特等优良特性,深受人们的关注,特别是食品学家。它的用途广泛,可应用于冷食品、饮料、乳制品、调味品、糕点、淀粉、糖果、酿酒、食品保鲜与冷藏等食品行业,食品胶在各类食品应用如表 4-4 所示。

表 4-4　食品胶在食品工业中的应用

食品类别	常用食品胶种类	用途
肉制品	卡拉胶、黄原胶、变性淀粉	改善产品质构、切片性、嫩度、色泽,提高持水性和出品率,防止渗油渗水现象,黏合、保鲜作用等
冷冻食品	瓜尔胶、果胶、黄原胶、羧甲基纤维素钠、亚麻籽胶	提高黏度,改善凝胶性,防止或抑制微粒冰晶增大,延缓冰碴出现,改善口感、内部结构和外观状态,提高体系稳定性和抗融性
凝胶糖果	明胶、卡拉胶、刺槐豆胶、普鲁兰多糖	控制糖结晶体变小,并防止糖浆中油水相对分离;赋予产品柔软质构、爽滑口感,增进产品透明度和凝胶强度等
饮料	琼胶、黄原胶、海藻酸丙二醇酯、果胶、明胶、海藻酸钠	增稠和悬浮稳定作用,赋予产品厚实的滋味和口感等

（2）乳化设计 乳浊液是两种及两种以上不相容的液体所形成的混合物，即一种液体以小液滴的形式分散在另外一种液体之中。如果是油分散在水中，称为水包油（油/水或 O/W）型乳浊液，如牛奶和某些农药制剂等。如果是水分散在油中，称为油包水（水/油或 W/O）型乳浊液，如石油、原油和人造黄油。乳浊液具有不稳定性，要得到稳定的乳状液，通常必须有第三组分即乳化剂存在。乳化剂分子内一般都含有亲水基和亲油基，决定了乳化剂的亲水性和亲油性。其在食品工业中占有相当重要的地位，能提高食品质量，防止食品变质，以延长食品储藏有效期，改善食品的口感与外观，刺激消费需求。其乳化特性取决于乳化剂的亲水亲油平衡值（HLB 值），HLB 值越大，则其亲水性越强，反之，其亲油性越强。在油相与水相互不相溶的液体中，适量加入乳化剂，并经过一定的加工处理，可以使其形成均质的分散体系。

中国常用的食品乳化剂多达几十种，根据不同的目的，可选择不同的乳化剂。根据乳化剂中是否含有亲水基可将其分为离子型表面活性剂（阴离子表面活性剂有羧酸、硫酸酯等，阳离子表面活性剂有聚丙烯酰胺、脂肪胺盐等）和非离子型表面活性剂（吐温、司班等）。此外，还有例如氨基酸型的两性表面活性剂以及复合型表面活性剂等。根据其来源又可以分为天然型表面活性剂（如卵磷脂、某些蛋白质等）以及合成型表面活性剂（如聚丙烯酰胺、聚甘油酯等）。根据乳化剂 HLB 值的大小可分为亲油型表面活性剂（HLB 值小于 10，如司班）和亲水型表面活性剂（HLB 值大于 10，如吐温）。乳化剂的性能各不相同，在当今食品加工业中，为了改善食品乳化剂的功能，常常也会将不同的乳化剂复配使用，常见的方法就是调节乳化剂的亲水亲油平衡值（HLB 值），改变亲水亲油性，决定乳化剂的类型，使其具有更广的实用适应性。

（3）水分保持设计 水分保持设计是通过添加水分保持剂实现的。水分保持剂是指有助于保持食品中的水分而加入的物质，同时还有提高产品稳定性，改善食品形态、风味、色泽等作用，多指用于肉类和水产品加工中增强其水分稳定性和具有较高持水性的磷酸盐类。

磷酸盐是亲水性很强的水分保持剂，它能很好地使食品中所含水分稳定下来，其持水性好坏与磷酸盐种类、添加量、产品 pH 值、离子强度等有关。对肉制品而言，持水能力较好的磷酸盐有：焦磷酸盐、三聚磷酸盐，随着链长的增加，多聚磷酸盐的持水能力逐渐减弱，正磷酸盐的持水能力较差。中国规定许可使用的有六偏磷酸钠、三聚磷酸钠、焦磷酸钠、磷酸二氢钠、磷酸氢二钠、磷酸二氢钙、磷酸钙、焦磷酸二氢二钠、磷酸氢二钾、磷酸二氢钾等。使用磷酸盐时，应注意钙、磷比例 1∶1.2 较好。

食品化学中许多重要的反应涉及磷酸盐，其以独特的作用被世界各国广泛应用于食品加工业，国内外普遍使用的单位磷酸盐为正磷酸盐、二聚磷酸盐、三聚磷酸盐及多聚磷酸盐。为充分发挥各种磷酸盐以及磷酸盐与其他添加剂之间的协同增效作用，在实际中常使用各种复配型磷酸盐作为食品配料和功能添加剂（表 4-5）。

表 4-5　复合磷酸盐品质改良剂品种及功效

应用食品	复合磷酸盐品种	主要功效	推荐量/%
方便面	酸式焦磷酸钠、三偏磷酸钠、三聚磷酸钠、偏磷酸钠	缩小成品复水时间、不黏不烂	≤2.0
饼干、糕点	酸式焦磷酸钠、三偏磷酸钠、三聚磷酸钠、偏磷酸钠、磷酸氢钙、磷酸二钙	缩短发酵时间,降低产品破损率,疏松空隙整齐,延长储存期	≤2.0
饮料	磷酸钠、磷酸氢二钠、焦磷酸钠、三聚磷酸钠、聚磷酸钾、磷酸钙	控制酸度,螯合作用,乳化作用,稳定剂	≤2.0
蛋清	六偏磷酸钠	改善搅打,增加泡沫稳定性	0.05～0.2
果冻	磷酸二氢钠、磷酸氢二钠、三聚磷酸钠	缓冲作用	根据需要
果酱	磷酸钠、六偏磷酸钠	控制 pH,螯合作用,增加得率	根据需要
冰激凌	磷酸氢二钠、焦磷酸钠	分散度,缩短冷冻时间	0.2～0.5
熟肉制品及红肠等	磷酸氢二钠、焦磷酸钠、三聚磷酸钠	色泽红润,口味佳,弹性好,得率高	0.2～0.4
香肠	酸式磷酸钠、磷酸氢二钠、焦磷酸钠、三聚磷酸钠	加速加工处理,改善口味,色泽佳	0.5
水产加工、鱼丸香肠、速冻食品	三聚磷酸钠、酸式焦磷酸钠	螯合作用,防止冰晶生成,控制水分	6～12,溶液浸泡
禽肉	三聚磷酸钠、焦磷酸钠	控制水分,增加得率,维持新鲜度	0.3～0.5 或 5～6,溶液浸泡
蚕豆	磷酸氢二钠、六偏磷酸钠、焦磷酸钠	缩短蒸发时间,改善色泽和口味	0.2～0.5
番茄酱	磷酸氢二钠	改善色泽,防止分层,增加得率	0.5

(4) 膨松设计　膨松设计可通过膨松剂调节,膨松剂是指食品加工中添加于焙烤食品的主要原料小麦粉中,并在加工过程中受热分解,产生气体,使面坯起发,形成致密多孔组织,从而使制品膨松、柔软或酥脆的一类物质。通常应用于糕点、饼干、面包、馒头等以小麦粉为主的焙烤食品制作过程中,使其体积膨胀与结构疏松。膨松剂可分为无机膨松剂、有机膨松剂和生物膨松剂三大类。有机膨松剂如葡萄糖酸-δ-内酯。生物膨松剂如酵母等。无机膨松剂,又称化学膨松剂,包括碱性膨松剂如碳酸氢钠(钾)、碳酸氢铵、轻质碳酸钙等,酸性膨松剂如硫酸铝钾、硫酸铝铵、磷酸氢钙和酒石酸氢钾等,以及复合膨松剂。无机膨松剂应具有下列性质:①较低的使用量能产生较多量的气体;②在冷面团里气体产生慢,而在加热时则能均匀持续产生大量气体;③分解产物不影响产品的风味、色泽等食用品质。

(5) 催化设计　食品催化设计是通过添加酶制剂进行的。酶制剂是指酶经过提纯、加工后的具有催化功能的生物制品,主要用于催化生产过程中的各种化学反应,具有催化效率高、高度专一性、作用条件温和、降低能耗、减少化学污染等特点,其应用领域遍布食品(面包烘烤业、面粉深加工、果品加工业等)、纺织、饲料、洗涤剂、造纸、皮革、医药以及能源开发、环境保护等方面。酶制剂来源于生物，一般来说较为安全，可按生产需要适量使用。

我国食品酶制剂种类较多，其中，碳水化合物用酶、蛋白质用酶、乳品用酶占食品酶制剂的比重较大。在食品加工过程中常用的酶制剂主要有以下几种：木瓜蛋白酶、谷氨酰胺转氨酶、弹性蛋白酶、溶菌酶、脂肪酶、葡萄糖氧化酶、异淀粉酶、纤维素酶、超氧化物歧化酶、菠萝蛋白酶、无花果蛋白酶、生姜蛋白酶等。

复合型酶制剂的复配技术和配方将是面粉改良剂研究的首要形式。尽管已知的酶有许多作用，但单一的酶往往是特异性的酶，其产品品质的提高往往是间接的。几种酶制剂混合使用往往有协同增效作用，起到"1+1>2"的效果，还可减少单一酶的使用量。复合酶制剂在面制品中的应用也很广泛。戊聚糖酶或木聚糖酶与真菌淀粉酶结合使用时，能产生协同作用。一般来说，纯木聚糖酶用量合适可使面团体积增大，但用量过高时，面团就会变得太黏。将木聚糖酶与少量的真菌淀粉酶结合使用时，就可采用较少量的淀粉酶和木聚糖酶，制得较大体积和较好总体质量评分的面团，并避免发黏的问题。脂酶不会使面团发黏，而且能够大大改进面团的稳定性和面包瓤的结构，因此，木聚糖酶或淀粉酶与脂酶之间的协同作用，为改进面包质量提供了许多可行性。葡萄糖氧化酶虽能使面团强度加大却会使之干硬，而高剂量的真菌淀粉酶则能赋予面团较好的延伸性，将这两种酶结合使用，就能产生协同作用。此外，当这两种酶与少量的抗坏血酸一起使用时，面团不仅非常稳定，而且能够增加 $1\%\sim2\%$ 的水吸收能力，使面包体积有更大的增长，面包皮也更为松脆，提高面包整体的感官品质。脂肪酶（lipase，EC 3.1.1.3）可以催化油脂水解，使面粉中的天然脂质得到改性，形成脂质、蛋白质、直链淀粉复合物，从而防止直链淀粉在烹煮过程中的渗出现象。

4.3.4.6 防腐保鲜设计

食品配方设计在经过主体骨架设计、调色设计、调香设计、调味设计、品质改良设计之后，色、香、味、形都有了，但是这样的产品保质期短，不能实现产品的经济效益最大化，还需要对其进行防腐保鲜设计。现代食品加工的主要目标：确保食品加工的安全性；提供高质量的产品；使食品具有食用的方便性。

微生物和化学因素可能引起食品的腐败和变质，这是影响食品安全性的主要原因，对加工食品而言，通常是以微生物为主；食品质量如风味、颜色和质地等，同样与微生物引起的腐败、酶的作用和化学反应等密切相关。因此，必须清楚了解引起食品腐败变质的主要因素及其特性，以便更好控制它们，达到现代食品防腐保鲜的目的。引起食品腐败变质的主要因素包括内在因素和外在因素，外在因素主要指生物学因素，如空气和土壤中的微生物、害虫等；内在因素主要包括食品自身酶的作用以及各种理化作用等因素。常见的食品防腐保鲜方法：低温保藏技术、食品干制保藏技术、添加防腐剂、罐藏保藏技术、微波技术、包装技术（真空包装、气调包装、托盘包装、活性包装、抗菌包装）、发酵技术、辐照保藏技术、超声波技术等。

食品的防腐保鲜是一个系统过程，随着人们对食品防腐保鲜研究的深入，对防腐保鲜理论有了更新的认识，研究人员认为，没有任何一种单一的防腐保鲜措施是完美无缺的，必须采用综合防腐保鲜技术，主要的理论依据有：栅栏技术、良好操作规范、卫生标准操作程序、危害分析与关键控制点、预测微生物学、食品可追溯体系及其他方面等。

4.3.4.7 功能营养设计

功能营养设计是在食品基本功能基础上附加特定功能，成为功能性食品。食品按科技含量分类，第一代产品称为强化食品，第二代、第三代产品称为保健食品。食品营养强化是根据不同人群的营养需要，向食品添加一种或多种营养素或某些天然食物成分的食品添加剂，以提高食品营养价值的过程。

强化食品有很多优点，在某些食品中强化人体所必需的营养既能提高食品中营养素的价值，又能增强机体对营养素的生物利用率，是改善人民营养状况既经济又有效的途径。强化食品在制作过程中应注意营养卫生、经济效益等多种因素，并结合各个国家和地区的具体情况进行食品强化。食品营养强化的方法主要有：在原料或必需的食物中添加；在加工过程中添加；在加工的最后一道工序中加入。食品强化应遵循的原则：严格执行规定；针对需要；营养均衡与易吸收性；工艺合理性；经济合理；保持食品原有的风味；注意营养强化剂的保留率。许多营养强化剂易受光、热、氧气等影响而不稳定，在食品加工过程及贮藏过程中会造成一定数量的损失。

4.4 食品相关产品选用

4.4.1 食品相关产品

根据 2021 年修正版《中华人民共和国食品安全法》，直接接触食品的物品都属于食品相关产品，包括用于食品的包装材料、容器、洗涤剂、消毒剂和用于食品生产经营的工具、设备。其中，用于食品的包装材料和容器细分下来又包含包装、盛放食品或者食品添加剂用的纸、竹、木、金属、搪瓷、塑料、橡胶、天然纤维、化学纤维、玻璃等制品和直接接触食品或者食品添加剂的涂料。用于食品生产经营的工具、设备指在食品或者食品添加剂生产、销售、使用过程中直接接触食品或者食品添加剂的机械、管道、传送带、容器、用具、餐具等。需要注意的是，食品相关产品中所说的洗涤剂、消毒剂，不仅包含直接用于洗涤或者消毒食品本身的洗涤剂和消毒剂，还包含使用于上述直接接触食品的餐具、饮具、生产经营工具、设备或者食品包装材料和容器的洗涤剂与消毒剂。

4.4.2 选用相关产品

4.4.2.1 食品包装材料和容器

食品包装材料和容器的主要作用有保护食品质量和卫生，延长产品货架期；方便运输、携带和食用；同时，美观的包装设计，不仅能吸引消费者的眼球，还能提高食物属性以外的价值。我国允许使用的包装、盛放食品或者食品添加剂用的材料有纸、竹、木、金属、搪瓷、陶瓷、塑胶、橡胶、天然纤维、化学纤维、玻璃等。

塑料对水分、气体、光线等有较好的阻隔性，具有防潮、防氧化和密封功能，且力学性能强、成本低廉，被广泛应用于蔬菜、水果、肉类、干果、零食、饮料、油脂等食品。常用的塑料包装容器材料有聚乙烯（PE）、聚丙烯（PP）、聚酰胺（PA）、聚酯（PET）等。

金属是以铁和铝为原材料加工而成的容器，其包装性能主要表现在高阻隔性能、机械性能优良、成型加工性能好，易于连续化生产、加工适应性强、废弃物易于回收处理等。铝箔袋通常用于糖果、巧克力、咖啡、茶叶、罐头食品等。常用的金属包装容器材料有钢基包装材料和铝制包装材料，包括马口铁、不锈钢板、镀铬薄钢板、铝箔、铝合金薄板等。

玻璃是以石英石、纯碱、石灰石为主料，以澄清剂、着色剂、脱色剂等为辅料，经 1400～1600℃熔炼成黏稠玻璃液再浇筑至磨具后冷凝而成的非晶体材料。玻璃包装容器具有化学稳定性好、阻隔性能好、透明性好、温度耐受好、可重复使用、原料来源丰富和加工成型性好等优点。通常用于包装果酱、蜂蜜、沙拉酱、饮料等食品。常见的玻璃包装容器有细口瓶、大口瓶、罐头玻璃瓶、日用包装玻璃瓶等。

纸是从植物碾磨而成的悬浮液中将植物纤维、矿物纤维、动物纤维、化学纤维或这些纤维的混合物沉积至成形设备中，经干燥后制成平整、均匀的薄页。纸包装容器材料具有原料来源广泛、成本低廉、卫生无毒、能回收利用、质量轻等优点。非常适合盛放寿司或烘焙食品，适合盛放热狗、三明治、薯条、松饼和其他小食物，适用于包装和盛放干燥的食品，如饼干、糖果、巧克力等。常用的食品包装用纸有牛皮纸、羊皮纸、玻璃纸等。

4.4.2.2 用于食品生产经营的工具、设备

用于食品生产经营的工具、设备指在食品或者食品添加剂生产、销售、使用过程中直接接触食品或者食品添加剂的机械、管道、传送带、容器、用具、餐具等。其中，容器、餐具用具等工具应使用无毒、无味、抗腐蚀、不易脱落的材料制成，在正常工艺条件下不会与食品、清洁剂和消毒剂发生反应，并应保持完好无损。其构造应有利于保证食品卫生、易于清洗消毒、易于检查，避免因构造原因造成润滑油、金属碎屑、污水或其他可能引起污染物的滞留。食品加工设备，即食品机械，是将食品原材料加工成成品或半成品的所有机械设备的总称。根据用途，可将食品

加工设备分为以下几个类别。

① 通用设备：速冻设备、清洗设备、干燥设备、杀菌设备、灌装设备、水处理设备、分选设备、提取设备、热交换设备、传输设备。

② 专用设备：休闲食品设备、蔬菜加工设备、水果加工设备、肉制品加工设备、烘焙设备、水产品加工设备、果蔬加工设备、乳制品设备、调味品加工设备、饮料加工设备。

③ 试验设备：测量仪器、计量设备。

④ 包装设备：包装机、封口机、打包设备、贴标设备、填充设备、裹包设备。

食品加工设备的选型通常按照以下原则进行。

① 技术性。设备应适应原料与生产成品技术指标要求，应符合产品工艺设计要求，产生的噪声、震动及污染要符合国家有关政策规定。例如，在室内安装的设备，噪声应低于 85 分贝。对那些产生废渣、废液、废气等污染的设备还应了解有无配套治理装备，按照环保规范标准去选择。

② 安全性。设备应具有良好的安全性能，保证人员和加工产品的安全卫生。

③ 可靠性。设备应能稳定可靠地运行，以保证整个生产线连续正常工作，实际生产能力达到或略超过设计要求。为保证设备运行可靠性，在收集信息时应注意获取足够的拟选购的有关资料。

④ 适用性。要明确设备对场地、电源、热源、水源、真空压缩空气及气候条件等方面的要求。在需要和后工序设备配套工作时，应注意其信号输入、输出是否匹配，空间上衔接是否合理，生产能力是否配套等因素。

⑤ 经济性。生产能力、技术性能等主要指标相似的设备，价格越低，运行维护费用越低，则其经济性越好。考虑其经济性首先要在技术性能、生产能力、安全性、可靠性等前提下才有效，其次要综合考虑一次性投入和运行费用，要考虑投入产出比，力争做到少投入、高产出、高效率，实现良好经济效果。

⑥ 先进性。在主要指标均能满足要求时，应尽可能选用技术先进的设备，不要选用落后淘汰设备，以免给运行维护、配件供应造成麻烦。

⑦ 设备生产厂家和中间商的实力。尽量选用具有较长生产历史、经营规模较大、售后服务和信誉较好的生产商和中间商，尽可能避免由于生产商和中间商经营中出现问题而影响设备的维修和售后服务。

4.4.2.3 用于食品或食品包装、容器、工具、设备的洗涤剂和消毒剂

食品工业门类和产品繁多，但有一个共同点，就是对食品卫生的严格要求。食品加工过程中，各个环节的清洁性对食品的安全性有重要影响，食品工业所加工的原料和得到的产品都是富营养物，在一定条件下最适合细菌的生长，尤其是间歇使用的设备和容器，在使用前和使用后都要进行适当洗涤和消毒。根据相关法律法规的要求，食品生产经营中使用的洗涤剂消毒剂应当对人体安全、无害。在食品生产经营过程中常用的清洗剂和消毒药物主要有：

① 水：水是基本清洗剂，用量大，使用广泛。使用水进行清洗时，同时利用热能或搅拌，流动摩擦以及压力喷射等物理能量，可大大提高水的洗涤效果。

② 碱水溶液（NaOH）：适当组分的碱水溶液脱脂洗涤力极强，适当加热再辅以喷射力洗涤效果更好。广泛用于机器、设备、管道等的清洁洗涤。

③ 表面活性剂：又称为人工合成洗净剂，具有促进液体渗透、融化、发泡等作用。多种洗涤剂、消毒剂广泛用于生产和生产经营场所的清洁消毒。

④ 含氯消毒剂：这类药物有次氯酸钠、漂白粉、二氯异氰尿酸钠等，含氯消毒剂的消毒能力主要取决于其中所含的有效氯的含量，有效氯的含量愈高，消毒能力愈强。

⑤ 75％乙醇：是目前医药卫生领域应用最为广泛的消毒剂，主要应用于皮肤和器具、容器的消毒。是一种良好的皮肤消毒剂。

⑥ 氧化物类消毒剂：包括双氧水、臭氧、二氧化氯等氧化剂。二氧化氯因其良好的性能使用范围愈加广泛。

4.5 食品工艺设计

4.5.1 食品工艺概述

配方设计解决的是生产什么样的产品的问题，而采取什么样的设备和工艺装备，按照什么样的加工顺序和方法来将产品制作出来，这是工艺设计来解决的问题。即配方解决做什么，而工艺解决怎么做。工艺是产品生产的主要依据，科学合理的工艺是生产优质产品的决定性因素，是工人在生产过程中正确作业的操作依据。合理的工艺，是必须经过反复试验和设计来确定的，能起到指导生产、提高生产质量、提高生产效益等作用。

食品工艺就是将原料加工成半成品或将原料和半成品加工成食品的工程和方法，它包括了从原料到成品或将配料转变成最终消费品所需要的加工步骤或全部过程。食品工艺是与原料和产品联系在一起的，每种产品都有相应的工艺。也就是说，将一种原料加工成产品，其中涉及采用什么加工方法或单元操作、需要几种加工方法或单元操作以及这些加工方法或单元操作是如何组合的；从原材料到成品的途径可能有多种，具体到每一种过程，则取决于食品加工的目的和要求，根据不同的食品要求可以选用相应的单元操作，不同的单元操作就组成了不同的加工工艺；在一些情况下，从原材料到食品的加工是一步转变，有些情况下，加工转变步骤数量不断增加。将这些单元操作中的某种或某些有机合理地组合起来的加工步骤就是一个完整的食品加工工艺流程。工艺由不同工序组成，产品生产一般要经过若干道工序过程，食品工艺决定了加工食品的质量。食品质量的高低取决于工艺的合理性和每一工序所采用的加工技术。每道工序可以通过不同的技术来实现。应用不同的技术所得到的产品质量就会不一样，这被认为是食品技术的核心。

食品工艺按照不同的分类依据可以划分为不同的类别。按照加工的原料特性可以分为：粮食加工工艺、乳品加工工艺、油脂加工工艺、发酵工艺、饮料加工工艺等。按照加工单元操作可以分为：研磨/粉碎技术、热处理技术、低温技术、分散技术、成型技术等。但随着新技术的出现与发展，导致有些技术难以归类，例如微胶囊技术、挤压技术等是几项传统技术的结合；调香技术和调味技术更多像一门技巧。

4.5.2　工艺设计内容与步骤

工艺设计过程要综合考虑多种因素的相互影响，包括产品的结构和工艺信息、生产条件、技术现状、实际需求等，在此基础上采用不同的决策方法。这是一项非常复杂而细致的工作，除了一些简单且技术已经比较成熟的工艺流程外，都要经过由浅入深、由定性到定量、反复推敲和不断完善的过程。食品工艺设计主要包括设计内容和设计步骤两个方面的内容。

4.5.2.1　设计内容

(1) 选择工艺路线　在保证产品质量、安全、卫生能达到相应标准的前提下，本着经济合理的原则，可以采用不同装备水准的工艺技术，比较多种工艺路线，本着投入产出比最大化的原则进行综合决策。当一种产品存在若干种不同的工艺路线时，应从工业化实施的可行性、可靠性和先进性的角度，对每个工艺路线进行全面细致的分析研究，然后确定一条最优的工艺路线，作为工艺设计的依据。

工艺成本分析法是选择工艺路线的常用方法。该法是通过计算和比较不同工艺方案的工艺成本来评价和优选工艺方案的一种经济分析方法。与工艺过程有关的各项生产费用之和即为工艺成本，它是产品成本的组成部分。工艺成本中的生产费用可以分为两类：一是随产量增减而呈正比例变化的费用，如主要原材料费用、生产工人工资等，称为变动工艺成本；二是不随产量增减而变化的费用，如折旧费、管理费等，称为固定工艺成本。对两个或两个以上的工艺方案进行经济评价和优选，只需分别计算出各工艺方案的年工艺总成本，进行比较，其中年工艺总成本最低的方案即为最优方案。为了简化计算，对于那些不随方案而变化的费用，可不计入工艺成本。

在选择工艺路线时，还应注意其中的关键设备和特殊工艺条件或参数，以防在即将投入工业化生产时无法解决关键设备问题或在生产时达不到所需的工艺条件或参数。

(2) 确定工艺流程的组成和顺序　根据选定的工艺路线，确定整个工艺流程的组成和顺序，包括各个工序涉及的设施设备、操作条件、工艺参数，设施设备的连接顺序，载能介质的技术规格和流向。

4.5.2.2 设计步骤

（1）目标评价 在食品工艺设计中，性能指标、设计约束和可制造性目标是设计者需要系统性考虑的问题，这些目标直接影响实际生产中产品生产的可操作性、质量程度、经济合理性、工艺成本等方面。在实际中，性能指标往往与可制造性目标出现矛盾，可制造性常被忽略。只要企业拥有必需的基本设备和技术以及比较熟练的操作人员，就必须能够生产出设计者所设计的最终产品。鉴于此，设计要求的完整性，以及在性能指标、设计约束和可制造性之间的权衡很重要。审查整个设计要求的完整性和明确性是十分必要的。

（2）分析改进 在某一工艺单元中，可行的方法很多或者现有方法不够理想时，对选取最有效方法或改选和改良方法的分析就十分必要了。不管是特殊技术需求，还是很小的问题，在分析改进的内容上是相似的。因此，选择、改选或改良设计方法的分析内容一般包括 4 个方面：设计选择中的风险、功能与成本、进度与成本、原料组成与生产能力。设计的方案最终要转化成产品的制造与包装，从概念化到具体化。产品的原料、质量、可靠性都将被审查。另外，载荷、气压、流量、温度和配合等的分析也将同时进行。

4.5.3 工艺文件编制

工艺设计和步骤设计完成后，应进行文件的编制，其目的主要是连接工艺设计与实际生产。文件编制的内容是对无数的分析、调查、替代和改进结果的详细说明。它是研发人员、生产操作人员以及其他相关人员之间的信息传达手段，是提供材料、人力和制造成本初步预算的工作手册。文件编制的内容一般包括以下几个方面：工艺流程图、各个设计阶段和各个工序所采用的工艺装备及操作规程、生产工艺的主要技术参数和操作要领等。

4.5.3.1 工艺流程图的绘制

工艺流程一般有两种表示方法：一种是用框图的形式表示，另一种是生产工艺流程示意图。

（1）工艺流程框图 工艺流程框图一般是在工艺路线以及工艺流程的组成和顺序确定之后，采用方框、文字和箭头等形式定性表示出由原料变成产品的路线和顺序。框图的优点是步骤明确、易懂，能清晰显示工艺的原理，但其只是简洁地将整个工艺流程呈现，不够详细。

（2）工艺流程示意图 工艺流程示意图是在工艺流程框图的基础上，分析各过程的主要工艺设备后，以图例、箭头和必要的文字说明，定性表示出由原料变成产品的路线和顺序。

4.5.3.2 物料流程图的绘制

当工艺流程示意图确定后，即可进行物料衡算和能量衡算。物料衡算是指根据质量守恒定律，凡引入某一系统或设备的物料重量 G_m，必等于所得到的产物重量 G_p 和物料损失量 G_t 之和，即：$G_m = G_p + G_t$。能量衡算，根据能量守恒定律而进行的能量平衡的计算，在生产过程中包括热能、电能、机械能或其他能。在此基础上，绘制出物料流程图 MBD（material balance diagram），在流程上标注出各物料的组分、流量以及设备特性数据等。此时，设计由定性转入定量。

4.5.3.3　工艺管道及仪表流程图的绘制

工艺管道及仪表流程图 PID（piping and instrument diagram）是以物料流程图为依据，进行设备、管道的工艺计算以及仪表控制设计，并在管线和设备上画出配置的某些阀门、管件、自控仪表等的有关符号，可标注出控制点和流出设备一览表。

4.5.3.4　施工阶段带控制点的工艺流程图

在前述步骤设计完成并经审查批准后，按照审查意见对流程图中所选设备、管道、阀门、仪表等作必要的修改、完善和进一步说明。在此基础上，可绘制出施工阶段带控制点的工艺流程图。

4.5.4　设计工艺性评价

设计工艺性评价是对所选工艺的可靠性，工艺流程的合理性，对产品质量的保证程度，工艺运营成本，工艺与原材料的合理性，经济的合理性等进行评价。通过设计工艺性评价，来反映产品是否容易在企业的制造能力下被生产出来。设计工艺性评价伴随着整个设计工艺性的分析过程，一般从工艺过程评价、产品评价和设计工艺性体系评价三个方面开展。

4.5.4.1　工艺过程评价

工艺过程评价是评估工艺的稳定性并通过控制工艺的波动来保证产品的质量。工艺的波动可能会导致产品的质量不稳定，因此通过对工艺过程的评价、数据分析和工艺调整，可以使工艺可控或工艺波动在产品质量允许的范围内。

4.5.4.2　产品评价

产品评价是指评估产品是否符合相关标准要求和客户要求，如安全性、品质、成本和交货期等；同时，也要满足企业内部的目标，如尽量减少产品的开发成本、增加利润空间等。

4.5.4.3　设计工艺性体系评价

设计工艺性体系评价是对研制产品进行综合性评价，评价指标包括成本、时间、质量和风险。质量在产品开发早期主要是以顾客满意度、竞争能力等为指标；在产品开发后期和生产检验阶段一般采用次品数、废品率、工序能力指数等。设计工艺性体系评价需要在收集多个产品、工艺、生产数据的基础上，采用基准评定法，对比行业领先的企业进行多方面综合测定，以期连续改进和完善企业的可生产性保证体系。设计工艺性体系评价可以帮助识别体系中需要改进和加强的部分或环节，以便提高后续开发产品的可生产性。

4.6 产品小试、中试及小批量试生产

4.6.1 产品小试、中试及小批量试生产概述

小试是根据实验室理论研究成果，进行初步的设计，放大一定的倍数，在实验室的条件下进行生产，对于设备的要求并不严格，有些是可以用同类型器件代替的，规模很小，易于操作。通过得到相应的工艺参数和理论依据，为以后中试作准备。

中试指为了使研究成果产业化，减少转化风险，提高转化率，进行的批量放大试生产、试营销、试使用的过程。小试成熟后，进行中试，研究工业化生产工艺，设备选型，为工业化设计提供依据。这个过程的目的在于验证、改进、完善实验成果，消除各种不确定性因素，取得可靠的数据，使之与其他相关技术匹配，与生产实际相符合，与社会需要相一致，从而使新技术顺利应用到生产中，将新产品成功地推向市场。

小批量试生产是从小试实验、中试到工业化生产必经的过渡环节。产品批量生产前，安排使用所有正式生产工装、过程、装置、环境、设施和周期来生产适当的小批数量产品，以验证产品设计的合理性和产品的可制造性。

4.6.2 不同试验阶段差异形成的因素

4.6.2.1 人的因素

实验室小试，多为有着严谨的职业习惯的实验室工程技术人员，使用的仪器、设备较为精密，试样量小，所以（每个批次间）试验效果差异较小；在生产过程中，操作人员为经过或没有经过培训的生产线操作员工，加之使用的称量、加工设备精准程度稍差，且加工量较大等因素，加工出来的产品品质只能是在要求规范的合适范围内。在人员因素的影响下，试验（小试、中试）的效果与生产线批量生产的效果会有差异。

4.6.2.2 设备因素

① 设备参数因素。很多实验室使用的试验设备或中试生产线，多为模仿生产设备制造的，但是在设备的参数方面一定会有些差异。

例如：挂面研发用的小型压面机的转数较生产用设备的压辊转数要快，压延出来的面带效果就会有很大差异。

小麦实验磨磨辊的齿形数据和转数与生产用磨粉机的参数不可能完全一致，研磨出来的面粉的状况（粉色、纯度、面团特性）会有较大的差异。所以设备参数对产品效果的影响就成为重要的差异因素。

② 设备规模因素。无论是实验室小试还是已经成型的中试生产线，其设备规模都不可能与正式生产用的设备加工规模相比拟。在很多食品加工中，诸如面粉（在单位研磨长度上碾压的力度有较大差异）、饼干（不同位置烘焙对产品的口感、外观有不同影响）、馒头（不同规模的醒发过程和蒸煮过程对产品效果的影响）等产品，生产设备的规模对生产出的产品效果会有一定的影响。

4.6.2.3 原辅料因素

① 原料品质差异。实验室对于原料的选择，由于用量少，所以预处理比较精细，但是选择的余地小，代表性较差；但是在生产实践中，加工量大，尤其是农产品加工时，受原料来源的影响，品质差异会很大（小麦加工就是最典型的例证）。

② 投料精准程度差异。受加工量和工作环境的影响，实验室的操作和生产性操作的投料精准程度会有较大差异。其主要来源在于：实验室的小试和中试时，需要的称样量少，计量设备精准程度高，操作精细，而生产中的计量设备精度相对较低，称样量大，所以所投物料的相对比例会有差异；实验室中称样、投料环境相对稳定，相对精准，而生产过程中，生产环境的流动气流、空气中的粉尘和投料时的动作都会对投料的精准程度产生影响。

4.6.2.4 工艺因素

① 工艺路线差异。有些试验中，实验者忽略了细小的工艺细节。例如：有面粉开发试验人员在应用实验磨做制粉试验时，小麦清理后省略了润麦过程，直接进行取粉试验。这样，制得的面粉中存在大量麸粉。有些实验者在面团特性检测中忽略了水分测定，直接称取 300g 面粉进行检测，存在结果差异的不确定性。

② 工艺参数差异。仍然以面粉加工为例，实验室使用的无论是进口的布拉班德小型实验磨粉机还是国产三皮三心小麦实验磨粉机，在试验过程中的研磨参数（齿形角、斜度、齿顶等）和筛理参数（筛网孔径配置、辅助清理配置和回转半径参数等）与生产中的工艺参数状态不可能完全等同，导致生产出的产品品质（各理化及面团特性指标）有着较大的差异。

4.6.3　减小差异的措施

4.6.3.1　管理规范

任何一个开发团队都有自己的管理体系。那么为了减少研发试验与生产加工结果的差异，就应该建立相对应的管理体系。

首先建立面粉及其制品研发控制程序，通过开发计划书、开发任务书、样品试制记录表、工艺方案、小批试制准备情况检查表、小批试制总结报告等一系列过程控制方法规范研发过程的管理行为。同时，在产生差异时，通过这些控制方法检查出问题产生的原因，便于后续工作中的调整。每一个阶段的工作结束，要及时进行必要的总结与分析，避免其中更多的不确定性问题带到下一过程工作中。

4.6.3.2 技术规范

在开发设计中，要预判可能产生的不确定因素，对这些因素进行可靠的控制；按照生产设备与工艺的现状进行工艺设计，试图模仿可能实现的生产状态，设计研发工艺，安排研发工艺，以期实现生产的"再现"，排除可能出现的差异。对生产过程的控制，在工艺及操作技术规范时做出必要的要求，求得试验与生产状态的"一致性"。

另外，在开发试验的全过程（小试、中试及小批量试生产）中，每组试验的所有数据（包括一些暂时看起来用不上的数据和人们常常忽略的环境条件数据）一定要记录清楚，为产生问题的系统分析做好数据积累。

4.6.3.3 设备规范

在配备研发设备时，要尽可能与生产设备的效果相对应。即便试验结果出现差异，研发人员也可以通过经验进行矫正，对研发试验与生产的结果的差异做出预测性调整。

4.7 研发产品的评价与保护

4.7.1 评价的目的

评价就是人们参照一定的标准对客体的价值或优劣进行评判比较的一种认知过程，同时也是一种决策过程。研发产品的评价作为开发产品的工具，是讨论产品开发工作的主要依据，是确定下一期新目标的基础。研发产品评价不是产品研发过程中的一个步骤，而是贯穿于整个研发过程的一项内容，从产品设想的评价、产品使用测试到试销都是对新产品的评价。企业进行研发产品评价的目的主要如下。

① 确保产品质量。产品评价能够评估产品的各个方面，从设计到制作完成，确保产品能够达到质量要求。

② 剔除亏损产品。产品评价的一个关键目的是指出那些将给企业带来财务危机的新产品，也可以帮助公司识别产品开发过程中的风险和障碍，并采取措施来降低这些风险，有助于企业在产品研发中避开造成巨额亏损的风险和保护公司的声誉。

③ 寻求潜在盈利的产品。除了筛选出亏损产品外，还必须寻求有潜力的产品。如果企业丧失了产品盈利的机会，那么竞争对手会占领这一市场。

④ 提高产品竞争力。通过评价，可以发现产品可能存在的问题和缺陷，并对它们进行改进。这样可以提高产品的质量和竞争力，满足客户的需求和期望。

⑤ 为后续工作提供指导。一些概念评价技术，如偏好研究、市场细分、感觉性差异，不仅能对产品进行评价，还能对未来活动方向、目标市场及市场定位提供良好的建议。

⑥ 维持新产品活动的平衡。企业的新产品活动可能不是唯一的，往往有多个新产品构思的评价同时进行。这样，各个产品的接受、否决、先后顺序应放在一起统筹安排；而且，新产品的开发共同使用企业的资源，需要综合平衡。

4.7.2 评价的内容与方法

研发产品评价的主要内容包括研发立项和产品构思的可行性评价、产品质量评价和市场应用效果评价，产品质量评价又包括安全性评价和品质评价。各项评价的方法如下。

① 定性和定量分析法。定性分析是经济可行性分析的基础和前提，定量分析是工具和手段。定性分析包括对宏观经济环境和政府政策变化，行业发展趋势和竞争程度，市场周期变化等多种因素的分析。定量分析主要以净现值法（NPV）为主，同时对项目做敏感性分析。根据项目情况，在必要时也可以参考项目的内部回报率（IRR），对项目作盈亏平衡点分析（break-even）和无差异点分析（indifference point）。

② 专家评价法。该法是出现较早且应用较广的一种评价方法。它是在定量和定性分析的基础上，以打分等方式做出定量评价，其结果具有数理统计特性。其最大的优点在于，能够在缺乏足够统计数据和原始资料的情况下，做出定量估计，且该法使用简单、直观性强；但其理论性和系统性尚有欠缺，结果带有一定的主观倾向性。专家评价法包括评点法、轮廓法、检查表格法等。

③ 经济评价法。该法是以经济指标为标准对研究开发的改善进行定量研究、评价的方法，包括指标公式法和经济计算法。

④ 运筹学评价法。该法是指利用数学模型对多因素的变化进行定量的动态评价。在产品研发中可用以解决开发过程中的实际问题。运筹学评价法的主要方法有线性规划法、相关树法、定量分析法、经济模型和动态规划法等。

⑤ 产品质量的定量综合评估法。该法是基于数学模型，通过对产品进行多维度评估分析，如产品的功能性、可靠性、安全性、耐久性、外观等方面，将每个维度评估指标量化，从而得出综合评估结果。评估指标应具有客观性、可测性和可比性，以便进行定量评估。常用的评估方法包括层次分析法、模糊综合评价法、灰色关联分析法等。评估方法的选择应根据评估对象的特点和评估目的来确定。

4.7.3 产品保护的目的

产品保护也是产品开发中的一个重要内容，而且在现在这个知识经济的时代下，产品保护也是一个必须考虑和重视的问题。我国食品行业部分企业的产品保护意识不强，专业人才匮乏。多数企业的知识产权保护不完善且不善于运用法律武器维护自己的智力劳动成果，从而造成其商标、外观设计、技术专利为同行企业所抄袭、仿冒等，酿成诸多知识产权纠纷。有些企业具有一定的创新能力，舍得投入并研发新产品、新技术，但对自己的研发成果缺乏保护意识，导致自身赢利机会的丧失。而且国内大多数食品企业尚未建立知识产权管理部门，没有专门负责知识产权工作的人员，真正了解和懂得知识产权知识的人才不多。因此，在当今竞争激烈的市场环境中，对产品采取适当的保护措施可达到以下目的和作用。

① 维护企业的竞争优势。知识产权是企业在市场上的竞争优势之一，行使"权利"可以限制竞争产品，管控风险，从而维护自己在市场上领先地位。

② 避免知识产权纠纷。在商业活动中，知识产权纠纷是难以避免的，若未采取产品保护措施，可能会面临他人的侵犯和抄袭，甚至被控告侵犯他人的知识产权。

③ 企业研发产品获得相关知识产权后，可以对其进行商业化来获得相关利益。

④ 无形资产价值的累积可为企业的招商引资提供潜在优势。

4.7.4 产品保护的方法与建议

随着科学技术的进步，企业间的竞争也变得越来越激烈。加强产品保护不仅对促进食品企业可持续健康发展有着重要的意义，也为鼓励企业自主创新、科技进步提供了动力和保障。目前，产品保护主要方式有两种：一是国家有关法律法规的保护；二是企业自己的保密、保护。

4.7.4.1 熟悉并掌握相关法律法规与标准

在食品方面相关的法律法规主要包括以下四个方面。

(1) 法律 《中华人民共和国食品安全法》《中华人民共和国产品质量法》《中华人民共和国农产品质量安全法》等。

(2) 行政法规 《中华人民共和国食品安全法实施条例》《中华人民共和国标准化法实施条例》《国务院关于加强食品等产品安全监督管理的特别规定》等。

(3) 部门规章 《食品生产经营监督检查管理办法》《食品召回管理办法》《婴幼儿配方乳粉产品配方注册管理办法》《特殊医学用途配方食品注册管理办法》《保健食品注册与备案管理办法》《新食品原料安全性审查管理办法》等。

(4) 规范性文件 《市场监管总局关于仅销售预包装食品备案有关事项的公告》《市场监管总局关于加强固体饮料质量安全监管的公告》《食品生产加工企业落实质量安全主体责任监督检查规定》《进出口食品添加剂检验检疫监督管理工作规

范》等。

食品标准方面包括食品成品、原料、包装等标准，食品添加剂标准、相关产品标准，以及食品工艺、加工设备、包装等技术标准。

4.7.4.2　利用知识产权法保护自身合法权益

知识产权法是调整因创造、使用智力成果而产生的，以及在确认、保护与行使智力成果所有人的知识产权的过程中，所发生的各种社会关系的法律规范的总称。我国的知识产权法是由《中华人民共和国著作权法》《中华人民共和国商标法》和《中华人民共和国专利法》三部法律来构成的。企业在正常的生产经营过程中通常涉及较多的是《中华人民共和国商标法》和《中华人民共和国专利法》。

《中华人民共和国商标法》是为了加强商标管理，保护商标专用权，促使生产、经营者保证商品和服务质量，维护商标信誉，促进社会主义市场经济的发展而制定的。主要内容包括：国家知识产权局商标局为主管部门；经商标局核准注册的商标为注册商标；商标管理机关以及商标权人的资格（企业、事业单位和个体工商业者）以及保护的客体（商品商标和服务商标）；商标注册的申请、审查和核准程序；注册商标的续展、变更、转让和使用许可；商标使用的管理；注册商标专用权的保护等。

《中华人民共和国专利法》是为了保护专利权人的合法权益，鼓励发明创造，推动发明创造的应用，提高创新能力，促进科学技术进步和经济社会发展而制定的。主要内容包括：发明专利申请人的资格，专利法保护的对象，专利申请和审查程序，获得专利的条件，专利代理，专利权归属，专利权的发生与消灭，专利权保护期，专利权人的权利和义务，专利实施，转让和使用许可，专利权的保护等。

企业要充分认识到知识产权的重要性，善于利用法律来保护自己的合法权益。企业要正确处理发明专利保护与商业保护的关系，采用合适的知识产权保护策略来保证自己的利益。比如，采用专利保护为主、商业秘密保护为辅的保护策略，将技术成果中最为关键的技术进行专利保护，剩余技术作为商业秘密保护。企业只有做到对企业专利的事先规划和布局，才能建立和维持自身竞争优势，避免大量的不必要纠纷和恶意诉讼。只有构建起完整的专利保护体系，进一步加强企业的专利保护，才能有助于实现企业可持续发展，才能使企业在国内外竞争中立于不败之地。

4.7.4.3　企业保护自身的发明创造成果

《中华人民共和国知识产权法》的保护范围毕竟有限，并不是所有发现与成果都能涵盖在内。例如，《中华人民共和国专利法》第二十五条规定，对科学发现，智力活动的规则和方法，疾病的诊断和治疗方法，动物和植物品种，用原子核变换方法获得的物质，对平面印刷品的图案、色彩或者二者的结合作出的主要起标识作用的设计，不授予专利权。所以一些情况下，企业就必须自己保护自己。

第 5 章

食品研发相关法律法规及标准

5.1 标准分类

"标""准"二字，最早出现于东汉许慎《说文解字》书中，该书是我国第一部系统地分析字形和考究字原的字书，也是世界上最古的字书之一。随后三国时期张揖撰《广雅》，该书主要研究古代词汇和训诂，首次收录"标准"一词。

标准是人类文明进步的成果。从中国古代的"车同轨，书同文"，到现代工业规模化生产，都是标准化的生动实践。伴随着经济全球化深入发展，标准化在便利经贸往来、支援产业发展、促进科技进步、规范社会治理中的作用日益凸显。根据《国务院办公厅关于印发国家标准化体系建设发展规划（2016—2020 年）的通知》明确提出："标准是经济活动和社会发展的技术支撑，是国家治理体系和治理能力现代化的基础性制度。"

标准最开始的定义可见于 GB/T 20000.1—2002《标准化工作指南　第 1 部分：标准化和相关活动的通用词汇》，定义为：为了在一定范围内获得最佳秩序，经协商一致制定并由公认机构批准，共同使用的和重复使用的一种规范性文件。在 GB/T 20000.1—2014《标准化工作指南　第 1 部分：标准化和相关活动的通用术语》中，将标准一词修订为：通过标准化活动，按照规定的程序经协商一致制定，为各种活动或其结果提供规则、指南或特性，供共同使用和重复使用的文件。标准定义的变化，说明标准也是随着时代的变化不断更新。

标准是在生产和生活中重复性发生的一些事件的技术规范。根据 2018 年 1 月实施的《中华人民共和国标准化法》，按照制定主体不同，标准分为由国务院标准化行政主管部门制定国家标准，国务院有关行政主管部门制定的行业标准，各省、自治区、直辖市以及设区的市人民政府标准化行政主管部门制定的地方标准，由学会、协会、商会、联合会、产业技术联盟等社会团体制定的团体标准，由企业或企业联合制定的企业标准；按实施效力分强制标准和推荐性标准，除该法第十条规定的除外，强制性标准仅有国家标准一级，必须执行。推荐性标准：包括推荐性国家标准、行业标准和地方标准。国家鼓励采用，即企业自愿采用推荐性标准，同时国家将采取一些鼓励和优惠措施，鼓励企业采用推荐性标准。自愿采用。强制性国家标准所规定的技术要求是全社会应遵守的底线要求，其他标准技术要求都不应低于强制性国家标准的相关技术要求。即推荐性国家标准、行业标准、地方标准、团体标准、企业标准的技术要求不得低于强制性国家标准的相关技术要求。国家鼓励社会团体、企业制定高于推荐性标准相关技术要求的团体标准、企业标准。推荐性标准是政府推荐的基本要求，企业和社会团体要在市场竞争中占据优势，提升自身和行业的市场竞争力，不能仅满足于推荐性标准的基本要求，而应积极制定高于推荐性标准的企业标准和团体标准。

食品标准是指食品工业领域各类标准的总和，包括食品产品标准、食品卫生标准、食品分析方法标准、食品管理标准、食品添加剂标准、食品术语标准等。食品安全标准是唯一的强制性执行标准，是开展食品安全监管的依据文件。我国食品安全标准多以单项标准的形式发布，按级别分类，分为国家标准、行业标准、地方标准、团体标准及企业标准；食品安全标准按内容分类，分为基础标准（食品添加剂、标签、污染物、真菌毒素、营养强化剂等）、产品标准、检验方法标准（理化、微生物、农兽药残留等）、过程控制标准（生产标准）、原料标准及产品标准。我国标准的归口管理部门杂而多，包括国家市场监督管理总局、农业农村部、商务部、国家林业和草原局等。通过分析各类标准后，发现同一食品在不同的标准中分类、指标限量不同的现象，出现上述情况的原因可能是标准的颁布主体的不同，且老旧标准未及时清理。我国食品标准化体系不断得到完善，经过半个多世纪的发展，我国已经形成了结构相对完善、种类相对齐全的食品标准化框架体系。包括国家标准、行业标准、地方行业标准等，这有利于规范市场行为，确保食品安全，对维护消费者的权益也有好处。食品安全检验体系已经基本形成。我国食品安全检验部门大多是卫生、质检部门等，而目前，这些部门已经建立了比较完善的食品安全监督体系。食品认证体系的建设取得了显著的成效。其中，食品认证主要有无公害农产品、绿色食品、有机食品的认证等。食品安全管理体系建设逐渐完善。我国食品安全管理过程包括初级农产品的生产监督、食品生产加工的监督、食品流通过程的监督、消费环节的监督、食品安全的综合监督等，而这些监督管理过程都有相关的部门进行组织与协调，从农田到餐桌的食品安全管理体系已经初步形成。

国际上存在众多制定食品领域国际标准的组织，如联合国粮食及农业组织和世界卫生组织联合建立的政府间国际组织——食品法典委员会（CAC）、国际非政府组织国际标准化组织（ISO）、国际乳品行业成立的非政府组织国际乳品联合会（IDF）、国际食品行业联合成立的非政府组织国际食品制造商协会（ICGMA）等。其中，食品法典委员会受到世界贸易组织（WTO）的认可，其制定的国际标准可以作为各世贸成员在食品贸易争端时的仲裁标准，因此食品安全领域的国际标准一般指国际食品法典标准，即 codex 标准。食品法典标准包含食品产品标准，卫生或技术规范、评价的农药，农药残留限量，污染物准则，评价的食品添加剂，评价的兽药。全球 180 多个国家参与 codex 标准的制定。此外，世界贸易组织实施卫生与植物卫生措施协定（WTO/SPS）将食品法典委员会、世界动物卫生组织（OIE）和国际植物保护公约（IPPC）作为协调国际食品、动物产品和植物产品贸易的三个国际组织（俗称"三姐妹"），其制定的国际标准可以作为各世贸成员在食品贸易争端时的仲裁标准。

全球经济一体化发展，以及人们对食品安全问题的日益重视，使得全世界食品生产者、安全管理者和消费者越来越认识到建立全球统一的食品标准是公平的食品贸易、各国制定和执行有关法规的基础，也是维护和增加消费者信任的重要保证。正是在这样的一个大的背景下，1963 年，联合国的两个组织——联合国粮食及农业组织（FAO）和世界卫生组织（WHO）共同创建了 FAO/WHO 国际食品法典委员会（CAC），并使其成为一个促进消费者健康和维护消费者经济利益，以及鼓励公平的国际食品贸易的国际性组织，该组织的宗旨在于保护消费者健康，保证开展公正的食品贸易和协调所有食品标准的制定工作。

5.1.1 强制性标准与推荐性标准

根据 2018 年 1 月 1 日施行新修订的《中华人民共和国标准化法》：国家标准分为强制性标准和推荐性标准。保障人身健康安全、生命财产安全、国家安全、生态环境安全以及满足经济社会管理基本需要的技术要求是强制性标准，满足基础通用、与强制性国家标准配套，对各有关行业起引领作用等需要的技术要求是推荐性标准。强制性标准是技术法规，体现的是政府的意志，而推荐性标准体现的是利益相关方的协调一致。另外，根据《食品安全法》的规定，食品安全标准是强制执行的标准。强制性与推荐性标准相同之处，就在于推荐性标准中也存在强制性的因素，这个因素就是标准的实施日期，这是一个具有明显法属性特征的标志。标准的实施日期是对新标准自即日起开始生效，被新标准所代替的所有以前的旧标准或旧标准文本自新标准生效之日起，将自行废止的时间规定。这是强制性与推荐性标准所共有的特点与相同点所在。

强制性标准和推荐性标准存在共性，作为标准，它们都具有技术属性，制定过程中都需要发挥专家的作用，确保标准在技术上的先进性；两者又有明显的差异，强制性标准除了标准属性以外，还具有技术法规的属性，体现的是国家法律和政府意志，必须强制执行。而推荐性标准由利益相关方协调一致，社会自愿采用。强制性与推荐性标准相同之处，还在于两者的封面、内容排列格式相同，只是推荐性标准用"/T"的标识符号与强制性标准区别开来。推荐性标准是指生产、检验、使用等方面，通过经济手段或市场调节而自愿采用的国家标准，企业在使用中可以参照执行。

推荐性标准没有法律层面的意义，但是推荐性标准一经接受并采用，或各方商定同意纳入经济合同中，就具有法律上的约束性。强制性标准的代号是 GB，含有强制性条文及推荐性条文。推荐性标准的代号是 GB/T，"T"是推荐的意思，只有参考意义。

《中华人民共和国标准化法》第二条第三款规定："强制性标准必须执行。国家鼓励采用推荐性标准。"该条从"技术要求"的角度对标准的约束力作出区分规定，强制性标准规定的"技术要求"属于"必须执行"的范畴；而推荐性标准的"技术要求"则只是"国家鼓励采用"，并非"必须执行"（旧版《标准化法》的"鼓励企业自愿采用"更能体现非强制性）。

如果仅从新《标准化法》第 2 条第 2 款"行业标准、地方标准是推荐性标准"来理解，确实会得出这个结论，即 2018 年 1 月 1 日新《标准化法》生效之后，只有国家标准才有可能是强制性标准，而所有原来的强制性行业标准、地方标准统统自动转为推荐性标准。但该法第 10 条第 5 款明确规定"法律、行政法规和国务院决定对强制性标准的制定另有规定的，从其规定"，早已对第 2 条第 2 款的规定设定了例外情况。

"强制性标准，必须执行"的规定最早源自 1989 年施行的初版《标准化法》，2018 版《标准化法》沿用。强制性标准体系中存在的"全文强制"和"条文强制"的特殊情况，这两个名词来源于国家质量技术监督局 2000 年发布的《关于强制性标准实行条文强制的若干规定》（质技监局标发〔2000〕36 号）。

自 2000 年以来，所有强制性标准在制修订时都必须遵循上述规定，根据具体技术要求来决定属"全文强制"或"条文强制"并明示出来。判断某标准（或某项标准要求）是否具有强制性，不能只看标准是国标或行标、地标，标准代号是否带/T，还要查看标准前言中规定，只有强制性标准中的强制性条款才具有强制约束力，而强制性标准中的推荐性条款则不然，不宜作为判定质量是否合格的依据。有时甚至会出现"产品某项指标不符合标准中规定"，但并不构成产品质量不合格的情况。国家市场监督管理总局于 2020 年 1 月 6 日公布的《强制性国家标准管理办法》（以下简称《办法》），其中第 19 条明确规定"强制性国家标准的技术要求应当全部强制，并且可验证、可操作"，该《办法》作为部门规章的法律效力明显高于原本设定"条文强制"的 2 份规范性文件，2020 年 6 月 1 日正式施行后不再有"条文强制"，新制定的强制性标准均为全文强制，旧标准也将陆续整合或修订。

推荐性标准被指令性文件作为硬性要求被纳入或引用，那么该推荐性标准即具有强制约束力，企业通过各种方式明示承诺执行各类推荐性标准（包括国标、行标、地标、团标、企标），比如在产品上明示标注、通过"企业标准信息公共服务平台"公示、在合同上约定、在投标或宣传资料中承诺、检验时选定等，这时推荐性标准也具有强制约束力。

5.1.2　国家标准、行业标准、地方标准和企业标准

根据 2018 年 1 月实施的《中华人民共和国标准化法》，将标准按照层级划分为国家标准、行业标准、地方标准和团体标准、企业标准。国家标准分为强制性标准、推荐性标准，行业标准、地方标准是推荐性标准。

行业标准是指没有推荐性国家标准、需要在全国某个行业范围内统一的技术要求所制定的标准，是国务院有关行政主管部门组织制定的公益类标准。地方标准是由省级标准化行政主管部门和经其批准的设区的市级标准化行政主管部门为满足地方自然条件、风俗习惯等特殊技术要求制定的推荐性标准。团体标准是依法成立的社会团体为满足市场和创新需要，协调相关市场主体共同制定的标准，由本团体成

员约定采用或者按照本团体的规定供社会自愿采用。企业标准是在企业范围内需要协调、统一的技术要求、管理要求和工作要求所制定的标准，是企业组织生产、经营活动的依据。

各层级的标准各有异同点，在发布单位方面，国家标准和行业标准：这两个都是由国家相关政府部门发布的，审核比较严格，周期比较长，也是制定企业标准的基础，由企业根据自身情况编制的企业标准，主要针对企业内部的生产工艺等。在法律地位方面，国家标准分为强制性和推荐性，强制性的标准必须遵守法律，在社会范围内都需要满足国家标准要求，行业标准是对某一行业的标准要求，对不相关的行业没有影响，企业标准是对企业内部的约束，对市场其他企业没有什么约束力。

5.1.3 标准关联性分析

各个行业均有自己的标准体系，体系内部的各个标准相互协调，构成了该行业有序发展的重要部分，以食品行业为例来说明标准关联性。

食品标准作为技术规范要求，在发证许可、日常监管、抽检监测、隐患排查、风险交流等领域都会加以应用，而食品标准体系较为复杂，各类别食品标准并非孤立存在，是相互关联和互为补充的，相互之间也是可借鉴和引用的。

《中华人民共和国食品安全法》规定，食品安全国家标准是强制性标准，是最低要求。推荐性标准不具有强制性，推荐性标准如果没有在产品上标注，不能强制执行；推荐性标准如果在产品标签上标注，或者声明符合，则需要强制执行，但要注意通用标准（基础限量标准）的衔接问题。尤其是在标准清理整合前后，发布的通用标准解读中均提及整合现行食品卫生、食品质量、食用农产品质量安全以及行业标准中相关规定，避免标准间重复、交叉、矛盾等，确保标准统一。因此，如果在产品标签上标注执行了推荐性标准，就需要注意推荐性标准中与现行有效的强制性通用标准之间是否存在整合替代情况。

食品安全国家标准产品标准与通用标准使用时，要注意标准实施衔接问题。如GB 29921—2021《食品安全国家标准　预包装食品中致病菌限量》属于通用标准，适用于预包装食品，其他相关规定与本标准不一致的，应当按照本标准执行。食品安全国家标准（产品标准）与食品安全国家标准（通用标准）使用时，要注意相互之间的衔接问题，不能仅依据其中一个标准进行结果判定，而应综合分析、合理应用。

《中华人民共和国食品安全法》第二十九条规定，对地方特色食品，没有食品安全国家标准的，省、自治区、直辖市人民政府卫生行政部门可以制定并公布食品安全地方标准，报国务院卫生行政部门备案。食品安全国家标准制定后，该地方标准即行废止。如GB 31644—2018《食品安全国家标准　复合调味料》自2019年12月21日起实施，DB31/2002—2012《食品安全地方标准　复合调味料》从2019年12月21日起废止。

产品标准或通用标准一经发布，鼓励企业可提前实施，但如果新标准不如旧标准严格，提前实施新标准则需要慎重；监管部门自实施之日起可强制执行，自发布之日起到实施之日之间，根据企业执行情况而定；抽检检验判定结果时，要注意生产日期与产品标准实施日期的匹配性；检验方法标准从实施日期开始执行，依据《市场监管总局办公厅关于进一步规范食品安全监督抽检复检和异议工作的通知》（市监食检〔2018〕48 号），复检机构实施复检，应当按照食品安全检验的有关规定进行，并使用与初检机构一致的检验方法（包含其最新版本）。

目前产品包装标示执行标准，有企业标准、推荐性食品标准、行业标准、食品安全地方标准和食品安全国家标准，如豆制品执行 GB 2712—2014 等。在一般情况下，应充分考虑检测方法标准的适用基质范围，尽可能使用食品安全国家标准检测方法。目前，在 GB 2761、GB 2762、GB 2763、GB 29921 等强制性通用标准中，相应指标是规定了检测方法的，有食品安全国家标准和推荐性标准，需配套执行使用。但 GB 2760 未明确检测方法。

要掌握食品标准的有效性，需要清楚各标准是既独立又相互关联的，不能孤立地去理解一个标准。了解食品标准的制定目的，熟悉食品标准的"前世今生"和整合衔接问题，可通过查阅食品标准问答或解读、食品标准编制说明、食品标准配套实施指南，或阅读参考书籍资料，如《食品安全国家标准常见问题解答》《食品安全标准应用实务》等，也可关注标准动态变化和相关公函、增补通告等，只有充分理解了标准的核心问题和标准衔接等要素，才能得心应手地使用标准。尤其在日常监督抽检中，更要注意食品标准执行中的层次、定位和衔接问题，这样才能保证抽检结果的合理性和有效性。

5.2 食品研发须执行的法律法规

5.2.1 法律法规的强制性

食品研发必须以现行法律法规为唯一准则和标准。其次我们还需要遵循食品研发设计的"六性原则"；包括"安全、卫生、适口、营养、方便、经济"六大维度。食品安全至关重要，食品研发标准及产品开发标准是保障食品安全的重要手段之一。为了让消费者有一个安全、健康的食物消费环境，我们必须充分考虑食品安全问题，建立一整套食品产品研发标准，主要是食品安全标准、食品质量标准、食品包装和保质期等四个方面。

食品安全是食品产品研发标准的基本要求，食品的研发必须符合当前的食品安全法规，并遵守国家有关法律法规和标准的要求。在食品安全方面，技术要求覆盖从原料进口质量把关到成品上市以及加工和包装方面，同时应考虑食品质量安全及食品安全综合技术要求。食品安全方面，应首先考虑污染物、添加剂和生物毒素方面的控制，以及相关检测技术的应用。

食品质量是食品产品研发标准的基本要求，在质量面前，应全面考虑成品在安全性、有效性、口感、情感上的标准以及营养素的含量、比例、水分的含量、整体质量、微生物安全等标准。

生产和包装是食品产品研发标准中必不可少的要求，生产中要求当质量安全把关完毕后，在质量控制有效的前提下，应严格遵守有关生产许可规定，包括设备选择，冷藏以及冷藏运输环节的标准，包装材料的技术性能和使用要求以及有关易损性物质及活性物质的保护要求等。

保质期是食品产品研发标准的重要考虑因素，它的考察对象不仅仅限于食品本身，而且要考虑包装、运输环境，特别是在烹饪过程中，是否可能改变食品本身的保质期和质量，以及在运输和销售环节中，是否存在影响食品安全和质量的因素，都需要考虑在内。

食品产品研发标准是保障食品安全的重要手段之一。针对不同情况，标准可能存在一定的差异性，但是将上述四个方面考虑在内，建立一个完善的研发标准体系，不仅有利于食品消费者的安全，而且也有利于食品企业的发展。因此，食品企业应当足够重视，建立完善的产品质量把关制度，及时加强对这方面的管理，以确保食品的安全和质量。

5.2.2 注意事项

基于消费者需求研发的产品，首先要从市场调研和消费者洞察开始，了解拟开发产品的市场规模和市场份额和消费者的消费行为之后，再开始产品的研发、策划。在产品概念形成期，主要应对包括食品的配料配方和包装形式等进行研讨分析；继而进行产品技术的预开发，主要是对原料配方的对应相关法规的可行性研判，以及相关工艺的可行性和包装形式的可行性、合规性的论证，形成产品研发可行性论证报告。便可以依据此报告进行项目的申请研发立项，立项报告中包括产品研制方案、时间进度、研发费用预算等；经立项后的项目，成立专项项目组，依据时间进度表开展正式的产品研发工作，具体包括原料的选择、小试、工艺选择、中试、中试产品的技术配方确认、包装形式与材质要求确认；批量试生产，同时，包装及标签的设计与印刷也同步进行，完成产品量产化；产品生产完成后就进入了商品化过程，需要准备的包括：新品推荐材料、新产品介绍说明材料、宣传手册、宣传推广方案、促销方案、招商材料等；同时，试销跟踪反馈和产品调整与改进提升也是必不可少的，这是完整意义上的研发终点，同样也是下一个创新研发的起点。

针对特殊膳食食品，第一要了解"什么是特殊膳食"？它是针对特定人群的生理与营养需求来定义的；第二要研读相关的标准法规，了解产品的要求（内在理化指标与标签要求）、注意事项、特别关注点；第三，需要深入研究特殊人群的营养与生理需求，缺什么补什么，需求什么提供什么；第四，要进行消费者行为习惯的洞察，是购买者还是使用者？购买习惯和消费习惯如何？第五，研发人员还需要了解产品的最终销售渠道，对产品包装设计与成本控制进行预估；第六，针对原料选择，研发人员需要把控关键点：有产品标准、有 SC 审证单元，选择消费者熟悉、色泽正常、鲜亮的原料；第七，食品加工工艺选择一般可借鉴市售产品，然而也需要关注重点：熟化彻底、干燥温和、营养损失少、风味口感佳，考虑货架期的市场监督检查、确保指标合格；第八，再次考虑消费者使用便利性，比如包装可拆性、易撕膜，外携小包装。

5.3 食品执行标准的查询与判定

5.3.1 产品对应的标准

我国的食品分类体系主要有食品生产许可食品分类体系、食品安全标准食品分类体系、食品安全监督抽检实施细则中食品分类体系等。因为目前没有一套适用于食品安全国家标准体系的统一指导性食品分类体系，我们国家也在积极推动统一的食品分类系统的建立。在 2014 年，国家卫计委立项启动《食品安全名词术语及食品分类》的标准制定工作，2017 年，食品评估中心联合中国食品工业协会起草了包括 25 大类食品的分类体系，2018 年，食品安全国家标准审评委员会在内部征求了《用于食品安全国家标准的食品分类体系》的意见。但是，《用于食品安全国家标准的食品分类体系》仅作为食品安全风险管理工作的参考，不会取代目前食品行业现有分类方式，也不会代替各类食品安全通用标准和食品安全监管工作所采用的分类方式。

《食品生产许可分类目录》将食品分为 32 大类，并具体规定了亚类及其所属的品种明细。《食品生产许可证》中"食品生产许可品种明细表"是按照《食品生产许可分类目录》填写。该目录适用于食品生产许可。GB 2760—2024《食品安全国家标准 食品添加剂使用标准》标准中的食品分类采用分级系统。食品分类系统用于界定食品添加剂的使用范围，只适用于对该标准的使用。其中如果某一食品添加剂应用于一个食品类别时，就允许其应用于该食品类别包含的所有上下级食品（除非另有规定），反之下级食品允许使用的食品添加剂不能被认为可应用于其上级食品，所以在查找一个食品类别中允许使用的食品添加剂不能被认为可应用于其上级食品，在查找一个食品类别中允许使用的食品添加剂时，特别需要注意食品类别的上下级关系。GB 2761—2017《食品安全国家标准 食品中真菌毒素限量》的附录 A.1 食品类别（名称）说明，涉及 10 大类食品，每大类下分为若干亚类，依次分为次亚类、小类等。食品类别（名称）说明用于界定真菌毒素限量的适用范围，仅适用于该标准。当某种真菌毒素限量应用于某一食品类别（名称）时，则该食品类别（名称）内的所有类别食品均适用，有特别规定的除外。GB 2762—2022《食品安全国家标准　食品中污染物限量》的附录 A 食品类别（名称）说明，涉及 22 大类食品，每大类下分为若干亚类，依次分为次亚类、小类等。食品类别（名称）说明（附录 A）用于界定污染物限量的适用范围，仅适用于本标准。当某种污染物限量应用于某一食品类别（名称）时，则该食品类别（名称）内的所有类别食品均适用，有特别规定的除外。GB 2763—2021《食品安全国家标准　食品中农药最大残留限量》的附录 A（规范性附录）食品类别及测定部位，将食品按照原料来源不同分为 11 大类。食品类别及测定部位（附录 A）用于界定农药最大残留限量应用范围，仅适用对该标准的使用。如农药的最大残留限量应用于某一食品类别时，在该食品类别下的所有食品均适用，有特别规定的除外。GB 14880—2012《食品安全国家标准　食品营养强化剂使用标准》的附录 D 食品类别（名称）说明，将食品分为 16 大类。D 食品类别（名称）说明用于界定营养强化剂的使用范围，只适用于本标准，如允许某一营养强化剂应用于某一食品类别（名称）时，则允许其应用于该类别下的所有类别食品，另有规定的除外。

国家食品安全监督抽检实施细则中食品分类系统，在依据基础标准（GB 2760、GB 2761、GB 2762、GB 2763、GB 29921、GB 31650 等）判定时，食品分类按基础标准的食品分类体系判断。各类食品细则中另有规定的，按其规定执行。

国家食品安全风险评估中心和国家市场监督管理总局网站等网站，是第一时间发布食品安全国家标准的官方网站，可以查询相关食品安全国家标准。

目前我国正在实行的标准包括：企业标准、行业标准、团体标准、地方标准、国家标准。根据《中华人民共和国食品安全法》、《中华人民共和国产品质量法》和《中华人民共和国标准化法》，任何企业必须生产合格产品，而判定合格产品的依据就是产品执行标准，有可用的国家标准、部门标准、行业标准或地方标准的话，可以选择执行，如果没有现成可用的产品标准，需要起草备案符合企业产品实际的企业标准，并经过国家有关部门备案后施行。

5.3.2　需制定标准的产品

产品标准是企业（组织）技术经济能力的综合反映。产品在市场上的竞争，主要表现为质量之争，即技术经济能力的较量。对产品来讲，其质量的技术指标主要反映在产品的安全性、可靠性、使用性、寿命以及外观等方面。产品标准不仅客观地反映了上述技术指标的基本要求，而且对实现上述指标的要求所进行的试验、检验方法、手段以及规则等内容进行了统一规定。这不仅反映了产品质量在技术上的成就，也为企业的管理工作明确了目标，为产品质量水平的评定提供了技术依据，对提高产品质量既有保证作用，又有促进作用。

质量管理和标准化都是现代化生产的产物，是生产力发展的必然结果。质量管理概念一出现便和标准化有机地结合起来，质量管理过程就是标准制定和贯彻的过程。产品标准化是标准化工作的重要组成部分，是改善企业管理、提高工艺水平、确保产品质量、保持性能先进、取得经济效益的有效手段。企业以生产产品为主，其一切生产技术活动都为"产品"这个中心服务。所以，产品标准化程度的高低，对企业的各项生产技术工作都有直接影响。不对产品的品种规格合理优化、简化，势必会出现品种繁杂、规格混乱的状况。因此，运用简化原则和合理分档的方法，对产品型式、基本参数、尺寸以及结构等作出合理规定，以协调同类产品之间及配套产品之间的关系，实现产品品种的系列化，既能使企业保持有序地组织生产，又能满足社会生产和顾客需求。产品标准是提高效益的重要条件，产品标准在规定各项指标时，不但要考虑生产技术的进步，而且要对企业生产的状况、顾客的需求、国家和企业的综合效益充分加以考虑，使企业在保证产品质量、满足顾客需求的前提下所付出的成本最低，使顾客在使用、管理和维护产品时所发生的费用也最低。

企业开展标准化的目的，主要是提高产品质量；扩展产品品种，增强产品的市场竞争能力。为了实现这些目标，除制定产品标准外，还需要制定一系列与其有关的基础标准、方法标准以及安全、卫生和环境保护方面的标准。这些标准的制定都围绕产品标准展开，都是为了产品标准顺利执行而采取的措施和手段。如企业围绕产品标准所制定的设计、工艺、工装、外购件、原材料和试验、检验标准，以及各种工作方法、工作程序和生产管理等方面的标准，都是为了保证所生产的产品符合产品标准而规定的。

在采购过程中，产品标准是采购人员进行采购时对供方控制的技术依据。在销售过程中，产品标准是签订合同的依据。发生质量纠纷时，应依据产品标准进行处理。在开展国际贸易方面，采用国际标准是消除国际贸易方面的壁垒的措施。产品标准和质量管理体系要求的结合，能使组织有能力稳定地提供满足顾客要求且适用法律法规的产品，能不断地增强顾客满意度。正确反映市场需求是制定产品标准核心问题，也是产品标准的灵魂。

制定标准应遵守的原则，标准是指在一定的范围内，经过科学研究和实践经验总结，经过广泛的讨论和协商，达成共识，具有普遍适用性的规范性文件。标准的制定是为了保障人民生命财产安全，促进经济社会发展，提高产品质量和服务水平。标准制定的原则是指在制定标准时应遵循的基本原则，包括科学性、公正性、透明性、可操作性和时效性。

第一，标准制定应具有科学性。科学性是指标准制定应基于科学研究和实践经验总结，以科学的方法和技术为基础，确保标准的科学性和可靠性。标准制定应该遵循科学的原则和方法，确保标准的科学性和可靠性。

第二，标准制定应具有公正性。公正性是指标准制定应该公正、公平、公开，不偏袒任何一方，不受任何利益团体的影响，确保标准的公正性和客观性。标准制定应该遵循公正的原则和方法，确保标准的公正性和客观性。

第三，标准制定应具有透明性。透明性是指标准制定应该公开透明，让所有利益相关者都能够参与到标准制定的过程中，确保标准的透明性和公开性。标准制定应该遵循透明的原则和方法，确保标准的透明性和公开性。

第四，标准制定应具有可操作性。即标准应该具有可操作性和可实施性。标准制定应该遵循可操作的原则和方法。

第五，标准制定应具有时效性。标准应该具有时效性和前瞻性。标准制定应该遵循时效的原则和方法。

标准制定的原则是科学性、公正性、透明性、可操作性和时效性。只有遵循这些原则，才能制定出具有普遍适用性的标准，保障人民生命财产安全，促进经济社会发展，提高产品质量和服务水平。

5.3.3　企业标准制定程序

根据《中华人民共和国食品安全法》《中华人民共和国标准化法实施条例》及各省市地方的有关规定，企业生产的产品没有国家标准和行业标准的，应当制定企业标准，作为组织生产的依据。企业的产品标准须报当地政府标准化行政主管部门和有关行政主管部门备案。已有国家标准或者行业标准的，国家鼓励企业制定严于国家标准或者行业标准的企业标准，在企业内部使用。

企业标准备案流程包括备案前公示、网上预审、申请、备案等环节。企业在申请备案前，应当向社会公示并征求意见，公示内容包括企业标准文本、严于食品安全国家标准或者食品安全地方标准的具体内容和依据情况，企业标准文本指标准名称、编号、适用范围、术语和定义、食品安全项目及其指标值和检验方法；公示期一般不少于 20 个工作日。

第6章

食品添加剂的使用

6.1 食品添加剂的定义、分类和作用

6.1.1 食品添加剂的定义

各国对食品添加剂有着不同的定义。联合国粮食及农业组织（FAO）和世界卫生组织（WHO）联合发布的 CAC 食品添加剂通用法典标准 CODEX STAN 192—1995 中，将"食品添加剂"定义为：本身通常不作为食品消费，不用作食品中常见的配料物质，无论其是否具有营养价值。出于生产、加工、制备、处理、包装、装箱、运输或储藏等食品的工艺需求（包括感官）在食品中添加该物质，或者期望它或其副产品（直接或间接地）成为食品的一个成分，或影响食品的特性。在该定义中，食品添加剂，不包括污染物，或为了保持或提高营养质量而添加的物质。欧盟食品添加剂法规（EC）No 1333/2008 中规定"食品添加剂"是指本身不作为食品使用，也不是正常食品的某种特征成分，不论其是否具有营养价值，为了某种技术目的，在食品制造、加工、配制、处理、包装、运输和储存过程中人为加入食品中，会导致或者可以预期该食品添加剂或其副产物会直接或间接成为食品一部分的物质。欧盟食品添加剂法规中不包括加工助剂、酶制剂和香料。美国联邦法典 21 CFR 中规定：食品添加剂包括所有未被《联邦食品、药品及化妆品法》豁免的、具有明确或有理由认为合理的预期用途的，直接或间接地成为食品的一种成分，或者影响食品特征的所有物质。包括用于生产食品的容器和包装物的材料，直接或间接地成为被包装在容器中的食品成分，并影响其特征的所有物质。"影响食品特征"不包括物理影响，如果包装物的成分没有从包装物迁移到食品中，它不会成为食品的成分，则不属于食品添加剂。某种不会成为食品成分的物质，但在食品加工中使用，如在制备某一种食品配料时，能赋予食品不同香气、组织或其他食品特征者，可能属于食品添加剂。在日本，只有厚生劳动大臣认为对人体健康无害的食品添加剂（除天然香料和一般饮食添加剂外），以及含有该类添加剂的制剂和食品，才被允许销售或以销售为目的的制造、加工、进口、使用、销售、贮藏或陈列。也就是说目前日本的食品添加剂实施指定制度，只有被厚生劳动大臣指定的食品添加剂才可以用于食品的生产或加工过程中。日本允许使用的食品添加剂分为指定添加剂、既存添加剂、天然香料和一般饮食添加剂 4 种。指定添加剂是指对人体健康无害的，被指定为安全的食品添加剂。既存添加剂是指在食品加工中有较长的使用历史，被认为是安全的添加剂。天然香料是指从动植物上提取，以增加食物香味为目的的添加剂。一般饮食添加剂是指既可以作为食品，又可以作为食品添加剂使用的添加剂。澳大利亚和新西兰对食品添加剂的定义如下：食品添加剂，是为了达到一种或多种技术

功能而加入食品中的任何物质，这些添加物质通常并不作为食品来消费，而且也不作为食品成分，它们或其副产物可能会存于食品中。食品添加剂不包括加工助剂以及出于营养目的加入食品中的维生素和矿物质成分。澳新食品标准局作为澳新食品标准法典的制定者和管理者，其食品标准法典将食品添加剂、维生素和矿物质、加工助剂作为单独的类别归属于"食品中的添加物质"。加拿大食品药品法规中规定食品添加剂是指在食品的生产或者储藏等阶段加入的，为了达到某种特殊工艺效果，成为食品的一部分或影响食品特性的任何物质，包括抗结剂、漂白剂、防腐剂、乳化剂、酶制剂等 15 个功能类别，但不包括加工助剂、香精香料、维生素、矿物质等。

在我国，《中华人民共和国食品安全法》对食品添加剂做出明确的定义，食品添加剂是指"为改善食品品质和色、香、味以及为防腐、保鲜和加工工艺的需要而加入食品中的人工合成或者天然物质，包括营养强化剂"。按照 GB 2760—2024《食品安全国家标准　食品添加剂使用标准》，对食品添加剂定义为"为改善食品品质和色、香、味，以及为防腐、保鲜和加工工艺的需要而加入食品中的人工合成或者天然物质。食品用香料、胶基糖果中基础剂物质、食品工业用加工助剂、营养强化剂也包括在内"。在 GB 2760 中，食品添加剂被分为酸度调节剂、抗结剂、消泡剂、抗氧化剂、着色剂、防腐剂等 23 类。在我国对食品添加剂的定义，与国际法典标准 CODEX STAN 192—1995 基本一致，包含了营养强化剂、香精香料类别。

6.1.2　食品添加剂的分类

(1) 按来源分类　食品添加剂，按来源分为天然食品添加剂和化工合成类食品添加剂两大类。天然食品添加剂又分为由动、植物提取制得和由生物技术方法发酵或酶法制得两种；化工合成类食品添加剂又可分为一般化学合成类别与人工合成天然等同物类别，如天然等同香料、天然等同色素等。

(2) 按生产方法分类　有化学合成、生物合成（酶法和发酵法）、天然提取物三大类。

(3) 按作用和功能分类　根据《食品安全国家标准　食品添加剂使用标准》(GB 2760—2024) 规定，按其主要功能作用的不同分为：酸度调节剂、抗结剂、消泡剂、抗氧化剂、漂白剂、膨松剂、胶基糖果中基础剂物质、着色剂、护色剂、乳化剂、酶制剂、增味剂、面粉处理剂、被膜剂、水分保持剂、营养强化剂、防腐剂、稳定剂和凝固剂、甜味剂、增稠剂、食品用香料、食品工业用加工助剂和其他类，共计 23 类。

6.1.3　食品添加剂的作用

食品添加剂在现代食品工业中起着举足轻重的作用，其主要作用在于：改善和提高食品色、香、味及口感等感官指标；保持和提高食品的营养价值；防止食品腐败变质和延长保质期，维护食品安全；增加食品的花色品种——色香味形，提高食品的质量和档次；改进食品加工条件；满足不同人群的需要，调整营养结构等。食品添加剂行业不仅为中国食品工业和餐饮业的发展提供了可靠技术支持和保障，而且已经成为促进其高速创新发展的动力和源泉。食品添加剂在食品工业中的主要作用如下。

6.1.3.1 在食品储存中的作用

(1) 防腐作用 食品腐败不仅会造成食品营养价值的丧失，甚至还会造成食物中毒。食品腐败的原因有很多，主要包含物理、化学、酶及微生物这四个方面的因素，其中微生物因素最为严重。防腐剂的主要作用为防止由微生物引起的腐败变质，以延长食品保存期限。目前我国生产、销售、应用的防腐剂主要仍是合成类防腐剂。适用范围最广的防腐剂为苯甲酸、苯甲酸钠、山梨酸、山梨酸钾、脱氢乙酸及脱氢乙酸钠。苯甲酸亲油性大，易透过细胞膜，进入细胞内，从而干扰了微生物细胞膜的通透性，抑制细胞膜对氨基酸的吸收；进入细胞内的苯甲酸分子，电离酸化细胞内的碱性物质，并能抑制细胞呼吸酶系的活性，对乙酰辅酶 A 缩合反应有很强的阻止作用，从而起到对食品的防腐作用。苯甲酸在偏酸性的环境中具有广泛的抗菌性，其对细菌的抑制力较强，对酵母、霉菌抑制力较弱，防腐的最适 pH 值为 2.5～4.0。山梨酸为不饱和脂肪酸，其抑菌机理是利用自身的双键与微生物细胞中的酶的巯基结合形成共价键，使其丧失活性，破坏酶系。此外山梨酸还能干扰传递功能，如细胞色素 c 对氧的传递，以及细胞膜能量传递的功能，抑制微生物的增殖，从而达到防腐的目的。山梨酸及其钾盐能有效抑制霉菌、酵母和好氧性腐败菌，但对厌氧菌几乎无效。天然防腐剂具有安全无毒、抗菌性强、作用范围广等无可比拟的优势，从而成为重点研发对象并广泛应用于食品、医药等领域。已取得进展的防腐剂有植物源的食品防腐剂，如果胶分解物，大黄、大青叶等中草药，香辛料等，这些植物原料中含有天然的抗菌活性成分；动物源的食品防腐剂，如壳聚糖、鱼精蛋白、蜂胶等；微生物源的食品防腐剂，如溶菌酶、乳酸链球菌素等。天然防腐剂的集成示范与成果转化主要集中在微生物源抑菌代谢产物方面。

(2) 抗氧化作用 食品的变质，除了受微生物的作用而发生腐败变质外，还会和空气中的氧气发生氧化反应。食品氧化不仅会使油脂或含油脂食品氧化酸败，还会引起食品发生褪色、褐变、维生素破坏等不良影响，从而使食品腐败变质，降低食品的质量和营养价值，氧化酸败严重时甚至产生有毒物质，危及人体健康。抗氧化剂的主要作用为防止或延缓食品成分氧化引起的变质。抗氧化剂按来源可分为天然抗氧化剂和人工合成抗氧化剂。天然抗氧化剂主要包括酚类物质天然抗氧化剂、天然色素类抗氧化剂、植酸类天然抗氧化剂和蛋白质、多肽及氨基酸类抗氧化剂。人工合成抗氧化剂包括丁基羟基茴香醚（BHA）、2,6-二叔丁基对甲酚（BHT）、特丁基对苯二酚（TBHQ）等。按溶解性来分，抗氧化剂可分为油溶性、水溶性和兼溶性三类。油溶性抗氧化剂有 BHA、BHT 等，水溶性抗氧化剂有维生素 C、茶多酚等，兼溶性抗氧化剂有抗坏血酸棕榈酸酯等。按作用方式抗氧化剂可分为自由基吸收剂、金属离子钝化剂、氢过氧化物分解剂。

6.1.3.2 食品生产制造过程中的作用

（1）结构改良作用

① 乳化作用。乳化剂（emulsifier）是能改善乳化体中各种构成相之间的表面张力，形成均匀分散体或乳化体的物质。从化学结构上讲，乳化剂是一种既含亲水基又有疏水基的表面活性剂。它能改善油水混合相体系中相与相之间的表面张力，并形成均匀的混合相体系。因此，乳化剂的使用能非常有效地调整多类加工食物的稳定形态，改善结构。而且乳化剂在提高加工食品的色、香、味和口感效果以及延长货架存放时间等方面也有显著的影响和辅助作用。乳化剂是食品加工中使用范围最宽、用量最多的一类食品添加剂。在实际应用过程中，为快速形成混合和分散体系，往往需要结合一定强度的机械搅拌或均质化处理，以实现和达到最佳的乳化效果。比较不同乳化剂对水、油两相亲和能力、乳化性能以及乳化效果的指标是亲水、亲油平衡值（HLB值），通常将乳化剂对应的 HLB 值分为 20 个等值（以油酸 $C_7H_{33}COOH$ 的 HLB 值为标准，将其定为 1；则油酸钾的 HLB 值为 20）。油水混合对应的乳化体系主要可分为水包油型（O/W）和油包水型（W/O）两种类型。使用过程可通过分析各类乳化体系及成分组成，再根据不同乳化剂的 HLB 值，选择相宜的乳化剂进行比对以最终确定。乳化剂物种选择规律一般是其 HLB 值越低，表示该乳化剂的亲油性越强，越适宜油包水型（W/O）的乳化体系；而 HLB 值越高，则表示其乳化剂的亲水性越强，越适宜水包油型（O/W）的乳化体系。对于混合乳化剂的 HLB 值可依各组分的 HLB 值及其含量进行权重加和而得。常见的乳化剂有单，双甘油脂肪酸酯（油酸、亚油酸、棕榈酸、山嵛酸、硬脂酸、月桂酸、亚麻酸）、改性大豆磷脂、辛烯基琥珀酸淀粉钠等。

② 增稠作用。增稠剂是可以提高食品的黏稠度或形成凝胶，从而改变食品的物理性状、赋予食品黏润、适宜的口感，并兼有乳化、稳定或使呈悬浮状态作用的物质。增稠剂材料的主要成分为多糖高分子类或多糖衍生物质，其分子中一般含有较多的并呈游离形式的羟基或其他亲水基。由于增稠剂在吸水后形成膨胀的胶体结构，使溶液整体的黏度、密度都明显增加。增稠剂在水相中可形成稳定的溶胶形式，常被作为果肉饮料中的悬浮稳定剂。而有些更易形成凝胶的增稠剂，则更多用在果酱、果冻、肉冻、皮膜等食品的制作中。增稠剂多为植物或树胶类的水相提取物以及各类淀粉及改性材料物质，故在食品中的用量较多。常见的增稠剂有阿拉伯胶、醋酸酯淀粉、β-环状糊精、瓜尔胶等。

③ 稳定和凝固作用。稳定剂和凝固剂是使食品结构稳定或使食品组织结构不变，增强黏性固形物的物质。食品中使用的稳定剂和凝固剂，其突出性能是改变加工食品的组织结构，获得更加稳定的形态结构。某些凝固剂物质分子中含有可游离的钙离子、镁离子、氢离子或带有多电荷的离子团等成分，能破坏蛋白质胶体溶液

中亚稳定的双电层结构，使悬浊液形成凝胶或沉淀（如豆腐的制作）。比如，葡萄糖酸-δ-内酯可在水解过程中形成对应的葡萄糖酸，以促使大豆蛋白发生变性而形成稳定的凝胶聚合体（内酯豆腐）。另外，有些稳定剂和凝固剂可在溶液中与水溶性的果胶结合，对加热软化后的果蔬片产生生嚼的口感。α-环状糊精、黄原胶、凝结多糖、葡萄糖酸-δ-内酯为食品工业中常见的稳定剂和凝固剂。

④ 抗结块作用。抗结剂是用于防止颗粒或粉状食品聚集结块，保持其松散或自由流动的物质。抗结剂制品多为微细颗粒，具有较强的吸附水分、分散油脂的能力，以使食品避免吸潮、颗粒聚集而结块，如二氧化硅、滑石粉、微晶纤维素等。

⑤ 膨松作用。膨松剂是在食品加工过程中加入的，能使产品形成致密多孔组织，从而使制品膨松、柔软或酥脆的物质。膨松剂的有效成分主要是碳酸盐及加热产气类物质，如碳酸氢钠、碳酸氢铵与硫酸铝钾等。膨松剂多用于焙烤食品的生产过程中，使产品膨松或酥脆。膨松剂的使用不仅能提高食品的感官质量，而且有利于人体对食品的消化吸收。

⑥ 水分保持作用。水分保持剂是有助于保持食品中水分而加入的物质。常见的水分保持剂大多为一些磷酸盐或多聚磷酸盐，主要应用于肉制品或水产品的加工过程中，以保持其中的水分和控制水分挥发，使加工制品具有一定的弹性和松软的口感。

⑦ 胶基糖果中基础剂物质。胶基糖果中基础剂物质，又名胶姆糖基础剂或胶基，是赋予胶基糖果起泡、增塑、耐咀嚼等作用的物质。它是一类较为特殊的食品添加剂，作为骨架结构存在于胶基糖果中。一般以天然树胶、合成橡胶、树脂等为主，加上蜡类、乳化剂、软化剂、抗氧化剂、防腐剂和填充剂等组成。

（2）调色、护色作用　色、香、味是食品感官评价中首要的评估指标。食物颜色则是认识食品品质的第一感受，也是直接影响食欲的重要因素之一。为食物调色涉及一定的技术原理与操作技能，如怎样消除食物原料中杂色的干扰，如何漂去因褐变带来的污，如何利用美拉德反应获得更诱人的酱色效果，如何用着色来弥补某些食物在加工处理中造成的褪色缺陷等。这些处理方式均是为改善食品感官所进行的必要技术处理和加工手段。运用着色和调色技术，制作各种各样的美观、诱人的加工食品，无不需要和运用食用的调色类添加剂，其中主要包括各种食用色素、食品用漂白剂和发色剂以及面粉处理剂。

① 着色作用。着色剂，即食用色素，是赋予食品色泽和改善食品色泽的物质。这是一种效果最直观的食品添加剂。根据色素产品的来源可将食品中使用的着色剂分为合成色素与天然色素两种类型。天然色素大多从一些天然的动、植物体中分离提取获得，此类色素的食用安全性相对较高，但其稳定性较差。而合成色素则是通过化学合成方法生产制备的一类着色剂，虽然具有色泽稳定、鲜艳、成本低、色域宽等系列优点，但在合成生产过程中，使用的化工原料及合成过程中的副产物等残留问题，难免对产品的质量带来一些不确定的安全隐患，因此在色素的规范生产、

色素产品质量控制以及在加工食品中的使用等方面，需要有严格的法规要求以及管控使用标准进行规范，这也是对整个食品添加剂加工、经营与使用方面重点监管的内容之一。色淀是食用合成色素的一种加工制品，是由某种合成色素材料在水溶液状态下与氧化铝水合物（氧化铝水合物是通过硫酸铝或氯化铝与氢氧化钠或碳酸钠等碱性物质反应后形成的）混合均匀后，再经过滤、干燥、粉碎而制成的改性色素。色淀可不经溶解而直接对固体食物进行染色。色淀色泽及使用基本同于对应颜色的色素。常见的合成色素有柠檬黄、日落黄、胭脂红、靛蓝等。使用较广泛的天然色素有天然 β-胡萝卜素、栀子黄、姜黄、红曲红等色素。

② 护色作用。护色剂也称发色剂或助色剂，是能与肉及肉制品中呈色物质发生化学反应，使之在食品加工、保藏等过程中不致分解、破坏，呈现良好色泽的物质。护色剂本身没有颜色，但当加入食品后与其中组织成分结合而会产生新鲜红色，以达到改善色泽、调整感官效果的目的。目前使用较多的护色剂类别主要应用于肉及肉制品的加工过程中，其主要成分是硝酸盐和亚硝酸盐。根据其化学成分分析，加工食品中过量使用这类添加剂具有一定程度的毒性和安全隐患。此类添加剂在加工食品中使用，除了具有护色发色的作用外，还具有非常独特的防腐功效，尤其在抑制肉类食品中常出现的肉毒梭状芽孢杆菌的繁殖方面，发挥着防止和抑制其毒素的作用。护色剂因其无可替代的添加效果而被保留在加工食品中使用，但在使用范围及其用量方面应有严格的管理措施和监督机制。食品工业中允许使用的食品护色剂除了硝酸盐、亚硝酸盐以外，还包括抗坏血酸、烟酰胺、异抗坏血酸钠等。

③ 漂白作用。食品用漂白剂，是能够破坏、抑制食品中的发色因素，使食品褪色或使食品免于褐变的物质。漂白剂在食品的加工处理中，具有一定的漂白、增白、防褐变及抑菌等功效和作用。食品漂白剂可分为氧化性漂白剂及还原性漂白剂两类。氧化性漂白剂是通过本身的氧化作用使食品中的有色物质被破坏（如面粉处理剂），从而达到增白或漂白的目的。除偶氮甲酰胺氧化性漂白剂在面粉食物中使用外，更多使用的是还原性漂白剂。目前国内外在加工食品中使用的漂白剂基本属于亚硫酸或其盐类物质。它们是通过其中的二氧化硫的强还原成分起作用，使果蔬中的许多色素分解和褪色（对花色素苷作用最明显，类胡萝卜素次之，而对叶绿素则几乎无显著影响）。漂白剂除可改善食品色泽外，还具有抑菌等作用。故常被用在加工食品、半成品食物以及食物原料的储藏、预处理及漂洗过程。常见的漂白剂有二氧化硫、焦亚硫酸钠等。

④ 面粉处理剂。面粉处理剂，是促进面粉熟化和提高制品质量的物质。此类物质多具有氧化性，其中的碳酸盐则是起到稀释和辅助的作用。面粉处理剂的使用目的是氧化其中的色素，使面粉增白，同时能改变和增加面筋强度，提高面团的韧性和弹性。但面粉处理剂不宜在面粉中过多使用，须严格控制使用范围与用量。国家食品安全标准 GB 2760 中允许使用的面粉处理剂包括抗坏血酸、碳酸钙、碳酸镁、L-半胱氨酸盐酸盐等。

(3) 调味增香作用 调味增香主要涉及调味类添加剂和食用香料两大类食品添加剂物种。食品中使用这两类添加剂的主要目的是调整和增加食品的风味，改善食品的感官品质。调味类和增香类添加剂是使食品更加味香可口，以促进人的消化液分泌和增进食欲的物质。调味侧重于对口腔中各种味觉（taste）反应的影响。作为食品添加剂的调味物质不同于传统调料（属于配料，包括相应制品且涉及酸、甜、鲜、咸、辣等多种口味），仅包含酸、甜、鲜味三种突出物质类别。但其风味更强烈、更适宜加工食品使用，包括酸度调节剂、增味剂和甜味剂三个类别。增香调香则针对如何使用不同香料对鼻腔嗅觉（smell）所产生效果。食品中使用的增香物质仅涉及或用于调配香精制品所需要的各种香料物质。

① 增味作用。增味剂是补充或增强食品原有风味的物质。广义的增味剂应涉及甜、酸、苦、辣、咸、鲜等多种口味。而食品添加剂中的增味剂则特指能强化或补充食品鲜味的物质。

② 增甜作用。甜味剂是赋予食品甜味的物质，它是使用较多的食品添加剂。一般分为营养型和非营养型甜味剂，甜味剂的热值相当于蔗糖热值2％以上的甜味剂称为营养型；而低于其2％的甜味剂为非营养型。具体来讲，不参与代谢的甜味剂均为非营养型甜味剂。根据甜味剂的来源和生产方法又常将甜味剂分为天然类甜味剂（如蔗糖、葡萄糖、果糖、淀粉糖浆）和合成类的甜味剂（如糖精钠、甜蜜素、安赛蜜等）。

甜味剂的甜度是通过人的味觉品尝而确定的。一般以一定的蔗糖溶液为甜度基准，通过品评确定其他甜味剂的甜度。一般具有甜味的食用原料都应是甜味剂的范畴。但是对于蔗糖、葡萄糖、果糖等传统的食品原料，常不列入食品添加剂范围讨论。

③ 酸度调节作用。酸度调节剂是用以维持或改变食品酸碱度的物质。其中使用最多的是调整口味的酸度剂。除磷酸外，酸度调节剂基本为有机弱酸。酸度调节剂在食品加工中不仅有助于调整口味，而且在防腐、抗氧化以及护色等方面也有一定的辅助作用。

④ 增香作用。食品用香料是能够用于调配食品香精，并使食品增香的物质。食品香料与日用香料不同。日用香料的香气只需通过人们的鼻腔嗅感到，而食品香料除了要求嗅感到外，还要求能被味觉器官感觉到，所以两者是有一定区别的。食品香料的特殊性，主要表现在以下几个方面。a. 食品香料具有自我限量的特点。因为食品香料是要经过口进入人体的，其对人体的安全性特别重要，有每日允许摄入量（acceptable daily intake，ADI，g）的限制，因而在最终加香食品中的浓度（mg/kg）是有限制的，由相关主管部门给出其参考用量。另外，香料的香味要为人们所接受，必须在一个适当的浓度范围内，浓度过大香味变成臭味，浓度过小香味不足。b. 食品香料以再现食品的香味为根本目的。因为人类对食品具有本能的警惕性，对未遇到过的全新香味常常拒绝食用。而日用香料则可以具有独特的幻想

型香气，并为人们所接受，注重的是香气。c. 食品香料必须考虑食品味感上的调和，很苦的或者很酸涩的香料不能用于食品，注重味道。而日用香料一般不用考虑其对味感的影响。d. 人类对食品香料的感觉比日用香料灵敏得多。这是因为食用香料可以通过鼻腔、口腔等不同途径产生嗅感或味感。e. 食品香料与色泽、想象力等有着更为密切的联系。例如在使用水果类食用香料时，若不具备接近于天然水果的颜色，容易使人们产生是其他物质的错觉，使其效果大为降低。

用于食品的天然香料包括植物性天然香料（多种成分的混合物）和用物理方法从天然植物中分离出的单离香料（单体化合物），而动物性天然香料很少用于食品中。已知可从1500多种植物中得到香味物质，目前用作食品香料的植物有200多种，其中被国际标准化组织（ISO）承认的有70多种。根据植物性天然食品香料的使用形态，可将其大略分为香辛料、精油、浸膏、净油、酊剂、油树脂等。香辛料主要是指在食品调香调味中使用的芳香植物或干燥粉末。人们古时就开始将一些具有刺激性的芳香植物用于饮食，它们的精油含量较高，有强烈的呈味、呈香作用，不仅能促进食欲、改善食品风味，而且还有杀菌防腐功能。Clarh在1970年曾将香辛料细分为5类：a. 有热感和辛辣感的香料，如辣椒、姜、胡椒、花椒等；b. 有辛辣作用的香料，如大蒜、葱、洋葱、韭、辣根等；c. 有芳香性的香料，如月桂、肉桂、丁香、孜然、肉豆蔻等；d. 香草类香料，如茴香、葛缕子（姬茴香）、甘草、百里香等；e. 带有上色作用的香料，如姜黄、红椒、藏红花等。这些香辛料大部分在我国都有种植，资源丰富，有的享有很高的国际声誉，如八角、茴香、桂皮、桂花等。精油，亦称香精油、挥发油或芳香油，是植物性天然香料的主要品种。对于多数植物性原料，主要用水蒸气蒸馏法和压榨法制取精油。例如玫瑰油、薄荷油、八角茴香油等，均是用水蒸气蒸馏法制取的精油。对于柑橘类原料，则主要用压榨法制取精油，例如红橘油、甜橙油、圆橙油、柠檬油等。液态精油是我国目前天然香料的最主要应用形式。世界上总的精油品种有3000多种，用在食品上的精油品种有140多种。浸膏是一种含有精油及植物蜡等呈膏状浓缩非水溶剂萃取物。用挥发性有机溶剂浸提香料植物原料，然后蒸馏回收有机溶剂，蒸馏残留物即为浸膏。在浸膏中除含有精油外，尚含有相当量的植物蜡、色素等杂质，所以在室温下多数浸膏呈深色膏状，例如大花茉莉浸膏、桂花浸膏。油树脂（oleoresin），一般是指用溶剂萃取天然香辛料，然后蒸除溶剂后而得到的具有特征香气或香味的浓缩萃取物。油树脂通常为黏稠液体，色泽较深，呈不均匀状态。例如辣椒油树脂、胡椒油树脂、姜黄油树脂等。油树脂属于浸膏的范畴。酊剂（tincture）亦称乙醇溶液，是以乙醇为溶剂，在室温或加热条件下，浸提植物原料、天然树脂或动物分泌物所得到的乙醇浸出液，经冷却、澄清、过滤而得到的产品。例如枣酊、咖啡酊、可可酊、黑香豆酊、麝香酊等。用乙醇萃取浸膏、香脂或树脂所得到的萃取液，经过冷冻处理，滤去不溶的蜡质等杂质，再经减压蒸馏蒸去乙醇，所得到的流动或半流动的液体通称为净油。例如，玫瑰净油、小花茉莉净油、鸢尾净油等。天然等同香料则是与天然香料中产生香气的组分（呈香物质）或主体成分分子结构相同的物质，包括用化学方法合成的合成香料和用化学方法从天然物中分离的纯品。食品用香料物种繁多，且主要作原料调配成不同香精制品用于食品。

（4）营养强化作用 膳食中的营养强化是以食品为载体，以营养强化类物质增加和补充营养素。然而营养素的补充要有量的制约，营养强化剂在食品中添加使用要遵循食品营养强化剂使用标准要求以及针对具体食物的强化需要有的放矢。对于任何营养素而言，无论是长期缺乏还是摄入过量都会对人体健康带来负面影响和安全隐患。因此需要科学地认识营养强化的基本概念以及营养强化剂的使用意义，正确理解和掌握强化剂的使用原则与相关的技术理论。

食品营养强化剂是指为了增加食品的营养成分（价值）而加入食品中的天然或人工合成的营养素和其他营养成分。其中营养素是指食物中具有特定生理作用，能维持机体生长、发育、活动、繁殖以及正常代谢所需的物质，包括蛋白质、脂肪、碳水化合物、矿物质、维生素等。而其他营养成分则包括除营养素以外的具有营养和（或）生理功能的其他食物成分。营养强化注重补充营养成分及某些人体需要而体内不能合成的物质。营养强化剂的使用是针对一些食品（包括个别地域居民及习惯膳食结构）中营养成分的不完整或不充分的情况，或是针对食品在加工、储藏过程中部分营养元素的流失和破坏而做的补偿。在食品加工与生产中，并非所有食品都需强化处理。营养强化剂，主要包括氨基酸类、维生素、营养元素、不饱和脂肪酸及其他类（如，低聚果糖、乳铁蛋白、叶黄素等）。

（5）辅助加工作用 辅助加工类添加剂，不仅涉及在食品原材料的制作、加工预处理过程中使用的食品工业用加工助剂，而且还包括直接用于成品或半成品食品中的，以及为帮助产品成型或利于改善包装条件所使用的各种辅助材料，如被膜剂、消泡剂、酶制剂等。

① 消泡剂。消泡剂是在食品加工过程中降低表面张力，消除泡沫的物质。消泡剂属一种分子量较大的表面活性剂，多为非离子型。其使用是针对某些食物的加工处理，或因某些蛋白质形成胶体溶液过程中产生大量的气泡和泡沫，并影响生产的延续或进行。泡沫不消除或不加以控制，会降低设备容积的利用率，延长加工时间，也会影响最终产品的质量。一般消泡剂可分为水溶性消泡剂（如含羟基的物质，低级醇或甘油类）和非水溶性的消泡剂（高级醇酯类）。

② 被膜剂。被膜剂为涂抹于食品外表，起保质、保鲜、上光、防止水分蒸发等作用的物质。被膜剂一般在食品加工方面主要作为辅助材料使用，而不直接添加在食品中。被膜剂也可与防腐剂或抗氧化剂结合使用，以起到防腐与抗氧化的作用。常见的被膜剂包含蜂蜡、巴西棕榈蜡、石蜡等。

③ 酶制剂。酶制剂是由动物或植物的可食或非可食部分直接提取，或由传统或通过基因修饰的微生物（包括但不限于细菌、放线菌、真菌菌种）发酵、提取制

得，用于食品加工，具有特殊催化功能的生物制品。其中酶成分是一类具有特殊功能的蛋白质。由于使用酶安全无毒，且具有对一些化学反应高效、专一而且比较温和的催化作用；同时在使用过程中的副产物较少，对环境的污染远低于传统化学生产工业，因此被广泛用在食品加工、制药工业中。酶制剂主要依靠从动植物体中分离或利用微生物发酵的方法获得。实际上，通过微生物发酵法生产酶制剂更优于从动、植物中直接制取的方法，并且成为生物技术产业使用酶制剂的主要来源。根据各种酶的性质和使用意义常将酶制剂分为六种类型。

Ⅰ．氧化还原酶 oxidoreductase，反应模式：$AH_2 + B \rightarrow A + BH_2$。

Ⅱ．转移酶 transferase，反应模式：$A—R + B \rightarrow A + B—R$。

Ⅲ．水解酶 hydrolase，反应模式：$A—B + H_2O \rightarrow AOH + BH$。

Ⅳ．裂解酶 lyase，反应模式：$A—B \rightarrow A + B$。

Ⅴ．异构酶 isomerase，反应模式：$A \rightarrow B$。

Ⅵ．合成酶 synthetase，反应模式：$A + B + ATP \rightarrow AB + ADP$。

酶活力是生物酶催化反应历程、提高反应速度的能力，是反映酶制剂质量的重要参数。酶活力的测定是通过测定酶促反应初速度的变化，即测定在单位时间内反应底物的消耗量或者在单位时间内产物生成量来确定的。同类酶制剂其活力的大小或高低则是用活力单位来表示。酶含量可以用每克酶制剂或每毫升酶制剂含有多少个活力单位来表示。1961 年，国际酶学委员会对酶活力单位做的规定是：在一定反应条件下（温度为 250℃，酸度、底物浓度等均采用最佳条件），1min 内能转化 1μmol 底物所需要的酶量，称为酶活力单位（U）。这虽然是统一的酶活力单位标准，但是在实际应用中，由于不同的应用领域对各种酶制剂种类与要求方面的差异，所以在使用上对相应酶活力单位及其确定和表示并不完全一致。

(6) 其他作用 在食品添加剂分类中，其他类食品添加剂是指按功能分类不能涵盖功能的一类食品添加剂种类。或在功能与性质方面不能归属于前面列出的类别，如助滤剂、苦味物质等种类。对此在国家有关食品添加剂的分类标准中统归为一类，即其他类。此类添加剂从性质、作用或者使用意义方面有别于已列出的食品添加剂。

6.2 食品添加剂的选用原则与管理

6.2.1 食品添加剂的选用原则

6.2.1.1 食品添加剂的主要特性

它在食品中的作用可归纳为以下几方面：①有利于食品的保藏，防止食品腐败变质；②改善食品的感官性状；③保持或提高食品的营养价值；④满足其他特殊需要；⑤增加食品的品种和方便性。

6.2.1.2　食品添加剂使用时应符合的基本要求

① 不应对人体产生任何健康危害。

② 不应掩盖食品腐败变质。

③ 不应掩盖食品本身或加工过程中的质量缺陷或以掺杂、掺假、伪造为目的而使用食品添加剂。

④ 不应降低食品本身的营养价值。

⑤ 在达到预期效果的前提下尽可能降低在食品中的使用量。

6.2.1.3　在下列情况下可使用食品添加剂

① 保持或提高食品本身的营养价值。

② 作为某些特殊膳食用食品的必要配料或成分。

③ 提高食品的质量和稳定性，改进其感官特性。

④ 便于食品的生产、加工、包装、运输或者贮藏。

6.2.1.4　食品添加剂质量标准

食品添加剂应当符合相应的质量规格要求。

6.2.1.5　带入原则

① 在下列情况下食品添加剂可以通过食品配料（含食品添加剂）带入食品中：

a. 根据标准，食品配料中允许使用该食品添加剂；

b. 食品配料中该添加剂的用量不应超过允许的最大使用量；

c. 应在正常生产工艺条件下使用这些配料，并且食品中该添加剂的含量不应超过由配料带入的水平；

d. 由配料带入食品中的该添加剂的含量应明显低于直接将其添加到该食品中通常所需要的水平。

② 当某食品配料作为特定终产品的原料时，批准用于上述特定终产品的添加剂允许添加到这些食品配料中，同时该添加剂在终产品中的量应符合 GB 2760—2024《食品安全国家标准　食品添加剂使用标准》的要求。在所述特定食品配料的标签上应明确标示该食品配料用于上述特定食品的生产。

6.2.1.6　食品添加剂的使用规定

① 按照 GB 2760—2024 表 A.1 列出的同一功能的食品添加剂（相同色泽着色剂、防腐剂、抗氧化剂）在混合使用时，各自用量占其最大使用量的比例之和不应超过 1。

② GB 2760—2024 表 A.2 规定了表 A.1 中例外食品编号对应的食品类别，这些食品类别使用添加剂时应符合表 A.1 的规定。同时，这些食品类别不得使用表

A.1 规定的其上级食品类别中允许使用的食品添加剂。

6.2.2 食品添加剂安全监管的发展

食品添加剂的安全已成为一个备受关注的食品安全问题，尽管世界各国对食品安全的监管体系不尽相同，但对食品添加剂的安全监管都有明确的规定。FDA 在产品上市销售前负责综述和验证食品添加剂和色素添加剂的安全性，且在法律的授权下监管食品市场，召回缺陷食品。欧盟也有专项法规对食品添加剂进行管理。针对营养食品或食品添加剂的监管，欧盟有两个相关的法规，且在食品标签上对食品添加剂也实行管理。日本于 1947 年由厚生劳动省公布了卫生法，对食品中化学品有了认定制度，但食品添加剂方面的法规到 1957 年才公布使用。2006 年，日本宣布修订食品及食品添加剂的标准和规范，日本厚生劳动省宣布撤销现有食品添加剂名单中的 42 种食品添加剂，进一步严格了食品添加剂的监管。

6.2.3 食品添加剂引发的食品安全问题

6.2.3.1 食品添加剂标识模糊

近年来，随着食品添加剂引发的食品安全问题被大量曝光，使消费者对食品添加剂的认可度下降，消费者开始避免购买配料表中含有食品添加剂的食品。这种过度防范现象在一定程度上影响食品企业的食品销量和经济利益，因此，部分食品企业在生产制作以及销售食品时，为迎合消费者心理，无视国家法律规定要求以及消费者的知情权，选择模糊食品添加剂标识，将其用小字标识在不显眼区域，利用消费者的习惯盲区。这种模糊食品添加剂标识的问题，不仅属于欺骗欺诈行为，还会加大食品安全管理的难度。

6.2.3.2 超量使用食品添加剂

适量使用食品添加剂能够延长保质期，避免食品浪费，还能提高食品产业链各相关主体的经济效益，因此国家规定食品添加剂在相关标准范围内可以根据不同食品需求经相关部门批准进行有选择性的添加。但部分食品生产商为在市场竞争激烈的新时期获得较高的经济效益，存在超量、过度使用食品添加剂以增强食品色泽、提升食品口感的问题。过量使用着色剂等食品添加剂，会导致食品中的亚硝酸盐等成分严重超标，而甜味剂等食品添加剂的过量使用，会诱发癌变。因此，超量使用食品添加剂会引发严重的食品安全问题。

6.2.3.3 超范围使用食品添加剂

为有效防控食品添加剂的过量、超领域使用，《食品安全国家标准 食品添加剂使用标准》（GB 2760—2024）等相关标准中明确规定了不同食品添加剂的使用范围和计量要求，但部分食品生产厂家为增加利润，无视法律规定和消费者身体健康，依旧选择超范围使用食品添加剂，如"玉米面馒头"事件就是一件典型的超范围使用人工色素的食品安全问题，尤其是假冒伪劣食品添加剂中常含有铅汞等剧毒成分，一旦超范围使用便会严重威胁人体安全。2022 年 6 月，浙江省庆元县市场监管局检出麦趣尔公司生产的 2 批次纯牛奶不合格，添加了纯牛奶中不允许使用的丙二醇。同年 7 月，新疆市场监管局和昌吉市场监管局组织对麦趣尔公司进行调查，对产品进行抽检，经初步调查分析，麦趣尔纯牛奶中检出的丙二醇来源于企业在生产过程中超范围使用食品添加剂香精，纯牛奶本身是不能加香精的，加了香精就不能再按纯牛奶标准了，可以按调制乳标准，并在配料表中清楚注明添加了香精。麦趣尔的这款产品采用的是纯牛奶标准，而且以香浓为卖点，但这是通过违规加香精来达到的，其实就是一种欺骗消费者的把戏。

6.2.3.4 非法使用食品添加剂

随着我国科学技术水平的飞速发展，部分食品添加剂由于被检测出不利于人体健康的成分，国家颁布了相关法律明令禁止食品生产厂家使用。当前市场竞争压力加剧，部分食品生产厂家为追求利益最大化，选择使用工业添加剂或者国家已明令禁止的添加剂种类来改变食品性质，如"三鹿奶粉""瘦肉精"等食品安全事件，都是非法使用食品添加剂的案例。

6.2.4 食品添加剂的管理

发达国家如美国、日本在食品添加剂的基础理论研究和相关法规的制定方面有很多先进的科学经验，特别是有关食品添加剂的国际组织——食品添加剂专家联合委员会（JECFA）、食品法典委员会（CAC）、美国食品药品监督管理局（FDA）等在此领域的研究已经从定性分析转向了定量分析，这些关于食品添加剂现成的科学结论都值得借鉴与推广。此外，还应结合食品添加剂专业性较强的特点，重视并加强对我国相关食品添加剂的管理和监督者进行食品添加剂基本常识的宣传和培训，加大向消费者宣传食品安全及食品添加剂相关知识的力度。同时建立与管理和监督工作相配套的食品添加剂专家评估体系，对食品添加剂管理和监督工作中遇到的相关问题给予及时准确的评估；构建相应的监测网络，对使用中的食品添加剂可能存在的健康危害及时提出预警，以降低食品添加剂安全事件发生的风险，从而提高食品添加剂管理和监督的准确性和有效性。

食品添加剂的管理和监督工作关系着公众饮食卫生的安全。由于食品添加剂对消费者健康损害的长期性、滞后性和潜伏性，法律难以进行有效的取证澄清，因此政府对该行业的管制尤为重要。我国对政府食品安全管制行为的研究主要停留在宏观政策层面上，对各类型企业的食品安全行动规律，以及实施食品安全管理体系的成本和收益的量化研究有待深入，食品安全管制政策绩效评价的研究更有待开展。可以说食品添加剂的监管工作与食品安全紧密联系，任重而道远。总之，食品添加剂的安全监管不仅仅是技术问题，而且是重大的社会问题，需要政府、企业和广大消费者的共同参与，这样才能使我国食品添加剂行业得以健康迅速地发展，并确保公众的饮食卫生和安全。

6.3 食品加工助剂

6.3.1 食品加工助剂的定义与分类

（1）食品加工助剂的概念　食品工业用加工助剂是指有助于食品加工顺利进行的各种物质，与食品本身无关，如助滤、澄清、吸附、脱模、脱色、脱皮、提取溶剂等。比如，硅藻土常作为工业生产中对液体进行澄清处理的助滤剂，如用于味精、酱油、食醋等调味品；用于啤酒、白酒、黄酒、果酒、葡萄酒、果汁等饮料；用于大豆油、花生油、米糠油等液态油脂；制糖工业中，用于各种糖浆、蜂蜜等制品的过滤处理。食品用加工助剂不同于其他添加剂在食品中直接添加应用，仅作为一类特殊的食品添加剂使用，目的是使食品加工得以顺利进行。另外，加工助剂对最终加工产品没有任何作用和影响，故在成品制作之前应全部除去（如有残留应符合残留限量要求），通常也无需列入产品成分表中。在选择加工助剂具体种类时，应符合食品级规格要求。食品法典委员会（CAC）在 CAC/GL 75—2010《加工助剂使用指南》中给出的加工助剂的定义为：加工助剂不是一种食品成分，也不包括食品生产设备及器皿，而是在原料、食品或者其成分的加工过程中有意使用以达到某种功能目的的物质或者原料，在达到该目的过程中会导致终产品中存在无意的、不可避免的残留或者衍生物。食品加工助剂特点：（与其他食品添加剂的区别）一般应在食品中除去而不应成为最终食品的成分，或仅有残留；在最终产品中没有任何工艺功能；不需在产品成分中标明。

《食品安全国家标准　食品添加剂使用标准》（GB 2760—2024）中表 C.1 规定了可在各类食品加工过程中使用，残留量不需限定的加工助剂名单（不含酶制剂），共 37 种；表 C.2 规定了需要规定功能和使用范围的加工助剂名单（不含酶制剂），共 80 种；表 C.3 规定了食品用酶制剂及其来源名单，共 66 种。

（2）食品加工助剂的分类　食品加工助剂，按其功能可分为助滤类、澄清类、吸附类、脱模类、脱色类、提取溶剂类、脱皮类、发酵用营养物质类加工助剂。

6.3.2 食品加工助剂的使用与安全性分析

6.3.2.1 食品加工助剂的使用原则

为了规范我国食品工业用加工助剂的生产、经营和使用，GB 2760—2024

对食品工业用加工助剂的使用原则作出了规定，并以列表的形式列出了食品工业中允许使用的加工助剂。

食品工业用加工助剂（以下简称"加工助剂"）的使用原则：①工艺必要性。加工助剂应在食品生产加工过程中使用，使用时应具有工艺必要性，在达到预期目的的前提下应尽可能降低使用量。例如，糕点加工过程中为了使蛋糕等产品顺利地从模具脱离，需要在模具表面涂抹巴西棕榈蜡、蜂蜡等脱模剂，如果使用量过少，不能形成完整、稳定性好的膜，导致产品和模具无法有效脱离，但如果使用量过多，会造成潜在危害并且烘烤时会在模具局部形成"油煎"现象，不仅影响产品品质并给模具清洗带来困难。②残留量控制。加工助剂一般应在制成最终成品之前除去，无法完全除去的，应尽可能降低其残留量，其残留量不应对健康产生危害，不应在最终食品中发挥功能作用。食品加工助剂是为了保证食品加工过程的顺利进行，加工助剂与食品本身无关，不应在最终食品中发挥功能作用。有的加工助剂如摄入过多，会对人体健康不利，应在制成最终产品前尽量除去。还有些加工助剂可能含有有害杂质，如果不能完全除去，应尽可能降低其残留量。例如，乙醇作为提取溶剂广泛用于食品加工中，但乙醇中含有甲醇、杂醇油等有害杂质，需要通过控制乙醇本身的质量安全指标及尽可能降低乙醇在食品终产品中的残留量来达到控制有害杂质的目的。③选用的加工助剂应符合相应的质量规格要求。食品生产用加工助剂除带给我们众多的益处外，也存在安全问题，在加工助剂生产使用过程中应进行卫生质量控制，得到符合要求的产品是生产安全食品的前提。同时，管理部门应及时发现食品加工助剂生产、应用过程中存在的问题，重视食品加工助剂采购控制和食品加工助剂用后的残留控制和检验。企业要采购符合食品添加剂标准的加工助剂，按照标准使用和管理食品加工助剂，如无食品添加剂标准，可按《中国药典》、《美国食品化学法典》（FCC）等的规定，同时严格控制成品中的加工助剂残留。

6.3.2.2　食品加工助剂的使用要求

食品工业用加工助剂包括可在各类食品加工过程中使用、残留量不需限定的加工助剂，规定了功能和使用范围的加工助剂及食品加工中允许使用的酶，分别列在 GB 2760—2024 标准的表 C.1、表 C.2 及表 C.3。在使用表 C.1 和表 C.2 时，应注意以下几点：①表 C.1 中的食品用加工助剂，允许在各类食品加工过程中使用，其残留量不需限定但是在具体使用时需要结合该加工助剂所应用的食品的产品标准综合考虑；②表 C.2 中的食品用加工助剂在使用时，需要按照规定的使用范围来使用。在使用表 C.3 "食品用酶制剂及其来源名单"时，应注意以下几点：①本名单含 66 类酶；②为沿袭 GB 2760 中添加剂类别的名称，并适应食品工业中实际生产、经营和使用的习惯，表 C.3 列出的是食品工业中允许使用的"酶"的名称，而该表仍称为"酶制剂"名单；③判定一种酶制剂是否列入 GB 2760 时，需保证该酶制剂的"酶""供体""来源"信息均与表 C.3 中的规定一致，以 GB 2760—2024 标准中批准的"β-葡聚糖酶"为例，见表 6-1；④某些食品工业用酶制剂同时具有食品添加剂功能，当其作为加工助剂使用时应符合加工助剂的规定，当其作为食品添加剂使用时应符合食品添加剂的规定。

表 6-1　β-葡聚糖酶

序号	酶	来源	供体
7	β-葡聚糖酶 beta-glucanase	地衣芽孢杆菌 Bacillus licheniformis	
		孤独腐质霉 Humicola insolens	
		哈茨木霉 Trichoderma harzianum	
		黑曲霉 Aspergillus niger	
		枯草芽孢杆菌 Bacillus subtilis	
		李氏木霉 Trichoderma reesei	
		解淀粉芽孢杆菌 Bacillus amyloliquefaciens	解淀粉芽孢杆菌 Bacillus amyloliquefaciens
		两型孢双侧孢霉 Disporotrichum dimorphosporum	
		Rasamsonia emersonii（原名为 埃默森篮状菌 Talaromyces emersonii）	
		绿色木霉 Trichoderma viride	
		绳状青霉 Penicillium funiculosum	

6.3.2.3　加工助剂相关的法规及标准要求

各国和国际组织机构对食品工业用加工助剂的管理纷纷出台了相应的标准和法规，表 6-2 列举了食品法典委员会、中国、欧盟、美国、澳大利亚、加拿大、法国、日本的食品工业用加工助剂法规和标准。

根据我国《食品安全国家标准　预包装食品标签通则》（GB 7718—2011）问答解释，关于加工助剂的标示表述加工助剂不需要标示；关于酶制剂的标示表述为酶制剂如果在终产品中已经失去酶活力的，不需要标示；如果在终产品中仍然保持酶活力的，应按照食品配料表标示的有关规定，按照制造或加工食品时酶制剂的加入量，排列在配料表的相应位置。

表 6-2　食品工业用加工助剂法规和标准

国家或组织	主要法规和标准	是否有使用范围和使用量（或残留量）要求
CAC	CAC/GL 75—2010《加工助剂使用指南》	是
欧盟	食品添加剂条例（EC）No 1333/2008	是

国家或组织	主要法规和标准	是否有使用范围和使用量(或残留量)要求
中国	GB 2760—2024《食品安全国家标准 食品添加剂使用标准》	部分
美国	FDA 21 CFR 第 173 部分	是
澳大利亚	加工助剂标准	是
加拿大	食品和药品法规	是
法国	食品工业用加工助剂法令	是
日本	食品添加剂使用标准	是

第 7 章

食品原料的选用

"民以食为天"，在人类饮食文明高度发达的时代，食品已经成为人们获取食物的主要载体，也就是说，食品往往不只是自然采摘或获取的生鲜食物，而是由各种食物原料经过加工后制作的产品。如果对原料的特性不甚了解，无论如何也不会研发出真正好的食品。然而，比起其他产品原料，食品原料可以说复杂得多，它不仅有采获后的生鲜食品（有些还是活的生物），还包括供加工或烹饪用的初级产品、半成品；既有有机物质，也有无机物质；这些都使得食品原料研究内容十分广博、丰富多彩。同时，对于食品原料的研究，逐渐形成了食品原料学。

7.1 食品原料的定义、分类及研究目的

7.1.1 食品原料的定义

GB/T 15091—1994《食品工业基本术语》中对于原料的定义为加工食品时使用的原始物料，从以上定义不难看出食品原料主要包括食品主料和食品配料。其中食品主料是指加工食品时使用量较大的一种或多种物料；食品配料指在制造或加工食品时使用的并存在（包括以改性形式存在）于最终产品的任何物质，包括水和食品添加剂。

7.1.2 食品原料的分类

在食品加工与流通中，为了对复杂、繁多的食品原料进行有效的管理和评价，一般要对这些原料按一定方式进行分类。这些分类主要如下所列。

7.1.2.1 按食品材料的来源或生产方式分类

按食品材料的来源可分为植物性食品和动物性食品，按生产方式则可分为农产品、畜产品、水产品等。

（1）按食品材料的来源分类　一般农产品、林产品、园艺产品都算作是植物性食品，而水产品、畜产品（包括禽、蜂产品等）称为动物性食品。动物性食品一般蛋白质含量高，膳食纤维少，相对营养价值也高一些，然而价格也比较贵。按这种分法，食品原料除动物性食品、植物性食品外，还有各种合成或从自然物中萃取的添加剂类。

（2）按生产方式分类

① 农产品（agricultural product）。农产品指在土地上对农作物进行栽培、收获得到的食物原料，也包括近年发展起来的无土栽培方式得到的产品，包括谷类、豆类、薯类、蔬菜类、水果类、食用菌等。

② 畜产品（livestock product）。指人工在陆地上饲养、养殖、放养各种动物

所得到的食品原料，它包括畜禽肉类、乳类、蛋类和蜂蜜类产品等。

③ 水产品（aquatic product）。指在江、河、湖、海中捕捞的产品和人工水中养殖得到的产品，包括鱼、蟹、贝、藻类等。

④ 林产食品（forest product）。林产食品虽然主要指取自林业的产品，但林业有行业和区域的划分，一般把坚果类和林区生产的食用菌、山野菜也算作林产品，而水果类却归入园艺产品或农产品。由于食用菌和山野菜在我国已经普遍为农民人工栽培，所以也可算作农产食品中的蔬菜类。

⑤ 其他食品。其他食品原料还包括水、调味料、香辛料、油脂、嗜好饮料、食品添加剂等，有些也把包装材料算在其中。

7.1.2.2 按食品营养特点进行分类

许多国家为了加强对人们获取营养的指导，参照当地人们的饮食习惯，把食品按其营养、形态特征分成若干食品群。如日本的三群分类法和六群、七群分类法，以及美国的四群分类法等。

(1) 三群分类法 这种分类方法是把所有食品大体分为三大群，用这三群食品的颜色称呼，因此也称为三色食品。它主要针对儿童，想通过容易理解的颜色标记，使儿童注意营养的全面摄取。其分类如下：

① 热能源，指可提供热能的食品材料，也称为黄色食品。包括粮谷类、坚果类、薯类、脂肪和砂糖等。

② 成长源，即提供身体（血、肉、骨）成长所需要营养的食物，亦称红色食品，包括动物性食品、植物蛋白等。

③ 健康维持源，即维持身体健康、增进免疫、防止疾病的食物，亦称绿色食品，包括水果、蔬菜、海藻类等。

(2) 六群分类法 六群分类法原是美国按人的营养需要，为指导人们对食品摄取而分的类，后来日本厚生劳动省又按东方人的饮食习惯对此作了修正，有兴趣的读者可以查阅相关资料。

(3) 四群分类法 美国农业部为了使膳食指导明确、简化，提出了四群分类法。最早提出的四群食品为乳酪类，肉、鱼、蛋类，果蔬类，粮谷类，并针对这四群提出了日膳食摄取指南（the daily food guide）。近年针对美国普遍营养过剩的倾向，美国农业部、卫生与公众服务部对膳食指南进行了多次修订，提出了膳食指南金字塔（food guide pyramid）。该金字塔形象地把各种食品分为四大群六小群，并按摄取量大小排列成金字塔形状。这四大类为：①以粮谷为主的主食；②果蔬类；③动物性食品及坚果、豆、花生类；④油脂和糖，属于限量摄取。金字塔中各食品群所占空间形象地表示了摄取量的比例。有趣的是，它竟然和我国古代《黄帝内经》中主张的"五谷为养、五果为助、五畜为益、五菜为充"不谋而合。它强调了膳食结构中要以谷类食物为主，多食果蔬，以动物性食品为辅，少食油脂和食糖的原则。其中第②层的果蔬类和第③层的动物性食品、坚果花生类，还可再分为水果群和蔬菜群，乳制品群和肉、鱼，坚果制品群。因此总共可细分为六小群。我国也制定了类似的膳食指南宝塔。

一般食品成分表按营养成分和加工利用特点把原料及其加工品分为18类：保健食品、茶叶及相关制品、炒货食品及坚果制品、淀粉及淀粉制品、豆制品、糕点、酒类、粮食加工品、肉制品、乳制品、食用农产品、食用油油脂及制品、水产制品、水果制品、速冻食品、糖果制品、调味品、饮料。以上各类也包括其加工品，例如谷类中也包括面粉、面包、面条，水果类也包括果汁等。

7.1.2.3　按使用目的分类

（1）按加工或食用要求分类　食品原料按加工方法或特殊要求可分为加工原料和生鲜原料。加工原料包括粮油原料、糖料、畜产品、水产品等，当然，其中有些也可作生鲜食品用。粮油原料又可分为原粮、成品粮、油料、油品等。还有一些特殊用途的食品，如营养强化食品、速食食品、婴儿食品、疗效食品、备灾食品、功能性食品、方便食品、冷冻食品、军用食品等，它们对原料都有不同要求。

（2）按烹饪食用习惯分类　在生活中通常把食品原料按烹饪食用习惯分为主食和副食。我国主食主要指可以作为粥、饭、馍、面材料的，以碳水化合物为主体的米麦类、谷类；副食指可以作"菜"或"汤"的荤、素材料，我国习惯把除主食以外的餐桌食品都称作"菜"，这可能和我国大部分居民长期形成的农耕饮食文化有关，餐桌上的"菜"基本上就是蔬菜。

7.1.3　研究目的

食品原料学是对各种食品原料在生产加工、利用、流通中所表现出的性质，进行综合研究的科学。食品原料的研究对食品研发设计具有根本性的意义，它一般包括以下几方面的内容。

7.1.3.1　食品原料的生产、消费和流通

无论是从食品加工角度，还是从利用角度，都应该首先了解原料的生产情况，即从生物学栽培（或养殖）学角度，对该原料的生产特点进行学习和认识，同时对其消费市场动态和流通概况有一个基本把握。它关系到食品原料的供应保障性和经济性。

7.1.3.2　食品原料的性状、成分和利用价值

这部分是核心部分，它所研究的内容正是利用食品原料时，所必须了解的基本知识。例如，只有了解各种小麦的性状、成分和利用价值，才能在使用时正确选择小麦原料，并充分发挥它的加工特性。也只有了解各种食品原料的营养成分，才能配制出营养合理的好食品。

7.1.3.3　食品原料的品质、规格和鉴定

即使同一种原料，由于产地、品种和处理条件的差异，也表现出不同的加工性

能和品质。研究原料的这种差异，了解其品质判断方法，对正确选用食品原料十分重要。

7.1.3.4 食品原料的加工处理及其可加工的主要产品

针对每种食品原料的性质、特征，研究对它们的要求和加工工艺特点，以及利用这些原料所得到的产品情况。对于已变质的食品原料，还需要着重研究它们的保藏、保鲜或保质方法。

7.2 食品原料的品质及管理

食品原料的品质对食品具有重要影响，以致有"七分原料，三分工艺"之说，原料品质的评价是一项系统工程，目前多以感官和关键性安全性指标进行最终的评价。为保证食品原料的安全，国家及各省市均制定了相应的标准。原料在储运过程中会发生品质改变甚至腐败，食品原料的卫生管理是食品研发人员需掌握的基础知识。

7.2.1 食品原料的品质和标准

7.2.1.1 食品品质构成要素

食品原料往往是作为商品流通的，当商品流通时决定其价值的最重要因素便是其品质。所谓品质就是指："在完成其使用目的或特定用途时的有用性。"需要强调的是，食品及原料在被选择时，除了它的有用性要最好外，其价格也是影响选择的重要因素。因此，前者也称为最佳使用品质，后者称为经济品质。而在研究食品加工时，一般食品品质主要指使用品质。构成食品品质的要素主要分两大部分，其一为基本特性，也就是它的可利用性，包含营养特性和基本特性；其二为商品特性，包括流通性、嗜好性和加工性等。在食品缺乏的时代，可利用性往往是对食品品质的决定性因素，然而在经济比较发达之后，在市场经济下，食品的商品特性则愈显重要，有时甚至成为决定性因素。在美国对一般商品品质评价有 9 个项目：适用性、耐用性、通用性、式样、魅力、舒适性、拥有者的自豪感、价格、方便性。

用这些评价项目评价食品，除了以上基本特性和商品特性外，还有一个重要的价格因素，从某种意义上讲，价格也是决定食品能否持续生产和流通的重要因素。

7.2.1.2 食品品质标准

无论是食品还是其原料，在市场经济条件下，基本都是作为商品流通的。按照商品的销售对象，大致可分为两大类：一类为直接面对消费者的所谓直接消费品，一类为商务用品。直接消费品的特点是购买者范围广、人数多、小单位量交易，购买的动机往往受随机情绪、宣传或习惯的影响较大，因此这种商品要求对它的性能有较为详细和易懂的标注。食品店或超市食品基本都属于这类商品。商务用品也称为工业用品、产业用品或工业原料等。它和直接消费品相比有如下特征：购买者范围仅限于一些特定企业，交易批量较大，购买动机由一定的规格要求和生产计划而定。我国在过去经济比较落后的时代，大多数食品及其原料属于定量分配物资，因此对食品及其原料大多只有物量的要求，即仅注意其基本特性；然而，随着市场经济的发展，食品的商品特性越来越突出。尤其是农业要向产业化、现代化迈进，作为食品原料的农产品就必须符合规格化、标准化和商品化要求，要有衡量和保证品质的措施。

(1) 保证品质的方法

① 法律保证：我国在 1995 年 10 月 30 日由第八届全国人民代表大会常务委员会第十六次会议通过了《中华人民共和国食品卫生法》，2009 年 6 月 1 日又开始实施新的《中华人民共和国食品安全法》，后经多次修改，该法律对食品安全风险监测和评估、食品安全标准、食品生产经营、食品检验、食品进出口等都做了科学规范的规定。总则规定国务院设立食品安全委员会，国务院卫生行政部门组织开展食品安全风险监测和风险评估，会同国务院食品安全监督管理部门制定并公布食品安全国家标准。国家标准代号为"GB"和"GB/T"，前者为强制性标准，后者为推荐性标准。

除了国家标准外，各行业还制定了自己的产品标准，其代号如下：NY（农业）、YY（医药）、YC（烟草）、SH（石油化工）、SC（水产）、LY（林业）、SN（商检）、BB（包装）、QB（轻工）、SB（商业）等。除此之外，一些部门还制定了一些特定食品标准。1996 年卫生部发布了《保健食品管理办法》，对特定保健功能食品的审批、生产、经营、标签等作了明确规定。

在制定食品标准时，所依据的法律除《中华人民共和国食品安全法》外，还有《中华人民共和国消费者权益保护法》等。

世界各国都根据自己的法律制定了食品的规格标准。大多数国家的食品标准都是由农业管理部门制定的。如：日本的食品标准称为"日本农林规格"，亦称 JAS 规格。法国食品标准称为 Label Rouge（红标签）法规，美国农业部对加工果蔬等农产品也都有其标准规定。凡依法制定的标准都成为判断产品是否合格的法律依据，在没有成为国家或行业强制标准之前，参照推荐标准，或企业需制定本企业标准。

② 商标（brand）保证：食品品质除了要有国家标准等法律保证外，生产企业或生产的商标是确保其品质的重要依据。因为商标作为证明产品的制造者或销售者的标志，除了向消费者保证产品质量责任外，还可以此取得消费者的信任，而使自己与消费者之间建立比较稳定的联系。商标的健全和信用反映了产品的工业化、商品化生产水平。我国流通的加工食品基本上都有了商标意识，按商标法规定在产品

上注明了自己的商标，然而，作为食品原料的农产品，商标体系的完善尚待时日，这也是今后农业产业化要解决的重要问题之一。

商标可以是文字、记号、图案或它们的组合，但必须区别于其他厂家或同类产品的商标。一般"trade mark"是指国际贸易使用的商标。

(2) 食品的国家标准 截至 2023 年 6 月份我国发布的食品国家标准有 1000 多项，这些标准分为六大类。

① 食品加工品及农副产品标准：这类标准主要是对各类食品原料，如粮、油、乳、肉、果蔬制定的标准，但也包括一些成品、半成品，甚至茶、酒、罐头等。

② 食品工业基础及相关标准：这类标准包括各种食品工业技术用语、果蔬贮藏技术、食品厂卫生规范等。

③ 食品检验方法标准：包括各类食品实验方法、质量检验测定方法、化学成分测定分析方法、微生物检验方法、卫生标准分析方法，其中包括食品包装材料和食品器皿卫生标准分析方法、食品安全性毒理学评价程序、食品毒理性实验室操作规范等。

④ 食品加工产品卫生标准：包括各类食品卫生标准、农药残留量标准。

⑤ 食品包装材料及容器标准。

⑥ 食品添加剂标准。

在以上标准中强制性国家标准 GB 7718—2011《食品安全国家标准 预包装食品标签通则》对引导食品正当流通，保护用户和生产者双方的合法权益，以及促进我国食品规格与国际接轨有十分重要的意义。这些标准的制定也参考了其他国家和组织的有关标准，尤其是食品法典委员会（CAC）的标准。

根据食品标签通用标准规定，各类预包装食品必须标注说明其品质的规定内容。这里将食品分为谷物食品、油料与食用油脂、肉禽制品、食糖、乳及乳制品、水产品、果蔬制品、淀粉及其制品、蛋制品、焙烤食品、糖果、巧克力、茶叶、罐头、调味品、饮料、酒、蜂蜜和特殊营养食品等 28 类。国际上十分重视食品标签立法和管理工作，FAO 和 WHO 的附属机构 CAC 下专门设有食品标签法典委员会（CCFL），秘书处设在加拿大。已经制定的标准有《预包装食品标签通用标准》（CODEX STAN 1—1991）、《预包装特殊食品标签和声明的标准》（CODEX STAN 146—1985）、《标签要求通用指南》（CAC/GL 1—1978）、《营养标签指南》（CAC/GL 2—1985）。

美国是世界各国食品标签法规最为完备、严谨的国家，新法规的研究、制定处于领先地位。它在新制定的食品标签法规中规定：食品标签上必须标上营养信息，即维生素、矿物质、蛋白质、热值、碳水化合物和脂肪含量；食品中使用的食品添加剂（防腐剂、品质改良、合成色素等）必须在配料标示中如实标明经政府批准使用的专用名称。欧洲、日本等地开始效仿美国的做法，将逐渐严格食品标签。

总之，食品及其原料在制造经销或处理时必须要有规格质量要求，所以食品研发人员要了解和熟悉国家所制定的有关法律和标准。

7.2.2 食品原料的卫生管理

7.2.2.1 食品原料卫生管理的意义

无论是生鲜食品还是加工食品，所用原料的卫生状态都关系到食用者的身体健康，甚至关系到生命安全。因此，加强食品及其原料的卫生管理至关重要。尤其是，我国随着经济发展和社会进步，食品由家庭制作逐步转向工业化生产。同时，工业的发达也带来诸如水污染、化学药品和农药污染等环境问题。这些都使得食品原料的安全性问题越来越突出。为此，我国制定了食品安全法，其目的也是"为保证食品安全，保障公众身体健康和生命安全"。在我国制定的食品国家标准中，主要是确保食品安全的规定，而且几乎每一项标准都有关于卫生管理或卫生检验的要求。

7.2.2.2 HACCP与食品卫生管理

HACCP（hazard analysis critical control point）即：危害分析与关键控制点。HACCP方法作为科学有效的食品卫生管理制度，已被世界上越来越多的国家采纳。

HACCP最初是美国在20世纪60年代实施阿波罗宇宙开发计划时提出的食品卫生管理方式。为了高度保证宇航人员食品绝对安全，这种方式把过去的对最终产品的检验制度，改为对任何有可能发生的不安全因素进行彻底分析，并对所有关键点进行严格控制，使任何危害都不可能发生，称为HACCP管理方式。由于这种方式的科学、合理和有效性，很快便被世界上许多国家食品企业采用。1993年联合国粮食及农业组织和世界卫生组织（FAO/WHO）下属食品法典委员会（CAC）公布了《关于采用HACCP管理指南》。美国在1995年和1996年分别在水产品、畜产品方面制定了HACCP强制性法规；1991—1994年欧盟成员国、加拿大、澳大利亚等国也都参照HACCP方式制定了自己的食品卫生管理法规。1995年日本厚生劳动省也公布了以HACCP为基础的综合卫生管理制度。HACCP管理在我国近年也得到快速普及。

7.2.2.3 实施HACCP方式卫生管理可归纳为12个步骤

① 成立HACCP管理机构。管理机构由食品卫生专家组成，尤其是必须有对HACCP方式比较熟悉的专家参加。

② 制定详细的产品说明书，包括食品标签通用标准中所规定的内容。

③ 设定消费者可能的使用方法。

④ 完善管理文件，包括工艺流程图、加工操作说明书、加工设施设备的构造和附有相关机械器具配置的图纸。

⑤ 对照所制定的文件，在加工现场进行检查确认。

⑥ 危害分析（harard analysis）。通过搜集和分析食品发生危害事故和产生原因的案例，追究从原料生产到加工、流通、消费为止各过程的潜在危害的易发程度和严重性，找出对各种危害的控制方法。

⑦ 关键控制点的确定（critical control point，CCP）。找出需要严加管理的工序和制定确保无危害发生的工艺路线、操作程序，这必须对从原料的购入到加工、贮藏等全过程的各环节分析确定。

⑧ 确定管理标准（critical limit，CL）。制定危害控制所需的各种检验项目和标准。

⑨ 确定监控方法（monitoring）。指为了监视关键点是否有效得到控制，而规定的观察和检验，要求尽量做到准确、及时和连续监视。通常检测项目有 pH、温度、时间、压力、流量等。

⑩ 确定纠正措施（corrective action）。指当监控中发现问题或参数超标准时，应采取的措施。

⑪ 制定确保可靠的方法（verification）。指制定可以对 HACCP 管理的有效性和是否要对它进行修订，进行判断的方法、程序和检测手段。

⑫ 制定记录的保管制度。

以上 12 个步骤中，前 5 项是制定管理方法的基础和准备，后 7 项也被称为 HACCP 7 项基本原则。

7.2.2.4 危害食品安全的主要因素

分析危害食品安全的主要因素是 HACCP 管理法的重要一环。按照危害的原因可归纳为以下因素。

(1) 生物因素 可引起食物中毒的各种病原菌、传染病细菌、病毒、寄生虫和某些生物原料本身的毒素。

(2) 食品生产因素 农药、食品添加剂、包装材料、抗生素、饲料添加剂等。

(3) 环境污染因素 工厂排放污水，汽车、飞机排放废气，农药对地下水、空气、工厂用水的污染，有害物质通过食物链在生物产品中的蓄积。

(4) 操作事故 误用化学药品，制造过程中操作失误，卫生管理失当等。

以上因素引起的健康危害，既有急性的，也有慢性的，往往急性中毒容易发现，而一些慢性中毒，其原因的查找比较困难。例如，一些农药、食品添加剂、合成化学物质对人体是否造成危害，要经过长期的动物实验才可能确认。

7.2.2.5 危害食品卫生的主要物质

食品中造成卫生危害的主要物质有以下三大类。

(1) 造成生物危害的物质

① 病原微生物。

a. 消化系统传染病：志贺菌属、霍乱弧菌等。

b. 食物中毒菌：沙门菌、金黄色葡萄球菌、肉毒杆菌、副溶血性弧菌、大肠埃希菌、蜡状芽孢杆菌、鼠疫耶尔森菌、小肠结肠炎耶尔森菌（*Yersinia enterocolitica*）、空肠弯曲杆菌（*Campylobacter jejuni*）。

c. 食品传染菌：李斯特菌（*Listeria monocytogenes*）。

d. 真菌毒素：麦角毒素、黄变米毒素、赤霉病麦毒素、黄曲霉毒素等。

② 腐败微生物。

③ 寄生虫：弓形虫、绦虫、血吸虫、蛲虫、旋毛虫等。

（2）造成化学危害的物质

① 自然发生的化学物质：蘑菇毒素、毒枝菌素、组胺、鱼贝类毒素、毒芹、海洋毒素。

② 人为添加剂：防腐剂、发色剂、甜味剂、漂白剂等。

③ 偶发性化学物质：农药残留、动物用药残留、重金属、生物激素、洗涤剂、杀菌剂和二噁英等化学污染物等。

（3）造成物理危害的物质

① 硬质异物：碎金属、玻璃碎片、砂石等。

② 软质异物：鼠类、昆虫、毛发、线头等。

在食品卫生危害中，食品中毒是最普遍、最主要的危害。而与化学物质和自然有毒物质相比，细菌造成的中毒事故占绝大多数。

可见食品的卫生管理，重点是对微生物污染物的控制。因此，在 HACCP 方式食品卫生管理中，近年预测食品微生物学受到格外关注。所谓预测食品微生物学，就是对某种由食品引起的病原进行研究，找出它的繁殖、生存、死灭与环境条件的定量关系，并用函数式表示。用此公式与过去的数据比较，再通过对实际食品进行接种实验，对此经验公式进一步验证和修正，在此基础上建立合理的预测模型。用这样的模型通过计算机就可以对某种食品制造特定的工艺流程，进行食品卫生及保藏性的预测。

7.2.2.6　食品原料的卫生管理

根据 HACCP 管理方式，在对食品原料的购入、处理和流通过程危害发生的可能性、产生原因进行分析之后，就需要实施以下工作。

（1）管理过程的关键控制点的确立　食品卫生标准往往只规定了最终产品的卫生安全指标，按以往的管理方法，只要做到最终产品微生物或其他指标不超标即可。因此，往往只注意最终的杀菌强度或包装后的杀菌。然而，这样做的问题是：第一，高温长时间杀菌常常是以牺牲产品的营养、风味和其他品质为代价；第二，当原料污染严重，或加工环境卫生条件差时，靠最后一关杀菌很难确保产品合格。HACCP 方式的特点就是将一切安全隐患杜绝于初始状态。可能发生危害的地方就是关键控制点，对食品原料来说这些关键控制点虽因对象而异，但基本上有以下类似之处。

① 原料的栽培、收获、贮运过程可能产生污染或变质的环节。因此对一些需

要高质量确保品质的原料，要与农户直接签订质量合同，提出施化肥与农药的指导性要求。

② 明确原料供货各环节。要对供货、流通中可能造成危害的点进行充分估计，例如，果实的采摘时间、预冷温度、时间、贮藏库温度、运输中保管处置等。

③ 收货时检查验收各环节，严格按标准实施。

(2) 确定管理指标监测方法　对以上确定的可能产生危害的关键点，建立管理评价标准，并进行有效监控。例如，对某些水果规定收获前的农药使用要求，采摘时间、预冷温度和时间、贮藏库保管温度等；不仅要有要求，还要有检测报警系统和记录。

(3) 健全卫生管理系统　按照 HACCP 方式 7 原则，对食品原料卫生管理除了要确立危害关键点，确定管理指标和监测方法外，还要有效地对这些环节进行落实。即不但及时发现问题，还要不断地解决问题。健全卫生管理系统包括以下两方面内容。

① 建立管理机构：机构人员必须掌握较多的卫生管理知识，熟悉食品卫生法规和食品科学相关知识，以及具有高度职业责任心。机构的职责要明确，责任要落实。HACCP 不只是刻板地查验和监视，还需要主动、及时地解决各种可能偶发的问题，并不断总结经验，完善管理。因此，管理人员的素质是管理好坏的关键。

② 建立严格周密的管理制度：管理制度不仅对执行各项检查、处置有明确规定，还要求对以往的各种资料记录、数据进行分析整理和保存。尤其是对万一出现的中毒危害事件，也要有一套应急措施。

7.3　食品原料的利用与开发

7.3.1　食品原料的选择与利用

随着我国食品工业的发展，对食品原料的认识与要求也在发生着变化。在过去以家庭烹饪为主的时代，对食品原料的选择比较简单，主要考虑的是可食性和经济性，即是否卫生、新鲜，价钱与分量是否物有所值。然而，现代食品结构发生了变化，工业食品不断增加，因此，对食品原料的要求更严格。

(1) 家庭烹饪用食品原料　家庭烹饪用食品原料，即所谓"菜篮子"。这类原料一般都是在菜市场、食品店、超市食品柜或农贸市场交易。往往是通过居民或采购者的感官观察来挑选的。这类挑选有直观、简单和在价钱上比较灵活的优点，但对有些食品，其内在品质常常难以准确判断，例如，是否受到污染、微生物是否超标、是否掺假等。因此，建立食品原料的品质保证体系和标准化、规格化流通体系越来越迫切。这类食品原料也称为生鲜消费用原料。

随着今后烹饪由经验向科学的转变，挑选原料就需要有物理、化学和生物学方面的基础知识，以及原料学的知识，例如，什么样的原料，如何搭配和烹调才能最大限度发挥它的美味、营养效果等。"菜篮子"的食品近年也发生了许多变化，例如，许多冷冻食品、半加工品，甚至方便食品，也逐渐代替过去的生鲜食品，这些都对食品原料提出了更高要求。

（2）快餐店、连锁饮食店　与普通饭馆不同，这类饭馆为了方便、快捷、卫生，一般菜种类并不多，但每一道菜要求服务规范、标准。这类饮食店对原料要求因此也十分严格。生鲜原料都要求有专门的生产基地，而且对品种和种植（养殖）方法都有一定要求。有些原料采取加工中心大量生产，然后及时分发到各餐饮店作最后烹调处理。这种食品原料，既有生鲜食用原料，也有一些是加工品。除了常见的肯德基、麦当劳等连锁店外，近来，利用冷冻面团法制作面包的一些面包店、连锁面食馆有迅速发展的趋势。这类餐馆运营的关键就是对原料的严格要求和规范化、标准化服务。

（3）食品工业用原料　随着现代人们生活方式的改变，各种食品，尤其是餐桌食品，都将越来越趋向于工业化制作。工业化生产与手工业生产所不同的是对原料要求比较严格。在发达国家，食品工业用原料农产品一般都需要培育专用品种，采用特殊的栽培方法，不仅要求原料品质指标均匀统一，而且往往还要求成熟度也一致。对这类原料，不仅制定了较严的品质标准，而且还开发了相应的测定仪器。例如，小麦粉质仪、芦笋纤维计、果实测定计等。近年，近红外测定、振动测定、核磁共振等先进的无损伤测定方法，也大量引入食品原料的品质测定中。

7.3.2　食品消费合理化

当人们处在食品匮乏的饥饿时代，往往对食物重在量的要求，"尽量多吃"，"多吃身体好"，成了一般人的饮食观念。然而，随着社会进步，食物丰富，饱食、过食对人体引起的危害已被越来越多的人认识。营养学研究表明，合理饮食，科学搭配各种食物的摄取是饮食健康的基本要求。过去我国的许多传统食品，往往注意到美味可口等嗜好性要求，其结果也是刺激食欲，易使食用者过饱，不仅损害健康，也等于浪费了一部分食物。从营养学角度了解各种食品原料的成分、作用，就能在食品的烹饪和加工中尽可能科学地配料，合理地消费，保护健康，节约资源。这对我国这样人多地相对少的国家具有非常重要的现实意义。

7.3.3　食品原料生产合理化

食品原料几乎都是来自农、林、牧、渔等生物产品。随着农业产业化发展，这些产品的集约化生产、批量贮运、大规模加工有扩大的趋势。因此，合理组织食品原料生产，最大限度提高生产效率，降低生产成本，减少损耗，防止污染是原料加工的发展方向。为此，一些先进国家建立了两种形式的加工系统。

(1) 食品原料加工基地　在一些原料主要产区附近的交通枢纽地区，建立食品原料生产企业集群。例如，在粮油作物产地的交通方便之处，可建立碾米厂、面粉厂、制油厂、面包厂、植物蛋白厂、饲料厂等关联企业。粮油原料在不同阶段的加工中，可得到不同的产品、副产品和废弃物，而这些副产品、废弃物又可成为其他产品的原料。例如，碾米厂的副产品米糠，可以提取米糠油；玉米加工成淀粉的同时，从副产品胚芽中也可榨油或得到其他化工产品。它们剩下的废料还可以加工成饲料。这样的联合加工企业群生产系统，不仅节约流通经费，减少公共设施投资，还可以形成加工和综合利用一条龙，最大限度利用资源，减少污染。

(2) 生鲜食品原料集散中心　为了减少中间流通环节，加强市场调节功能，在大城市周围建立原料集散中心，具有非常重要的作用。例如，北京市区和城郊交界地区，近年也建立了以食品原料为中心的农贸批发市场。在一些发达国家，这样的集散中心已经相当成熟，发挥着以下几方面作用：①调节供需，平抑物价；②形成市场价格，调节生产；③集散中心可以装备先进的原料分选、分级、包装系统，保证流通合理化、规格化；④设置大型完备的仓储设施，包括低温保鲜库，不仅可保证原料的品质，减少损耗，而且也成为某些生鲜食品流通冷链的重要一环。

7.3.4　食品资源的开发

无论从世界的食品供求，还是我国食品的供求来看，由于愈来愈大的人口增加压力，食品短缺的情况成为一个普遍关注问题。为此，除了需要增加传统的粮食生产外，开发新的食品资源也成为食品产业的重要课题。

7.3.4.1　提高产量的同时更要重视质量提高

以籼型杂交水稻为代表的我国粮食生产量近十年来有了很大提高。"超级稻""超高产小麦"等良种对我国食物生产量的迅速提高有重要意义。但必须看到，许多高产品种作为食品原料，品质却不尽如人意。销售难、价格低不仅给生产者造成损失，不受市场欢迎，也造成食品资源大量浪费。因此，提高质量，保证食品规格化生产是开发食品资源的重要途径。

7.3.4.2　扩大可利用食品资源的生产

① 发展秸秆养畜，增加食物转化率：随着我国人民生活水平提高，对优质蛋白质的需求不断提高，但按目前一般饲育畜禽的方法，人体要从食物中得到相同的热量，食用畜禽产品消耗的饲料谷物，比人们直接从谷物摄取营养要高出许多倍（牛肉8倍、猪肉4倍、鸡肉2倍）。因此，在畜禽育种和饲养时要注意节粮和充分利用人类不能食用的秸秆资源和其他植物资源。从防止地球变暖角度，畜牧业引起的甲烷排放问题开始引起关注。

② 发展食用菌和微生物食品：除了蘑菇等食用菌可为人们从植物废渣中转换营养丰富的食品外，以螺旋藻为代表的菌藻类和酵母也可为人类提供大量新的食物

资源。日本 1986 年成功研制出用微生物生产富含 γ-亚麻酸的微生物油脂（食品新素材的开发）。当然，对这些新的食物资源不仅要求营养丰富，还需要解决其浓缩、提纯、食用形态、风味、适口性等问题。

③ 发现和开发新的植物性食品资源：对新食物资源的寻求和开发一直是人类文明发展的重要内容，自从哥伦布发现新大陆后，许多新的植物逐渐成了欧亚大陆的重要食物，如：甘薯、番茄、玉米、咖啡等。这一探索和寻求至今还在继续。近年引起人们关注的有籽粒苋、沙蒿籽、沙棘果等。在寻求新的食物资源时，一般首先要分析其开发价值。判断其价值主要考虑以下几方面要求。

a. 安全性（可食性）：许多未利用资源未必我们的先人没有尝试过，有相当多的资源对身体有害，没有成为食品。因此，在开发新食物资源时，一定要作毒理鉴定、有害性分析。值得注意的是，目前有人提倡发展所谓"昆虫食品"，只是测定了蛋白质等营养素含量，便下结论，是不慎重的。事实上有的已经对食用者安全造成危害。

b. 合理性：合理性包括营养价值评价和经济评价。已有的食物资源大多是人类经数万年驯化、培育的生物种群，一般具有可食部分多、营养好、产量大、生产成本低等优点，而那些未经驯化的未知资源一般都在以上各方面差一些。要使这些资源成为有价值的食品，一要看它们是否具有特别的营养价值，二要看是否有可经济生产的条件。目前人们开发的新资源多是发现了它们含有某种丰富的生理活性物质，或某种可改良加工工艺的食品添加成分，这就使它们具有开发价值。开发食物新资源时也要避免一味追求珍奇、稀少的商业投机行为，防止造成环境污染和资源的浪费或破坏。

c. 嗜好性：食品受不受欢迎，其风味、口感十分重要，要给人以美的享受。新食品如果缺乏赏心悦目、美味可口的食用价值，则难有开发价值。把蝎子、蛹、苍蝇作为食物，尽管有人提倡，但终难为消费者普遍接受。感官对食物的判断取舍，也是人类几十万年对自然食物链选择的结果，使人感到香、甜、鲜美的食物一般都是符合人体营养摄取需要的东西，而那些臭、苦、腥、涩的滋味则是危险信号。

④ 海洋资源与水产资源的开发：海洋中除常见的鱼、贝、虾、蟹外，还存在着许多其他丰富的食物资源，如藻类、南极磷虾、深海鱼类等。南极磷虾虽蛋白质含量不太高，但含有较多磷脂和高度不饱和脂肪酸，尤其是维生素 A、维生素 E 含量丰富，可获量在 2500 万～5000 万 t。对于这一资源的开发，距离遥远是一大困难。深海鱼的缺点是水分多、肉质脆弱、风味差、蛋白变性快、胶原蛋白比例高，以往不受重视，但近年人们发现深海鱼中含 EPA（二十碳五烯酸）、DHA（二十二碳六烯酸）等 w-3 型脂肪酸较多，引起广泛关注。另外海洋生物中，包括藻类在内，有些含有丰富的生理功能成分，是所谓"功能性食品"的可贵原料。

无论是海洋资源还是淡水资源，单靠捕获采取都难以可持续发展。开展水产养殖，提高产出效率，保护自然资源，提高水产质量，将是水产资源开发的方向。

7.3.4.3 提高食品的利用价值

① 利用生物工程技术提高食品中有用成分含量：随着生活水平的提高，人们对从食品中获得基本营养素和摄取能量已得到基本满足，但出于对健康的关心，食物中价值较高的成分（对于加工原料来说，指主产品的构成成分，例如，豆腐用大豆的蛋白成分、榨油用大豆的油脂成分）或一些具有特殊功能的生理活性物质成分，有着较大市场开发前途。利用杂交、转基因、细胞融合等生物工程技术开发未来食品是提高食物质量的重要课题。日本在 1990 年通过细胞融合技术使柑橘与枳的遗传基因组成新植物。一些科学家还在利用转基因技术使牛奶或羊奶能够生产含胰岛素（insulin）或干扰素（interferon）的乳品。

② 食品原料的综合开发利用：从食品原料加工某种食品时，往往会有相当数量的副产物产生，这些副产物如果不加以利用，就会成为废渣、废液，不仅污染环境，加重废弃物处理负担，而且还影响原料的利用效率。尤其是随着食品加工向工业化、规模化转变，废弃物的处理问题日趋严重。例如，大型肉制品厂每天会产生大量畜血、皮毛、骨头、内脏等废料；豆制品厂会产生许多豆渣、黄浆废水等。如果将这些副产品加以综合开发和利用，不仅可做到所谓"零排放、无污染生产"，还可以得到经济价值高的副产品，提高企业效益。例如，利用豆制品厂的副产物可以生产大豆低聚糖、大豆异黄酮等；玉米不仅可以生产淀粉，而且对淀粉深加工还可得到附加价值更高的各种功能化淀粉，甚至玉米芯也可加工成木糖醇、低聚木糖等高附加值食品添加剂。

另外，利用食物原料生产包括燃料、塑料在内的工业品，即所谓清洁能源、可再生能源、无公害工业材料也成为近来研究的热点。和其他食品原料的综合开发利用一样，解决成本和效益问题是开发的关键，要解决这些问题往往需要多学科高新技术的支持。

第 8 章

食品研发试验设计与分析

8.1 食品研发试验设计概述

8.1.1 食品研发试验设计的意义和任务

试验设计（experimental design）也称为实验设计，是数理统计学的一个分支，是进行科学研究的重要工具。由于它与生产实践和科学研究紧密结合，在理论和方法上不断地丰富和发展，因而广泛地应用于各个领域。试验设计，广义理解是指试验研究课题设计，也就是整个试验计划的拟定。主要包括课题的名称、试验目的、研究依据、内容及预期达到的效果，试验方案，试验单位的选取、重复数的确定、试验单位的分组，试验的记录项目和要求，试验结果的分析方法，经济效益或社会效益估计，已具备的条件，需要购置的仪器设备，参加研究人员的分工，试验时间、地点、进度安排和经费预算，成果鉴定，学术论文撰写等内容。而狭义的理解是指试验单位（如动物实验的畜、禽）的选取、重复数目的确定及试验单位的分组。食品研发试验设计是在某种食品试验项目中，根据数理统计学原理，结合专业知识制定出合理的食品加工处理试验方案，在规定的条件下，按照试验设计方案实施并不断完善，以达到改善产品质量、获得新产品新工艺等目的。

食品研发试验设计的任务是在试验前，根据产品开发的需要，以统计理论为基础，结合专业知识和实践经验，经济、科学、合理地安排试验，有效控制试验误差干扰，力求用较少的人力、物力、财力和时间获得丰富、可靠的数据，科学分析获得的信息，从而得到目标产品质量的配方、工艺等。食品试验设计不仅考虑食品的安全性，也关注食品的品质，拓展食品的口感，对提高消费者的满意度也大有裨益。

8.1.2 食品研发试验设计中的基本概念

8.1.2.1 试验指标（experimental index）

指根据实验目的而选定，用来衡量或考核试验效果好坏的质量标准。试验指标可以分为定量和定性两类。定量指标能用数量表示，食品的理化指标或由理化指标计算得到的特征值多为定量指标。例如，氨基酸态氮是酱油中的重要组成成分，由制造酱油的原料中的蛋白质水解产生，常作为酱油产品优化或开发的考察指标。定性指标是不能用数量表示的指标，一般多指食品感官指标，也是食品研发中最常用的衡量指标，如产品的色泽、形状、口感等。一般为了便于试验结果的分析，定性指标可按相关的标准打分或模糊数学处理进行数量化，将定性指标定量化，如：感官指标用不同范围分数来代替优、良、中、差等。根据研究目的的不同，试验可以设置一个试验指标，称为单指标试验；也可以设置两个或以上的试验指标，称为多指标试验。

8.1.2.2　试验因素（experimental factor）

也称试验因子，指对试验指标有影响，在实验中必须考察的因素，常用 A、B、C 表示。例如，酱油的质量与原料种类、曲种、制曲工艺、发酵时间、发酵温度、发酵方式等多方面试验条件有关，如果研究曲种、发酵时间、发酵温度对酱油的影响，则这三个因素就是试验因素，而其他的因素（原料种类、制曲工艺、发酵方式等）称为条件因素，也叫试验条件，在整个试验过程中应保持一致。根据因素的个数可分为单因素试验和多因素试验。单因素试验是一个试验中只考察单个试验因素，其设计简单，效应明确，是最常用的试验设计方法。多因素试验是一个试验中同时考察两个或两个以上的试验因素，优点是能同时考察多个因素对试验指标的影响，效率较高，但各因子之间可能会相互影响，效应不明确，因而试验因素不能设计太多。

8.1.2.3　试验水平（experimental level）

指一个试验因素在实验过程中的不同状态。一般用试验因素大写字母加下标数字（1、2、3、……）表示，如 A_1、A_2、A_3、……试验因子在试验中至少有两个试验水平，试验水平也是针对一个试验因素。试验不同水平间的差异可以是量的差异（如温度、时间等），也可以是质的差异（如品种）。

8.1.2.4　试验处理（experimental treatment）

是事先设计好的实施在试验单位上的一种具体措施（组合）。在单因素实验中，一个水平就是一个处理。

8.1.2.5　试验效应（experimental effect）

指试验因素对试验指标所起的增进或减少的作用。例如，酱油的发酵时间对酱油出产量的影响，若延长发酵时间可使酱油产量增加的效应就是试验效应。

8.1.2.6　试验单位（experimental unit）

也叫试验单元，是指在试验中能接受不同处理的独立的试验载体。它是试验中实施试验处理的基本对象。例如，水果保鲜试验中的单个或几个水果。

8.1.2.7　全面试验（overall experiment）

是对所选取的试验因素的所有水平组合全部实施 1 次以上的试验。其优点是获得的试验信息全面，各因素及其不同水平间的交互作用对试验指标的影响剖析较清楚，因此也叫作全面析因实验或全面实施。但当试验因素水平较多时，试验次数会大量增加，在现实中难以实施。例如，3 因素 3 水平需做 $3^3 = 27$ 次试验，若因素水平各增加 1 个，则需做 $4^4 = 256$ 次试验。因此，全面试验只适用于因素和水平数目均不太多的试验。

8.1.2.8 部分实施（fractional enforcement）

也叫部分试验。在实际试验研究中，常采用部分实施方法，即从全部试验处理中选取部分有代表性的处理进行试验，如正交实验设计和均匀设计都是部分实施。部分实施可使试验规模大为缩小。

8.1.3 食品研发试验设计的方法和作用

8.1.3.1 常用的食品研发试验设计方法

试验设计的方法很多，虽然在不同领域应用的方法具有相同的原理，但也存在一些差异。在食品研发试验设计中，常用的方法有：完全随机设计、随机区组设计、正交实验、响应面试验等。

8.1.3.2 食品研发试验设计的作用

试验设计在食品研发中的作用主要体现在以下几个方面：

① 可以分析清楚试验因素对试验指标影响的大小顺序，找出主要因素；

② 可以了解试验因素对试验指标影响的规律性；

③ 可以了解试验因素之间相互影响的情况；

④ 可较快地找出优化的生产条件或工艺条件，确定优化方案；

⑤ 可以正确估计、预测和有效控制、降低实验误差，从而提高实验的精度；

⑥ 通过对实验结果的分析，可以明确寻找更优生产或工艺条件的进一步研究方向。

8.2 食品试验设计的基本要求与原则

8.2.1 食品试验的基本要求

8.2.1.1 试验目的要明确

通过阅读大量资料和广泛的社会调查，确定食品研发的主要方向。试验之前必须清楚希望解决什么问题，为解决问题必须怎么进行试验设计，通过什么方法去研究等，这样试验才能有的放矢。

8.2.1.2 试验结果要可靠

可靠的试验可能解决实际问题，尤其食品的研究关系到人的健康乃至生命，因而一定要真实准确，严禁弄虚作假，更不能胡编乱造。结果的可靠性包括两个方面：一是准确度，表示试验中某一性状的观察值与其相应真值之间的接近程度。二是精确度，表示试验中同一性状重复观察值彼此接近的程度，即误差，误差小则精确度高。精确度反映了随机误差大小的程度，可通过观察值计算极差、标准差、方差以及变异系数的大小判断；但试验的真值无法知道，使得准确度无法衡量；在实际试验中，一般通过精确度衡量准确度，精密的试验更可信，精确度是准确度的基础。

8.2.1.3　要注意试验的效度

试验效度是指试验结果能反映所考察的因素与试验指标之间真实关系的程度，它包括内在效度和外在效度两个方面。内在效度即试验的重演性，相同条件下，再次进行试验，是否能获得相同的结论，若不能，则无推广价值。内在效度高、重演性就好，它可以通过试验设计而得到提高。外在效度是试验结果所能推广的范围，即强调试验的代表性问题，这样推广应用后才能得到与试验一致的结论。试验成果推广范围越广，其代表性就越强。所以在研制开发新产品的时候应具有与时俱进的思想。为了保证试验的效度，必须严格注意试验中的一系列环节，尤其应严格确保试验的正确执行和试验条件的代表性。

8.2.1.4　要认真实施试验研究的全过程

食品试验的过程可总结为设计、试验、检查、处理四个阶段。在试验设计阶段要明确试验的目的性、研究设计的周密性和科学性，即回答为什么要做（必要性）？怎么做（目的）？在何处做（地点）？什么时候做（时间）？谁来做（承担者）？这5个问题。在试验阶段，应注意条件的一致性，确保操作的正确性。在检查阶段，要确保试验的代表性，判断数据的可靠性。在处理阶段，要分析试验结果的可靠性、结论的重演性。

8.2.2　试验设计的基本原则

在试验研究中，为了尽量减少误差，保证试验结果的精确性与准确性，各种试验处理必须在基本均匀一致的条件因素下进行，应尽量控制或消除试验干扰的影响。因此，在试验设计中应遵循重复、随机化和局部控制三个基本原则，也称为费雪（R. A. Fisher）三原则。

8.2.2.1　重复

重复是指试验中每个处理中有两个或两个以上的试验单位。重复有以下两个方面的作用。一是估计试验误差。同一处理在两个以上的试验单位实施后的结果可能表现出一定的差异，这是随机干扰因子引起的试验误差。若每个处理只在一个试验单位处理一次，就观察不到这种差异，因而也就无法估计试验误差。二是降低试验误差，提高试验精确度。试验的误差大小与其重复次数的平方根成反比，一般地，重复次数越多，试验精确度越高，试验误差越小。但试验次数增加过多，将加大实验规模，耗费大量人力、物力，反而增加系统误差出现的可能性，因而试验次数一般以2～6次为宜。

8.2.2.2 随机化

随机化是将各个试验单位完全随机的分配在试验的每个处理中。即每一次重复和每一个处理都有相同的机会出现在任何试验空间中或采用特定试验对象。随机化的作用有两个：①降低或消除系统误差，通过随机化使一些客观因子的影响得到平衡，尤其是与试验单位本身有关的因子；②保证对随机误差的无偏估计。随机化可采用抽签、查随机表、计算器或计算机程序实施等方法进行。

8.2.2.3 局部控制

当非试验因素对试验指标的干扰不能从试验中排除，为降低或矫正它们的影响，提高统计判断可靠性而采取的控制技术措施或方法称为局部控制。例如，当试验环境（或条件、单位）差异较大时，仅根据重复和随机化原则设计不能将试验环境（或条件、单位）差异所引起的变异从试验误差中分离出来，因而试验误差大，降低了精确性。为解决这一问题，可将试验环境（或条件、单位）划分为几个相对一致小环境或小组（单位组或区组），在区组内使非处理因素尽量一致。因为单位之间的差异可在方差分析时从试验误差中分离出来，所以局部控制原则能较好地降低试验误差。

在上述三个原则的基础上，采用相应的统计分析方法，就能够最大程度降低并无偏推断试验误差，无偏推断试验处理的效应，从而对试验处理间的比较得出比较可靠的结论。试验设计三原则的关系和作用如图8-1所示。

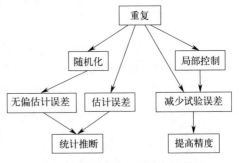

图8-1 试验设计三原则间的关系

8.3 完全随机设计与随机区组设计

8.3.1 完全随机设计

完全随机设计（completely randomized design，CRD）是一种全面试验设计，是根据试验处理数将全部试验单位随机分成若干组，然后再按组实施不同处理的设计。这是一种最简单的实验设计方法。它具有三个方面的含义：一是试验处理试验顺序的随机安排；二是试验单元的随机分组；三是试验单元各组与试验处理的随机结合。最简单的完全随机设计是单因素试验设计。

这种试验设计适用于要考察的试验因素较为简单，各试验单元基本一致，且相互间不存在已知的联系，同时也不存在已知的对试验指标影响较大的干扰因素，即要求试验的环境因素相当均匀一致。如果虽然存在已知的一些干扰因素，但可以通过随机分配试验单元和对试验环境中干扰因素的控制，使干扰因素在各处理中平衡分布，其作用相互抵消，从而保证达到突出试验处理效果的目的的话也可应用这种试验设计方法。一般情况下，设置的处理数不宜太多；若处理数太多，容易造成处理（水平）之间方差的不同质。

例如，为了解麦芽汁浓度对啤酒发酵液中双乙酸生成量的影响，在其余条件一致的情况下，选定麦芽汁浓度（%）为 6（A_1）、8（A_2）、10（A_3）共 3 个水平，每个水平重复 4 次，进行完全随机设计，探究适宜的麦芽汁浓度。若发酵试验所需的发酵液数量较大，而发酵设备仅有一套，试验只能一次进行一个处理，则需进行 $3 \times 4 = 12$ 次试验。这就有了试验顺序问题，完全随机设计在此时指的是试验处理的试验顺序是随机的。可采用抽签法，在便签纸上写上 1，2，……，12，按照抽签顺序安排试验。

完全随机试验的优点主要是设计方法简单，处理数和重复数不受限制，较好体现了重复和随机化两个原则，统计分析简单，应用较广泛。而其缺点主要表现为未遵循局部控制原则，特别是试验条件不均匀时，可能将非试验因素的影响归入误差中，试验误差较大，降低精确度。因此，当试验条件、环境、试验对象差异较大时，可在试验中引入区组，将由试验条件差异产生的系统误差有效剔除，进而正确估计试验误差，得出可靠结论。

8.3.2　随机区组设计

随机区组设计（randomized block design）是一种随机排列的完全区组试验设计。当试验的处理在两个以上时，如果存在某种对试验指标有较大影响的干扰因素（如试验单元的差别、试验时间、操作人员等），根据局部控制的原则，可将试验单元先按照重复数划分为非处理条件相对一致的若干单元（区组，block），不同组之间在干扰因素方面有差别。随机区组设计中，区组内供试单元数等于处理数时称为完全随机区组设计（randomized complete block design，RCBD）。随机区组设计的应用范围较广，既可用于单因素试验，也可用于多因素试验。

8.3.2.1　设计方法与数据分析

单因素试验的随机区组设计是根据局部控制的原理，将试验的所有供试单元先按重复划分成非处理条件相对一致的若干单元组（区组），每一组的供试单元数与试验的处理数相等。然后分别在各区组内，用随机的方法将各个处理逐个安排于各供试单元中，同一区组内的各处理单元的排列顺序是随机的。随机区组设计在安排多因素试验时，方法与单因素试验设计基本相同，只是事先要将各因素的各水平相互搭配成水平组合，以水平组合为处理，每个供试单元安排一个水平组合。对随机区组设计试验获得的数据资料，常用方差分析来进行统计分析，方差分析又包括线性模型和期望均方。

8.3.2.2 随机区组设计的优缺点

随机区组设计是实际工作中应用非常广泛的试验设计方法，它有如下优点：符合试验设计的三项基本原则，精确度较高；对试验因素数目没有严格限制，单因素和多因素均可，设计方法灵活；试验实施中的试验控制较易进行；试验结果的统计分析简单易行；若试验中，将受破坏的区组去掉后，剩下的资料仍可进行分析，试验的韧性较好。随机区组设计也存在一些缺点：处理数不宜过多，否则区组扩大，局部控制的效率降低，一般试验的处理数不要超过 20 个，最好在 15 个以内；另外，当一个试验中同时存在两个或两个以上的非处理条件的较大差异时，该方法只能控制其中一个条件在区组内相对一致。

8.3.2.3 随机区组设计的注意事项

在应用随机区组设计方法时，以下几点值得注意：

① 在随机区组设计中，一个区组中各试验单元间的非处理条件要尽可能控制一致，而区组与区组之间允许有差异。因此，划分区组时，可以按某个不一致的试验条件（如操作人员、机具设备、生产批次等）来划分，这样就能消除该非处理条件的影响，使试验精度更高。

② 各区组内的随机排列应独立进行，即各区组应分别进行一次随机排列，不能所有区组都采用同一随机顺序。例如，一个三区组的随机区组设计，就应分别进行 3 次随机排列，各区组的随机顺序应不相同，否则试验中易产生系统误差。

③ 关于随机区组设计的区组（重复）数的确定，有人从统计学角度，提出以试验结果的方差分析时误差自由度 df_e 应不小于 12 为标准来确定。因为误差自由度过小，试验的灵敏性较差，F 检验难以检验出处理间差异显著性。设区组数为 r，处理数为 k，则由 $df_e = (k-1)(r-1) \geqslant 12$（对于单因素试验而言），可推出随机区组设计的区组数计算公式为：$r \geqslant [12/(k-1)]+1$。

④ 随机区组设计不是对任何多因素试验都是最佳的设计方法。通常本法主要适用于多个因素都同等重要的试验。如果几个试验因素对试验原材料在用量上有不同需求，或对试验精度要求不同而有主次之分时，则不适宜采用本法，而应改用其他设计方法。

⑤ 随机区组设计的最大功效就是能很好地对试验环境条件和非处理条件进行局部控制，以最大限度地保证同一区组中的不同处理之间的非处理条件相对一致，进而有效降低试验误差。但是，如果某个试验本身规模不大，环境条件及试验条件本身较为均匀一致或易于控制时，用随机区组法进行设计，其功效就不能明显表现出来。也就是说，这时采用完全随机设计与采用随机区组设计在试验精度上不会有太大差别。而从设计方法、试验操作以区分试验结果的统计分析上比较，前者比后者更为简单一些。所以，这种情况下最好是用完全随机设计方法来安排试验，而不宜用随机区组设计法。

8.4 正交试验设计

8.4.1 正交试验设计概述

正交试验设计（orthogonal experimental design）是研究多因素多水平的一种试验设计方法。根据正交性从全面试验中挑选出部分有代表性的点进行试验，这些有代表性的点具备均匀分散、齐整可比的特点。通过对这部分试验结果的分析了解全面试验的情况，找出最优的水平组合。正交试验设计是分式析因设计的主要方法。

正交试验设计的基本原理是在试验安排中，每个因素在研究的范围内选几个水平，就好比在选优区内打上网格，如果网上的每个点都做试验，就是全面试验。例如，一个3因素3水平试验设计中，3个因素的选优区可以用一个立方体表示（图8-2），3个因素各取3个水平，把立方体划分成27个网格点，若27个网格点都试验就是全面试验。3因素3水平的全面试验水平组合数为 $3^3 = 27$，4因素3水平的全面试验水平组合数为 $3^4 = 81$，5因素3水平的全面试验水平组合数为 $3^5 = 243$，这在实际的试验工作中是有可能做不到的，而正交试验

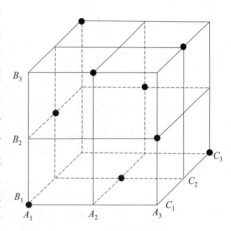

图 8-2　3 因素 3 水平试验点的分布

就是从选优区全面试验点（水平组合）中挑选出有代表性的部分试验点来进行试验。例如，根据正交表 $L_9(3^4)$ 从27个试验点挑选出来的9个试验点：$A_1B_1C_1$；$A_2B_1C_2$；$A_3B_1C_3$；$A_1B_2C_2$；$A_2B_2C_3$；$A_3B_2C_1$；$A_1B_3C_3$；$A_2B_3C_1$；$A_3B_3C_2$。

当试验涉及的因素在3个或3个以上，而且因素间可能有交互作用时，试验工作量就会变得很大，甚至难以实施。针对这个困扰，正交试验设计无疑是一种更好的选择。正交试验特有的属性，是拟定偏少的测定次数，寻找出最佳情形下的组合，从而判别多重因素的侧重价值、互通作用的情形。正交试验规避了盲目，也节省了金额。采纳偏少情形下的试验次数，得来最优参数，拟定适宜特性的产出方案。正交架构下的这种测定，带有均衡分散这一特性及综合框架以内的可比性。便捷精准的测定，在应用范畴内，凸显了明晰的优越价值。

8.4.2　正交表

正交试验设计的主要工具是正交表，试验者可根据试验的因素数、因素的水平数以及是否具有交互作用等需求查找相应的正交表，再依托正交表的正交性从全面试验中挑选出部分有代表性的点进行试验，可以实现以最少的试验次数达到与大量全面试验等效的结果。正交表记号为 $L_a(b^c)$，其中 L 代表正交表，即 latin；a 表示试验次数，即行数；b 表示因素的水平数；c 表示因素的个数，即列数。

正交表的类型包括标准表和非标准表两类。标准表的水平数都相等，且水平数只能取素数或素数幂，如 $L_4(2^3)$、$L_8(2^7)$、$L_9(3^4)$、$L_{27}(3^{13})$、$L_{16}(4^5)$、$L_{64}(4^{21})$ 等。非标准表是为缩小标准表试验号的间隔而产生的，它虽然是等水平表，但不能考察因素的互作效应，常见的非标准表有：$L_{12}(2^{11})$、$L_{20}(2^{19})$、$L_{24}(2^{23})$、$L_{18}(3^7)$、$L_{32}(4^9)$ 等。

正交表具有以下 3 个基本性质。

(1) 正交性　是均匀分布的数学思想在正交表中的实际体现。主要内容为：任一列中各水平都出现，且出现的次数相等。任意两列之间各种不同水平的所有可能组全都出现，且出现的次数相等。

(2) 代表性　有时也称均衡分散性。一方面，任一列的各水平都出现，使得部分试验中包括了所有因素的所有水平；任两列的所有水平组合都出现，使任意两因素间的试验组合为全面试验。这样，虽然正交表安排的是部分试验，却能够了解全面试验的情况。

另一方面，由于正交表的正交性，正交试验的试验点必然均衡地分布在全面试验点中，具有很强的代表性。因此，部分试验寻找的最优条件与全面试验所找的最优条件，应有一致的趋势，这就为寻找最优水平组合提供了依据。

(3) 综合可比性　由于在正交表的正交性中，任一列的各水平出现的次数相等，任两列间所有水平组合出现次数相等。这就保证了在每列因素各水平的效果中，最大限度地排除了其他因素的干扰，从而可以综合比较该因素不同水平对试验指标的影响情况。

正交表的 3 个基本性质中，正交性是核心和基础，代表性和综合可比性是正交性的必然结果。根据以上特性，我们用正交表安排的试验，具有均衡分散和整齐可比的特点。

8.4.3　正交试验设计的基本步骤

正交试验设计由方案设计和结果分析两部分组成，可分为以下 6 个基本步骤。

8.4.3.1　明确试验目的，确定试验指标

试验前，应先确定正交试验所要解决的问题，即试验目的，然后针对问题确定相应的试验指标。试验指标一经确定，就应当把衡量和评定指标的原则、标准以及

测试方法、仪器等确定下来。

8.4.3.2 选择试验因素，确定试验水平

试验指标确定后，根据相关知识和资料、已有的研究结论和经验等，从影响试验指标的诸多因素中筛选出需要考察的试验因素。一般来说，优先考虑选择对试验指标影响大、有较大经济意义而又了解不够清楚或尚未考察过的因素。试验因素选定后，根据所掌握的信息资料和相关知识，确定每个因素的水平，一般以 2~4 个水平为宜。

8.4.3.3 选择合适的正交表

根据因素、水平和需要考察的交互作用的数量来选择合适的正交表。正交表的选择原则是在能够安排下试验因素和交互作用的前提下，尽可能选用较小的正交表，以减少试验次数。一般要求，试验因素的水平数应等于正交表中的水平数（括号内的底数）；因素数不大于正交表列数；各因素的自由度之和要小于所选正交表的总自由度，以便估计试验误差。若各因素及交互作用的自由度之和等于所选正交表总自由度，则可采用有重复的正交试验来估计试验误差。但是如果要求精度高，并且实验要求允许，可以选择较大的表。若各实验因素的水平不相等，一般应选用相应的混合水平正交表。若考察实验因素间的交互作用，应根据交互作用因素的多少和交互作用安排原则选用正交表。

8.4.3.4 表头设计

所谓表头设计，就是把试验因素和要考察的交互作用分别安排到正交表的各列中去的过程。在不考察交互作用时，各因素可随机安排在各列上；若考察交互作用，就应按所选正交表的交互作用列表安排各因素与交互作用，以防止设计"混杂"。所谓混杂，就是在正交表的同一列中，安排了两个或两个以上的因素或交互作用。避免混杂是表头设计的一个重要原则，也是表头设计选优的一个重要条件。因此，在考察交互作用时，那些主要因素、重点考察因素、涉及交互作用较多的因素应优先安排，而另一些次要因素、涉及交互作用较少的因素和不涉及交互作用的因素可放在后面安排。

8.4.3.5 确定试验方案，实施试验并记录结果

一般来说，所有的处理试验应同时进行，若条件只允许一次完成一个试验，为排除外界干扰，应使用处理序号随机化，即采用抽签或查随机数字表的方法确定试验处理的顺序。

8.4.3.6 正交试验结果分析

采用正交表设计的试验都可以使用正交表分析试验的结果，主要包括直观分析和方法分析两种方法。需要注意的是，是否考察交互作用在两种分析方法中的分析程序稍有不同。

下面我们以发酵香肠工艺试验为例，对上述步骤具体说明。本试验的目的是为获取发酵香肠的最佳工艺条件，可用感官评分为试验指标，按相关的标准打分的方法来量化

指标。影响发酵香肠感官评分的因素有发酵温度、菌种接种量、发酵时间 3 个因素,分别用 A、B、C 表示,并且每个因素都取 4 水平,选择 $L_{16}(4^5)$ 作为正交表,列出本试验的因素水平表(表 8-1)。不考虑交互作用时的表头设计如表 8-2 所示。在表头设计的基础上,将所选正交表中各列的不同数字换成对应因素的相应水平,便形成了试验方案(表 8-3),按照方案进行试验并记录结果后即可进行结果分析。

表 8-1 正交表 $L_{16}(4^5)$

试验号	A	B	C
	发酵温度/℃	接种量/%	发酵时间/h
1	15	5	12
2	20	7	18
3	25	9	24
4	30	11	30

表 8-2 发酵香肠 $L_9(3^4)$ 正交试验的表头设计

列号	1	2	3	4	5
因素	A	B	C	空列	空列

表 8-3 正交表 $L_{16}(4^5)$

试验号	因素				
	A 发酵温度/℃	B 接种量/%	C 发酵时间/h	空列	空列
1	1(5)	1(15)	1(12)	1	1
2	1(5)	2(20)	2(18)	2	2
3	1(5)	3(25)	3(24)	3	3
4	1(5)	4(30)	4(30)	4	4
5	2(7)	1(15)	2(18)	3	4
6	2(7)	2(20)	1(12)	4	3
7	2(7)	3(25)	4(30)	1	2
8	2(7)	4(30)	3(24)	2	1
9	3(9)	1(15)	3(24)	4	2
10	3(9)	2(20)	4(30)	3	1
11	3(9)	3(25)	1(12)	2	4
12	3(9)	4(30)	2(18)	1	3
13	4(11)	1(15)	4(30)	2	3
14	4(11)	2(20)	3(24)	1	4
15	4(11)	3(25)	2(18)	4	1
16	4(11)	4(30)	1(12)	3	2

8.4.4 正交设计试验结果的统计分析

8.4.4.1 直观分析法

直观分析法又称极差分析法（R 法），是通过对每一因素的平均极差来分析问题。所谓极差就是平均效果中最大值和最小值的差。有了极差，就可以找到影响指标的主要因素，并可以帮助我们找到最佳因素水平组合。此法计算简便而且直观，简单易懂，是正交试验结果分析最常用的方法。不考察交互作用的极差分析基本程序与方法如下。

（1）计算各因素列的极差值 计算各列的 K_{ij} 值，K_{ij} 指第 j 列中第 i 水平试验指标值之和，然后计算各列同一水平的平均值 $\overline{K}_{ij}$。计算各因素列的极差 R_j。R_j 表示该因素在其取值范围内试验指标变化的幅度。

$$R_j = \max \overline{K}_{ij} - \min \overline{K}_{ij}$$

（2）确定因素的主次顺序 比较极差（R_j 值）的大小，确定各因素对试验指标影响的主次。R_j 值越大，表示该因素的水平变化对试验指标的影响越大，因此在本实验中这个因素就越重要；反之，R_j 值越小，这个因素就越不重要。

（3）绘制因素与指标趋势图 以各因素水平为横坐标，试验指标的平均值（$\overline{K}_{ij}$）为纵坐标，绘制因素与指标趋势图。由因素与指标趋势图可以更直观地看出试验指标随着因素水平的变化而变化的趋势，可为进一步试验指明方向。

（4）确定试验因素的优水平和最优水平组合 根据各主因素各水平的平均值确定优水平，进而选出优组合。

在设计正交表时，可能出现表中有空列的情况，在极差分析时，空列极差（R_e）可以用来确定误差界限，并以此判断各因素的可靠性。各因素是否真正对试验有影响，须将 R_j 值与 R_e 值相比较。因为在有空列的正交试验中，空列的 R_e 值代表了试验误差（当然其中包括了一些交互作用的影响），所以各因素指标的 R_j 值只有大于 R_e 值才能表示其因素的水平效应差异的存在，故空列的 R_e 值在这里可作为判断各试验因素的效应是否可靠的界限。

以 8.4.3 中的发酵香肠工艺试验为例，在不考虑交互作用的情况下，我们采用直观分析法得到的结果如下：将实验结果按照极差分析的方法计算平均值和极差值，结果见表 8-4。根据 R_j 值，A、B、C 影响的主次为：$A>B>C$，R_j 值大于空列 R_e 值，说明 A、B、C 各因素水平效应的差异是存在的。根据平均值，确定的最优组合水平为 $A_3B_2C_2$。

考察交互作用的极差分析与不考察交互作用的相比，需要注意应把每个互作当作一个因素看待，并根据互作的效应，选出最优水平组合。考察交互作用的极差分析基本程序与方法如下：

表 8-4 发酵香肠工艺的试验结果

试验号	因素					感官评分
	A 发酵温度/℃	B 接种量/%	C 发酵时间/h	空列	空列	
1	1(5)	1(15)	1(12)	1	1	81
2	1(5)	2(20)	2(18)	2	2	84
3	1(5)	3(25)	3(24)	3	3	78
4	1(5)	4(30)	4(30)	4	4	75
5	2(7)	1(15)	2(18)	3	4	80
6	2(7)	2(20)	1(12)	4	3	77
7	2(7)	3(25)	4(30)	1	2	74
8	2(7)	4(30)	3(24)	2	1	77
9	3(9)	1(15)	3(24)	4	2	93
10	3(9)	2(20)	4(30)	3	1	89
11	3(9)	3(25)	1(12)	2	4	90
12	3(9)	4(30)	2(18)	1	3	88
13	4(11)	1(15)	4(30)	2	3	85
14	4(11)	2(20)	3(24)	1	4	90
15	4(11)	3(25)	2(18)	4	1	89
16	4(11)	4(30)	1(12)	3	2	80
K_{1j}	315	339	328	333	336	
K_{2j}	308	340	341	336	331	
K_{3j}	360	328	335	324	325	
K_{4j}	344	320	323	334	335	
$\overline{K}_{1j}$	78.75	84.75	82.00	83.25	84.00	
$\overline{K}_{2j}$	77.00	85.00	85.25	84.00	82.75	
$\overline{K}_{3j}$	90.00	82.00	83.75	81.00	81.25	
$\overline{K}_{4j}$	86.00	80.00	80.75	83.50	83.75	
R_j	13.00	5.00	4.50	3.00	2.75	

① 计算 K_{ij} 值和 $\overline{K}_{ij}$ 值,各交互列也同因素列一样计算出来;

② 计算 R_j 值并比较其大小,排除各因素(包括互作)对实验结果影响的主次;

③ 对重要因素(包括互作)进行分析,选出最优水平组合。

8.4.4.2 方差分析

极差分析法虽然计算简便,结果直观易懂,但不能把试验过程中的试验条件的改变（因素水平的改变）所引起的数据波动与试验误差所引起的数据波动区分开来，也无法对因素影响的重要程度给出精确的定量估计，即不能判断所考察因素的作用是否具有显著性。为了弥补这一缺陷，可采用方差分析法。方差分析基本思想是将数据的总变异分解成因素引起的变异和误差引起的变异两部分，构造 F 统计量，作 F 检验即可判断因素作用是否显著。

（1）不考察交互作用的方差分析　可分为无重复试验和有重复试验两种，两者的差别主要在误差平方和、自由度的计算有所不同。我们具体介绍无重复试验的方差分析。

该法要求用正交试验表时，必须留有互作或不排入因素的空列，以作为误差的估计值。其方差分析的基本步骤如下。

① 平方和与自由度的分解

例如一个 3 因素 4 水平的正交试验中，每个因素水平数 $a=b=c$ 均为 4，每个水平重复 $m=4$ 次，总处理次数为 $n=16$ 次。

平方和的分解：

矫正数：$C=\dfrac{(\sum x_i)^2}{n}=\dfrac{T^2}{n}$

总平方和：$\mathrm{SS}_T=\sum x_i^2-C$

A 因素的平方和：$\mathrm{SS}_A=\dfrac{\sum K_{iA}^2}{m}-C$

B 因素的平方和：$\mathrm{SS}_B=\dfrac{\sum K_{iB}^2}{m}-C$

C 因素的平方和：$\mathrm{SS}_C=\dfrac{\sum K_{iC}^2}{m}-C$

误差平方和：$\mathrm{SS}_e=\mathrm{SS}_T-\mathrm{SS}_A-\mathrm{SS}_B-\mathrm{SS}_C$，实际上误差平方和也等于各空列平方和之和，即 $\mathrm{SS}_e=\mathrm{SS}_D-\mathrm{SS}_E$。对空列（$D/E$）的平方和计算相同，$D/E$（空列）平方和：$\mathrm{SS}_D=\dfrac{\sum K_{iD}^2}{m}-C,\mathrm{SS}_E=\dfrac{\sum K_{iE}^2}{m}-C$

自由度的分解：

总自由度：$df_T=n-1$

A 因素：$df_A=a-1$

B 因素：$df_B=b-1$

C 因素：$df_C=c-1$

误差：$df_e=df_T-df_A-df_B-df_C$

② F 检验

（2）考察交互作用的方差分析　在多因素试验中，不仅因素对指标有影响，而且因素之间的联合搭配也对指标产生影响。

因素间的联合搭配对试验指标产生的影响作用称为交互作用。因素之间的交互作用总是存在的，这是客观存在的普遍现象，只不过交互作用的程度、性质不同而已。一般地，当交互作用很小时，就认为因素间不存在交互作用。对于交互作用，设计时应引起高度重视。

在正交试验设计中，交互作用可当作试验因素看待。作为因素，各级交互作用都可以安排在能考察交互作用的正交表的相应列上。它们对试验指标的影响情况都可以分析清楚，而且计算非常简单。但交互作用又与因素不同，表现在：①用于考察交互作用的列不影响试验方案及其实施；②一个交互作用并不一定只占正交表的一列，而是占有 $(m-1)^p$ 列。表头设计时，交互作用所占列数与因素的水平 m 有关，与交互作用级数 p 有关。

2 水平因素的各级交互作用均占 1 列；对于 3 水平因素，一级交互作用占 2 列，二级交互作用占 4 列……可见，m 和 p 越大，交互作用所占列数越多。考察交互作用的方差分析与前面的计算并无本质区别，只是应把互作当作因素处理进行分析；应根据交互作用效应，选择优化组合。

8.5　响应面试验设计

8.5.1　响应面法概述

响应面法，即响应曲面设计方法（response surface methodology，RSM），是利用合理的试验设计方法并通过实验得到一定数据，采用多元二次回归方程来拟合因素与响应值之间的函数关系，通过对回归方程的分析来寻求最优工艺参数，解决多变量问题的一种统计方法。它是由 Box 等提出的一种试验设计方法，是一种综合试验设计和数学建模的优化方法，通过对具有代表性的局部各点进行试验，回归拟合全局范围内因素与结果间的函数关系，并且取得各因素最优水平值。这是一种实验条件寻优的方法，适宜于解决非线性数据处理的相关问题。通过对过程的回归拟合和响应曲面、等高线的绘制，可方便地求出各因素水平相应的响应值。在各因素水平的响应值的基础上，可以找出预测的响应最优值以及相应的实验条件。

与目前广泛使用的正交试验设计法相比较，正交试验不能在指定的整个区域获得试验因素和响应目标之间的明确函数表达式，从而无法获得设计变量的最优组合和响应目标的最优值。而且当试验因素具有较多水平数时，采用正交设计方法仍然需要做大量的试验，实施起来比较困难。响应面法具有试验次数少、试验周期短、精密度高、求得回归方程精度高、预测性能好、能研究几种因素间交互作用等优点。目前，响应面分析已在食品、制药、化工、机械工程等众多领域得到广泛应用。

8.5.2 响应面法的原理及特点

响应面法通过对指定设计空间内的样本点的集合进行有限的试验设计，拟合出输出变量（系统响应）的全局逼近来代替真实响应面。在优化设计中，应用响应面法不仅可以得到响应目标与设计变量之间的变化关系，而且可以得到优化方案，即设计变量的最优组合，使目标函数达到最优。

构建响应面近似模型之前应该明确设计变量与分析目标之间的关系，选择合适的函数形式描述当前设计变量与分析目标之间的关系。目前，构造响应面的方法主要有多项式、指数函数和对数函数拟合，以及神经网络等近似方法。根据 Weierstress 多项式最佳逼近定理，许多类型的函数都可以用多项式去逼近，多项式近似模型可以处理相当广泛的非线性问题，因此在实际应用中，不论设计变量和目标函数的关系如何，总可以采用多项式近似模型进行分析。

一般来说，系统响应的观察值 y 与设计变量 x 的关系可以表述为：$y = \hat{y} + \varepsilon$。其中，$\hat{y} = f(x_1, x_2, \cdots, x_i)$ 是自变量 $x_1, x_2, \cdots, x_i$ 的函数，ε 是误差项，包含随机误差、建模误差和系统误差。在响应面分析中，首先要得到回归方程，然后通过对自变量 $x_1, x_2, \cdots, x_i$ 的合理取值，求得使 $\hat{y} = f(x_1, x_2, \cdots, x_i)$ 最优的值，这就是响应面设计试验的目的。如果采用多项式响应面来近似表示系统输入与响应目标两者之间的关系则有：$\hat{y} = \beta_0 + \sum_{i=1}^{k} \beta_i \varphi_i(x)$，$\varphi_i(x)$ 是基函数，β_i 是基函数系数，k 为基函数 $\varphi_i(x)$ 的个数。在实际应用中，常在设计变量的某个范围内采用低阶多项式近似模型，如一阶和二阶多项式近似模型，几乎所有的 RSM 问题都可用这两个模型中的一个或两个解决。它们的基函数分别为：

一阶多项式近似模型：$y = \beta_0 + \sum_{i=1}^{k} \beta_i x_i$

二阶多项式近似模型：$y = \beta_0 + \sum_{i=1}^{k} \beta_i x_i + \sum_{i=1}^{k} \beta_{ii} x_i + \sum_{i=1, i<j}^{k} \beta_{ij} x_i x_j$

式中，β 为未知系数；k 为设计变量的数量；y 表示预测响应值；β_0、β_i、β_{ii} 分别是偏移项、线性偏移和二阶偏移系数；β_{ij} 是交互作用系数。

采用响应面法进行优化试验具有以下优点：①在考虑试验随机误差的同时，响应面法将复杂的未知函数关系在小区域内用简单的一次或二次多项式模型来拟合，计算比较简便，是解决实际问题的有效手段；②计算获得的预测模型是连续的，与正交试验相比，可在试验条件寻优过程中连续对试验的各水平进行分析，而正交试验只能对孤立的试验点进行分析。但响应面方法也存在一些不足：①设计的实验点应包括最佳的实验条件是响应面优化法的使用前提；②如果试验点的选取不当，使用响应面优化就不能得到很好的优化结果；③在使用响应面优化法之前，应当确立合理的实验的各因素与水平。

8.5.3 响应面试验设计方法

响应面法是一种常用的实验设计方法，它可以帮助研究者确定影响某一变量的因素，并找到最优的实验条件，其一般步骤如下：

① 确定试验因素及水平；

② 设计实验方案，响应面试验设计的方法有多种，最常用的是中心组合设计（central composite design，CCD）和 Box-Behnken 设计（Box-Behnken design，BBD）；

③ 进行实验，获取数据；

④ 分析数据，建立响应面模型；

⑤ 优化因素的设置水平；

⑥ 验证试验结果。

8.5.3.1 响应面试验因素与水平的选取方法（析因设计）

响应面试验设计中，因素与水平的合理选择对优化结果有重要影响。目前，研究者常用的选取方法有以下几种。

(1) 文献报道 根据已有的文献报道结果，确定试验的各因素与水平。

(2) 单因素试验 这种方法必须首先假定各因素间没有交互作用，在试验中只有一个影响因素或虽有多个影响因素，但在安排试验时只考虑一个对指标影响最大的因素，其他因素尽量保持不变。单因素优选法的实验设计包括均分法、对分法、黄金分割法、分数法等。

(3) 另类筛选因子设计（Plackett-Burman design，PB） 根据文献调研、已有知识和经验，甚至在创新思维上，提出潜在影响因子后，可通过另类筛选因子设计定量比较显著效应，筛选出显著效应的因子。

另类筛选因子设计是两水平的部分试验设计，通过对每个因子取两水平来进行分析（析因分析），通过比较各个因子两水平之间的差异来确定因子的显著性（显著性分析）。通过考察目标响应与独立变量间的关系，对响应与变量显著性的分析，从众多实验变量中筛选出少数（重要）变量进行实验，从而达到在减少实验次数的同时保证优化质量的目的。PB 分析的流程：

① 将实验中可能的所有影响因素都列出；

② 每因素取两个水平，-1、+1，低水平与高水平；

③ 确定响应值；

④ 进行实验设计：用 Design-Expert 软件辅助完成；

⑤ 回归模型方差分析，显著性与相关性检验；

⑥ 关键影响因子的确定，显著性检验。

(4) 爬坡实验 根据 PB 找出显著因子后，"+1"和"-1"的取值可使用爬坡实验确定。最陡爬坡法有两个问题：一是爬坡的方向，二是爬坡的步长。方向根据效应的正负就可以确定：如果某个因素是正效应，那么爬坡时就增加因素的水平；反之，即减少因素水平（倒爬）。根据因素的效应值设定步长：对应效应大的因素，步长应小一些；效应小的因素，步长应大一些。爬坡实验的次数是根据需要确定的，如果四次实验还没有确定最大值，即趋势还是增加，那么就有必要进行第五次、第六次实验，直至确定出爬坡的最大值，即趋势开始下降。

8.5.3.2　中心组合设计（CCD）

中心组合设计也被称为星点设计和 Box-Wilson 法，是由 Box 和 Wilson 开发的、国际上较为常用的响应面试验设计方法，可以通过最少的试验来拟合响应模型，每个因素通常设置 5 个水平。其基本原理为：通过实验建立响应值与因素水平间的函数关系，通过该函数确定获得预期的效应范围时各因素水平的取值范围，实现实验条件的优化。该法能够在有限的试验次数下，对影响结果的因素及其交互作用进行评价，而且还能对各因素进行优化，以获得影响过程的最佳条件。星点设计的本质即为一套适用于响应面优化法的因素水平组合方案。

CCD 为多因素五水平设计，为方便理解，因素数 $k=2$ 和 $k=3$ 时的试验点分布见图 8-3。由图可知，CCD 是在两水平析因设计的立方点基础上加上轴向点和中心点构成的，通常试验表是用代码的形式编排的，以（0，±1，$\pm\alpha$）编码，0 为中心点（即中值），α 为轴向点对应的极值。$\alpha=F^{1/4}$，F 为析因设计部分实验次数；一般地，$F=2^k$ 或 $2^k\times(1/2)$，后者一般 5 因素以上采用，k 为因素数。例如，三因素 CCD，$\alpha=(2^3)^{1/4}=1.682$，但 α 也可取值 1.732，此时为等距设计，是一特例。目前，CCD 常用的因素数 k 为 2～4，与之对应的 α 与 x 见表 8-5。

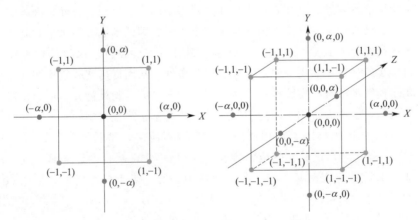

图 8-3　CCD 因素数 $k=2$ 和 $k=3$ 时的试验点分布

表 8-5　CCD 因素数（k）相应的极值（α）与中心点（x）

k	α	x	试验次数
2	1.414	5	13
3	1.682 或 1.732	6	20
4	2	7	31

确定了以水平代码表示的实验方案表后，还需要将水平代码转换为实际因素水平。首先，需要根据预实验来确定因素水平的取值范围，其极大和极小值分别对应 $+\alpha$ 和 $-\alpha$；接着通过任意两个物理量间的差值与相对应代码间的差值成等比的原则，确定水平代码 ±1、0 对应的因素水平。

按拟定的实验方案完成实验后，通过分析软件 Design-Expert 即可建立效应与因素间的函数关系，并绘制效应面。对于单一效应，可以直接读取预期效应范围对应的考察因素水平范围（优化区）。对于多个效应，应取最优区的重叠部分。但当效应数较多时，对某一效应有利的因素水平组合可能对其他效应不利，应当合理地兼顾各个效应。此时可采用归一化法，将各效应值转换为 0~1 之间的常数，并计算总评"归一值"，以该值作为单一效应建立与各因素的函数关系，获得各因素的优化水平范围。

CCD 是使用最为广泛的试验设计，源于其有一些优良性质：①恰当地选择中心组合设计的轴点坐标可以使中心组合可旋转设计在各个方向上提供等精确度的估计；②恰当地选择中心组合设计中心点试验次数可以使中心组合设计是正交的或者是一致精度的设计，然后进一步确定最优点的位置。

8.5.3.3 Box-Behnken 设计

BBD 是响应面优化法常用的一种试验设计方法。是由 Box 和 Behnken 在 1960 年开发的，它可以提供多因素（一般 3~7 个）3 水平的试验设计及分析，采用多元二次方程来拟合因素和响应值之间的函数关系，通过对回归方程的分析来寻求最优工艺参数，解决多变量问题。其核心思想是通过对多个因素进行组合设计，来确定最佳的实验条件。具体来说，它将多个因素分为三个水平，即低水平、中水平和高水平，然后通过不同的组合方式进行实验，最终得出最佳的实验条件。BBD 的优点在于它可以在尽可能少的试验次数内，确定最佳的实验条件，从而提高实验效率和准确性。但它只适用于连续型因素的实验设计，对于离散型因素的实验设计并不适用；它对于非线性关系的因素也不太适用，因为它的设计方法是基于线性模型的。

BBD 的试验次数与因素数相对应，考察因素越多，试验次数就越多，其关系见表 8-6。因素更多，试验次数成倍增长，所以在 BBD 试验设计之前，进行析因设计对减少实验次数是很有必要的。当因素数为 3 时，是十分经济的；因素数大于 5 时，一般不再使用。以三因素为例（三因素用 A、B、C 表示），其设计安排见表 8-7，其中 0 是中心点，+和-分别是相应的高值和低值。

表 8-6　BBD 试验设计的因素数与其对应的试验次数

因素数	中心点数	试验次数
3	5	17
4	5	29
5	6	46

因素数	中心点数	试验次数
6	6	54
7	6	62

表 8-7　三因素 BBD 试验设计

试验号	因素			响应值(y)
	A	B	C	
1	−1	−1	0	
2	1	−1	0	
3	−1	1	0	
4	1	1	0	
5	−1	0	−1	
6	1	0	−1	
7	−1	0	1	
8	1	0	1	
9	0	−1	−1	
10	0	1	−1	
11	0	−1	1	
12	0	1	1	
13	0	0	0	
14	0	0	0	
15	0	0	0	
16	0	0	0	
17	0	0	0	

对实验所得的数据进行分析、统计、回归、拟合、优化等，需借助分析软件。目前常用的有 Minitab、SPSS、SAS、Design-Expert 等设计软件，功能都比较强大，各有自己特点。其中，Design-Expert 由于使用非常容易、操作方便、效果比较直观，是很多人进行 Box-Behnken 试验设计和分析的首选。

8.5.3.4　Design-Expert 软件在响应面试验中的应用

Design-Expert 是目前使用最广的试验设计软件，其使用非常容易。在 Design-Expert 软件中，有一个专门的模块是针对响应面法，包含 BBD、CCD 等方法，其影响因素可达十个。虽然这个模块的功能不如 SAS（统计分析系统）强大，但是其可以很好地进行二次多项式类的曲面分析，一些操作比 SAS 更为方便，其三维作图的效果比 SAS 更为直观。响应面分析的优化结果，可以由软件自动获得，而无需将曲面方程使用 MATLAB（矩阵试验室）之类数学工具进行求解，是非专业人士进行响应面试验设计和分析的首选。

（1）试验设计与数据分析　试验设计时，在 Design-Expert 主界面选择响应面（Response Surface）中的 Central Composite 或 Box-Behnken 进入试验设计界面，选择因素数量和响应数量，同时对相关参数进行设置，软件可自动生成 CCD、BBD 的因素水平设计表，将试验结果填入对应的响应值框内，然后选择 Analysis 按钮进入响应面分析界面，按照试验要求做好相关设置后，选择 ANOVA 按钮显示方差分析结果。在数据处理部分可以得到试验拟合的回归方程，观察方程的显著性、各因素对响应的显著性及因素间交互作用的显著性、模型预测值与试验值的接近程度、实验数据的可信度等。Model Graphs 为响应面的可视化分析，其图形为各因素水平响应值对应的二维平面上的等高线图和三维空间上的响应曲面图，可以直观地反映各因素对响应值的影响。等高线的形状可直观地看出交互效应的大小，椭圆形反映了两因素的交互作用较强，呈圆形则相反，而响应曲线较陡也说明交互作用较强。

（2）优化因素的设置水平　Design-Expert 软件提供了几种优化模块：Numerical、Point Prediction Graphical 和 Confirmation Report。Point Prediction araphical 优化可以获得一组优化条件，并得到预测值进行预测分析结果，获得一组响应值最大的优化条件。Numerical 优化，也叫愿望函数优化，Design-Expert 软件具有数字化优化模块，在进行数字化优化时，我们分别为每个变量和响应值都选择了愿望目标，可供选择的目标是：最大值、最小值、目标值、一定范围，或无目标（只针对响应值）、某个数值（只针对因素）。

8.5.3.5　结果验证

响应面分析得到的优化结果是一个预测结果，需要做实验加以验证。按优化后的因素水平组合进行实验，获取各效应的实测值，并将其与从效应面获取的预测值进行比较。实测值与预测值之间的偏差代表实测值偏离预测值的程度，偏差的绝对值越小，则效应面的预测性能越好，优化也就越成功。如果实测值偏离预测值程度过大，则需要改变响应面方程，或是重新选择合理的实验因素与水平。

第 9 章

食品保质期的确定

9.1 保质期概念及测定方法

食品劣变是与时间相关的不可逆过程，当随着时间的变化，食品的感官产生明显的不可接受改变、各项理化指标也不再符合质量要求时，意味着该种食品达到了不可接受的劣变终点。作为食品劣变的特征性时间之一，食品保质期的确定显得尤为重要。因为，一方面，这是为了保证食品安全；另一方面也是食品生产企业在食品的色、香、味等质量特性上对消费者的承诺。

9.1.1 保质期概念

保质期是指食品在生产后的一段时间内，具备较为理想的既有品质，不容易出现较为严重的变质问题。在 GB 7718—2011《食品安全国家标准 预包装食品标签通则》对保质期的概念明确为：预包装食品拥有最佳食用口味的阶段，由生产者经过科学验证后确定并通过标签、标示等方式提供给消费者。在此期间，食品完全适用于出售，并符合标签上或产品标准中所规定的质量。通过食品保质期，消费者可以了解所购产品的质量状况，生产商可以指定正确的流通途径和销售模式。而食品的保质期不仅只涉及时间这一单一维度，还与食品的储存环境密不可分，应该在具体保存状态下分析食品的保质期。

9.1.2 保质期测定方法

由于食品在配方、工艺、包装等各方面存在较大差异，各类食品有不同的保质期。尽管我国对已有的各大类食品的保质期有具体的规定，但对于新产品的出现以及新工艺、新技术等的应用，生产商需对产品的保质期进行准确测定，以保证产品在流通、销售等环节中质量的稳定，满足消费者对产品安全、新鲜和营养的更高要求。食品保质期的确定与食品劣变有关，食品劣变包括感官质量、营养价值、食品安全、色泽、质构以及风味等的改变。引起食品劣变的常见外源性因素包括食品温度、相对湿度、光照、氧以及污染物的介入；内源性因素包括食品的成分、水分活度、水分含量、微生物和酶的种类及含量水平、渗透压以及 pH 值等。除此之外，食品中酶反应和非酶反应、氧化反应对其也有着重要影响。预测食品的保质期的根本目的是验证产品在流通环节能够满足预期的质量安全标准，保障消费者的合法权益。

确定保质期主要依据成熟的保质期理论和现有的研究成果以及资料，分为一般情况下保质期的确定和特殊情况下保质期的确定。其中一般情况下的保质期确定可通过文献法、参照法和试验法确定。首先对保质期确定的文献法、参照法和试验法进行相关介绍。

9.1.2.1　文献法

文献指的是有历史价值或参考价值的图书资料。随着社会的发展，文献的概念发生了一些变化，除了泛指古籍外，人们把具有历史价值的古迹、古物、模型、碑石和绘画等统称为"历史文献"。无论何种社会活动要想留下永久的痕迹都离不开各种文献。人类活动与认识的无限性和个体生命与认识的有限性的矛盾，决定了我们在研究逝去的事实时必须借助于文献。

文献法是指研究者按照一定的研究目的，通过研究文献活动，全面、正确地了解、掌握所研究的问题，揭示其规律、属性的一种方法。运用文献能够全面正确地掌握所要研究问题的情况、现状，最大限度地利用已有的知识经验和科研成果，帮助研究者选定研究课题和确定研究方向；有利于为科研提供科学的论证依据，提高研究质量；有利于拓展研究思路，提升研究的基础，发展创造性思维，提高研究的创新性，避免研究中的重复。文献法是一种既古老，又富有生命力的科学研究方法。在食品保质期的确定中，文献法是指通过查阅文献资料，寻找有相同变化的相关产品，借鉴其保质期的数据。它是在现有研究成果和文献的基础上，结合食品生产、流通过程中可能遇到的情况确定保质期。

文献法的基本步骤包括：①确定调查主题，编写大纲；②搜集并鉴别有关的文献；③详细阅读有关文献，仔细阅读，边阅读边摘录；④根据大纲将所摘录的材料分项分条加以组织；⑤分析整理材料，形成文献报告。而一般的文献法特指前三个环节。

通过文献法确定食品的保质期，可以较大限度地利用食品资源，避免不必要的资源浪费，但不同的食品有不同的特征，按照这种方法确立的食品保质期可能存在一定的偏差。

9.1.2.2　参照法

客观事物之间相互区别又相互联系，通过对比参照，既可以了解事物之间的相似，又可以具体地了解事物之间的相异，为进一步研究事物之间的关联和区别提供客观依据。参照法则是利用事物之间的联系，参照或采用已有的相同或类似食品的保质期，规定某食品的保质期和贮存环境参数。在研发新产品或对已有产品的配方或工艺改进的过程中，由于时间限制，研发人员不可能对产品的保质期进行实际的测定，特别是那些经处理后不易滋生微生物发生腐败的食品。在这种情况下，研发人员为了较准确地预计产品的保质期，参考有相同化学变化的相关产品，借鉴其保质期数据。

9.1.2.3　试验法

用于食品保质期确定的试验法主要有加速破坏性试验和长期稳定性试验两种试验方法。其中，加速破坏性试验是通过将食品样品置于一个或多个温度、湿度、气压和光照等外界因素高于正常水平的环境中，促使样品在短于正常的劣变时间内达到劣变终点，再通过定期检测、收集样品在劣变过程中的各项数据，经分析计算后，推算出食品在预期贮存环境参数下的保质期。长期稳定性试验是通过模拟实际贮存、运输、销售、食用等过程中的温度、湿度、光照等环境参数，合理设置实验室检测、感官评价时间点，在各时间点考察选定的各项试验指标，并分析、比较各时间点之间的变化情况，可以归纳出变化规律并发现食品不可接受的劣变终点，该劣变终点即为保质期。

采用文献法和参照法确定保质期相对比较简单，不需要再进行反复的测试。企业可根据自身情况选择合适的方法来确定产品的保质期。在新产品上市前，可采用试验法、文献法或参照法确定保质期。当产品上市后，需通过实际的或模拟实际的贮存、运输和销售等条件下的长期稳定性试验对已确定的保质期进行验证，必要时应根据留样情况以及市场反馈情况，对保质期进行修订和调整。

特殊情况下保质期的确定具有以下要求。①分装食品的保质期应根据食品特性，分装前食品的贮存和运输条件、保质期情况，分装后的包装材料和包装方式，分装企业的质量控制水平和生产环境条件，分装后贮存环境参数等因素综合确定。分装后食品的保质期通过试验法确定；也可以按照包装前所使用的相同或相似包装材料，并照包装前的贮存环境参数估计分装食品保质期，但保质期应小于分装前食品保质期。②已确定为在不同贮存环境参数下有不同保质期的食品，在保质期内，当实际贮存条件在既定的环境参数间发生必要的切换时，应对食品的安全性和质量状况进行评估，必要时确定新的保质期。

9.2 通用要求

保质期的确定不是随意的，在 T/CNFIA 001—2017《食品保质期通用指南》中规定了食品保质期的通用要求。具体包括以下 5 个方面。①保质期由食品生产企业确定，食品经营企业应遵循食品生产企业确定的保质期进行食品经营活动。保质期内，食品应符合相应的食品安全标准要求。②保质期应根据食品的微生物、物理、化学特性，包装材料和包装方式，生产工艺，车间环境，预期的使用方式和货架形式，贮存条件等因素确定。包装材料、包装方式或贮存环境参数不同的相同食品可规定不同的保质期。③食品生产企业应建立食品保质期确定程序，科学确定食品的保质期。鼓励对食品的保质期进行验证。④保质期的确定和验证应该有相应记录，记录内容包括食品、食品配料和食品半成品的基本信息，保质期确定和验证的方法，判定标准，试验情况，相关数据和分析过程以及结论等信息。⑤可规定食品配料、食品半成品的生产推荐使用期。

9.3 保质期测定

保质期确定的基本程序包括确定方案、设计试验方法、方案实施、结果分析、确定保质期和保质期验证六个步骤。在确定保质期时，应充分考虑可能的食品安全风险因素对保质期的影响，如不同贮存温度下的微生物风险等。

9.3.1 方案设计

在进行方案设计之前，应先确定方案。确定方案是食品保质期确定程序的基础，可从多个方案中优选出适于实施的方案，并应尽可能翔实。在进行方案确定时，应根据产品是否为全新产品、产品包装是否改变、产品贮存环境参数是否发生变化等因素来明确保质期确定目的；通过现有资料、相同或类似产品和现有的试验结论等来明确保质期确定依据；从试验法、文献法和参照法多角度设计方案，通过方案优选明确保质期确定具体方式。

方案设计应在充分分析食品的微生物特性，对温度、湿度、光照、氧的敏感性，酶反应特性和非酶反应特性等理化特征的基础上，确定实验室检测项目和感官评价要素等试验内容。下面就食品的微生物特性，对温度、湿度、光照、氧等敏感性，酶反应特性和非酶反应特性等理化特征作详细阐述，为方案设计提供理论依据。如果采用文献法或参照法确定食品保质期时，方案设计步骤可省略。

9.3.1.1 食品的微生物特性

由于微生物在自然界中分布十分广泛，不同环境中存在微生物类型和数量不尽相同，食品从原料、生产、加工、贮藏、运输、销售到烹饪等各个环节，常常与环境发生各种方式的接触，进而导致微生物的污染。污染食品的微生物来源可分为土壤、空气、水、操作人员、动植物、加工设备和包装材料等方面。

土壤中含有大量的可被微生物利用的碳源和氮源，还含有大量的硫、磷、钾、钙、镁等无机元素及硼、钼、锰等微量元素，加之土壤具有一定的保水性、通气性及适宜的酸碱度，这为微生物的生长繁殖提供了有利的营养条件和环境条件。土壤中微生物数量可达 $10^7 \sim 10^9$ 个/g，其中细菌占比最大，其次是真菌、藻类和原生动物。土壤中的微生物除了自身发展外，分布在空气、水和人及动植物体的微生物也会不断进入土壤中。许多病原微生物就是随着动植物残体以及人和动物的排泄物进入土壤的。

不同于土壤，空气中不具备微生物生长繁殖所需的营养物质和充足的水分条件，加之室外经常会接收来自日光的紫外线照射。然而，空气中确实含有一定数量的微生物，这些微生物是随风飘扬而悬浮在大气中或附着在飞扬起来的尘埃或液滴上，这些微生物可来自土壤、水、人和动植物体表的脱落物和呼吸道、消化道的排泄物。空气中的微生物主要为霉菌、放线菌的孢子和细菌的芽孢及酵母。不同环境空气中微生物的数量和种类有很大差异。公共场所、街道、畜舍、屠宰场及通气不良处的空气微生物的数量较多。空气中的尘埃越多，所含微生物的数量也就越多。空气中可能会出现一些病原微生物，它们直接来自人或动物呼吸道、流感嗜血杆菌和病毒等。

自然界中的江、河、湖、海等各种淡水与咸水水域都生存着相应的微生物。由于不同水域中的有机物和无机物种类和含量、温度、酸碱度、含盐量、含氧量及不同深度光照度等的差异，各种水域中的微生物种类和数量呈明显差异。通常水中微生物的数量主要取决于水中有机物质的含量，有机物质含量越多，微生物的数量越大。存在于淡水域中的微生物可分为两大类型：一类是清水型水生微生物，这类微生物习惯于在洁净的湖泊和水库中生活，如硫细菌、铁细菌及含有光合色素的蓝细菌、绿硫细菌和紫细菌等；另一类是腐败型水生微生物，它们随着腐败的有机物质进入水域，获得营养而大量繁殖，是造成水体污染、传播疾病的重要原因，如变形杆菌、大肠杆菌、产气肠杆菌和产碱杆菌属等。污水中含有纤毛虫类、鞭毛虫类和根足虫类原生动物。海水中也含有大量的水生微生物，主要是具有嗜盐性的细菌，通常有假单胞菌、无色杆菌、黄杆菌、微球菌属、芽孢杆菌属等，它们能引起海产动植物的腐败。除此之外，海水中还存在有可引起人类食物中毒的病原菌，如副溶血性弧菌。

人体及各种动物，如犬、猫、鼠等的皮肤、毛发、口腔、消化道、呼吸道均带有大量的微生物，如未清洗的动物被毛微生物数量较多。当人或动物感染了病原微生物后，体内会存在不同数量的病原微生物，其中有些菌种是人畜共患病原微生物，如沙门菌、结核分枝杆菌、布氏杆菌等。这些微生物可以通过直接接触或通过呼吸道和消化道向体外排出而污染食品。

各种加工机械设备本身没有微生物的营养物质，但在食品加工过程中，由于食品的汁液或颗粒黏附于内表面，食品生产结束时机械设备没有得到彻底灭菌，使原本少量微生物得以在其上大量生长繁殖，成为微生物的污染源。可在后来的使用中通过与食品接触而造成食品的微生物污染。

各种包装材料如果处理不当也会携带微生物。一次性包装材料通常比循环使用的材料所带有的微生物数量要少；塑料包装材料由于带有电荷会吸附灰尘及微生物。

食品原料中也存在着大量微生物附着，并可能携带病原微生物。食品原料又分为动物性原料和植物性原料。例如，屠宰前健康的畜禽具有健全而完整的免疫系统，能有效地防御和阻止微生物的侵入和在肌肉组织内扩散，所以正常机体组织内部（包括肌肉、脂肪、心、肝、肾等）一般是无菌的，而畜禽体表、被毛、消化道、上呼吸道等器官总是有微生物存在，如未清洗的动物被毛、皮肤微生物数量可达 $10^5 \sim 10^6$ 个/cm^2。如果被毛和皮肤污染了粪便，微生物的数量会更多；屠宰后的畜禽丧失了先天的防御机能，微生物侵入组织后迅速繁殖。屠宰过程卫生管理不当将造成微生物广泛污染。最初污染的微生物是在使用非灭菌的道具放血时，引入血液中的，随着血液短暂的微弱循环而扩散至胴体的各部位。在屠宰、分割、加工、贮存和肉的配销过程中的每一个环节，微生物污染都可能会发生；健康禽类产生的鲜蛋内部本应无菌，但是鲜蛋中经常可发现微生物存在，即使是刚产出的鲜蛋亦是如此。这是因为病原微生物可通过血液循环进入卵巢，在蛋黄形成时进入蛋中。禽类的排泄腔内含有一定数量的微生物，当蛋从排泄腔排出体外时，由于蛋内遇冷收缩，附在蛋壳上的微生物可穿过蛋壳进入蛋内。再加上鲜蛋蛋壳的屏障作用有限，蛋壳上有许多气孔，外界各种微生物都有可能进入，特别是贮存期长或经过洗涤的蛋，在高温、潮湿的条件下，环境中的微生物更容易借助水的渗透作用侵入蛋内。常见的感染蛋的病原菌主要有雏沙门菌、鸡沙门菌等；刚生产出来的鲜乳总是会含有一定数量的微生物，这是由于即使是健康乳畜的乳房内也可能存在一些细菌；生活在水域中的鱼类，由于水域中含有多种微生物，所以鱼的体表、鳃、消化道内部都有一定数量的微生物。活体鱼体表每平方厘米附着的细菌有 $10^2 \sim 10^7$ 个，因此刚捕捞的鱼体表面所带有的细菌主要是水生环境中的细菌，如假单胞菌、黄色杆菌、无色杆菌属等。健康的植物在生长期与自然界广泛接触，其体表存在有大量的微生物，所以收获后的粮食一般都含有其原来生活环境中的微生物。据测定，每克粮食含有几千个以上的细菌。这些细菌多属于假单胞菌属、微球菌属、乳杆菌属和芽孢杆菌属等。粮食中还含有相当数量的霉菌孢子，主要包括曲霉属、青霉属、交链孢霉属、镰刀菌属等。除此之外，粮食在加工过程中，经过洗涤和清洁处理，可除去籽粒表面上的部分微生物，但某些工序可使其被环境、机具及操作人员携带的微生物再次污染。

微生物在食品生产加工、运输、贮藏、销售以及食用过程中都可能污染食品。微生物在生长过程中，产生的各种代谢产物对食品质量的影响主要体现为产生不良的气味、质地发生改变。对于新鲜食品，微生物生长是影响保质期的绝对因素。

9.3.1.2 食品对温度、湿度、光照、氧的敏感性

在适当的湿度和氧气等条件下，温度对食品中微生物繁殖和食品变质反应速度的影响都是相当明显的。一般来说，大多数酶的适宜温度为 $30 \sim 40℃$，若温度过高，酶发生变性，许多酶促反应化学速率加快，从而加快食品腐败变质的速度。对高温敏感的食品，温度升高还会破坏食品内部的组织结构，使食品中蛋白质变性，破坏维生素特别是含水食品中的维生素 C，或因失水而改变物性，失去食品应有的物态和外形。而对低温敏感的食品，低温状态能够破坏食品内部组织和品质。如产于热带、亚热带的果蔬在低温环境中时，可发生冷害。受到冷害的果实由于代谢紊乱而不能正常后熟，如番茄、香蕉、桃品种等不能变软也不能正常着色，甚至产生衰竭或枯死，随之产生异味、表面瘢痕和各种腐烂变质等过程。

湿度是表示大气干燥程度的物理量，空气的干湿程度叫湿度。在一定温度和体积下，空气里含有的水汽越少，则空气越干燥；水汽越多，则空气越潮湿。对湿度敏感的食品，如饼干等糕点类产品，湿度较高时会发生某些物理变化，如干结硬

化、失去松脆感和香味等。除此之外，湿度较大时，能够促使微生物繁殖，加快油脂氧化分解，促使其褐变变色。

光可以引发和加速食品中营养成分分解，使食物发生腐败变质。任何种类的光源都会导致产品的新鲜度、营养物质和稳定性的下降，最终更快变质。食品对光的吸收与光波波长有关，短波长光（如紫外线）透入食品的深度较浅，食品所接收的光密度较少；反之，长波波长光（如红外线）透入食品深度较深。光对食品品质的影响主要表现在五个方面：光照能够促使食品中油脂氧化而发生氧化性酸败；光照能够使食品中的色素发生变化而变色；光照能够破坏光敏感性维生素如 B 族维生素和维生素 C，并与其他物质发生不良的化学变化；光照能够引起食品中蛋白质和氨基酸变性；光照能够引起包装材料老化，从而使包装的食品受到污染，特别是紫外线，能够引起塑料和纸的光化学反应。

大气中的氧气对食品的营养成分有一定的破坏作用：氧气能够使食品中的油脂发生氧化，这种氧化即使是在低温条件下也能进行。油脂氧化产生的过氧化物，不但能使食品失去食用价值，而且还会发生异臭，产生有毒有害物质；氧气能使食品中维生素和多种氨基酸失去营养价值；氧气还能使食品的氧化褐变反应加剧，使色素氧化褪色或变成褐色；对于食品中的微生物来说，大部分细菌由于氧的存在而繁殖生长，造成食品的腐败变质。食品因氧气的作用发生的品质变化程度与食品包装及贮存环境中的氧分压有关。油脂的氧化速率随氧分压的提高而加快。氧分压对不同性质食品的氧化规律不完全相同。食品氧化还与食品和氧的接触面积有关，在氧分压和其他条件相同时，接触面积越大，氧化速率越高。例如对氧气较敏感的新鲜果蔬，在贮运流通过程中仍然具有呼吸作用，以保持其正常的代谢作用，故需要吸收一定数量的氧气而放出一定量的二氧化碳和水，并消耗掉一部分营养。

温度、湿度、光照和氧均能引起食品品质变化，这为食品保质期的探究提出了又一难题。

9.3.1.3　食品中的酶反应特性和非酶反应特性

食品中的酶反应和非酶反应主要是指在食品内部发生的酶促褐变和非酶褐变反应。其中，酶促褐变主要是酚类物质的酶促褐变，在有氧条件下，由于多酚氧化酶的作用，邻位的酚氧化为醌，醌很快聚合成黑色素而引起组织褐变。多酚氧化酶是导致酶促褐变的主要酶，存在于大多数果蔬中。多数情况下，由于多酚氧化酶的作用，不仅有损果蔬感官，影响产品运销，还会导致风味和品质下降，特别是在热带鲜果中，酶促褐变导致的直接经济损失达 50%。容易发生酶促褐变果蔬，例如鲜切的土豆、苹果、梨和香蕉等。非酶褐变是指不需要酶的参与而产生的褐变反应，这种褐变反应大多发生在食品的热加工及长期贮存过程中，主要包括美拉德反应、焦糖化反应和抗坏血酸氧化褐变。美拉德反应又称羰氨反应，是指氨基化合物和羰基化合物在加热时形成褐色物质的反应。一般认为，羰氨反应是加热或长期贮存后的食品发生褐变的主要原因。焦糖化反应是食品在加工过程中，高温使含糖食品产生糖的焦化作用，从而产生黑褐色的色素物质，使食品着色。抗坏血酸褐变是指抗坏血酸在一定条件下发生的氧化反应，导致其颜色由无色或浅色变为棕色或黑色。这种颜色变化是由于抗坏血酸分子中的双键被氧化而形成多烯结构。例如，柑橘等果汁在贮藏过程中，其抗坏血酸成分会发生自动氧化，放出二氧化碳，使果汁的色泽变灰暗。抗坏血酸的氧化褐变作用，与体系的 pH 值和金属离子有很大的关系。当 pH<5.0 时，抗坏血酸生成脱氢抗坏血酸的速度缓慢，并且是可逆反应；当 2.0<pH<3.5 时，褐变作用与 pH 值成反比；铜、铁等金属离子则可以加快褐变作用的速度。抗坏血酸的氧化褐变也可以被植物体内含有的抗坏血酸氧化酶加以催化，特别是在受损组织与空气接触时，较为明显。非酶褐变可以形成食品的呈味成分和香气成分，从而赋予食品或好或坏的味感和嗅感，使食品质量出现变差的褐变。除此之外，非酶褐变还表现为对营养价值的影响，如氨基酸，特别是限制性氨基酸的损失，可以直接地发生在羰氨反应褐变过程中。

不管食品容易发生酶反应还是非酶反应，大多数食品的褐变现象，往往会带来不良的反应，并且使食品的风味和营养价值降低，或者产生有害成分。因此，在进行食品保质期试验方案设计时，需充分考虑食品的酶反应和非酶反应特性。

具体来说，在实际进行方案设计时，我们首先应该确定试验样品、样品包装和环境参数。在充分了解食品的微生物特性，对温度、湿度、光照、氧的敏感性，酶反应特性和非酶反应特性等理化特征后，确定好试验项目和相应的检验方法（如感官、物理、化学、微生物等项目和相应的检验方法）。最后确定检测时间点、试验人员等内容。

9.3.2 实验室检测

在实际实验室检测过程中，检测质量控制能够对食品的检测过程提供有效的保障。因此，在实验室检测过程中，必须加强质量控制，强化关键技术，针对检测环节和相关影响因素，完善现有的管理体系，制定规范化的检测流程，并实施客观准确的评价和验证方法，由此不断强化数据的准确性。

若要提升实验室检测质量，首先需要了解影响检测实验室检测质量的相关因素，这些因素主要包括仪器因素和人员因素两大因素。

9.3.2.1 仪器因素

在检测过程中会涉及多种设备仪器，而设备仪器的使用情况会对实验结果产生不同的影响，其中实验室检测设备仪器的精确度、性能会对实验室检测结果造成直接性的影响。实验室设备仪器对检测结果所造成的影响主要包括以下几个方面：①当设备仪器在自身损坏的情况下，或设备仪器性能和精确度不佳，会导致实验结果存在一定的偏差，需要在实验检测过程中更换设备仪器，以保证实验的准确性；②实验室在长期使用设备仪器之后，设备仪器会存在一定的磨损，影响设备仪器的性能，进一步影响实验结果；③实验室内的设备仪器维护不够及时，当没有定期对设备仪器进行有效维护时，设备仪器便会存在一定的数据偏差，不仅设备仪器自身不能发挥出其真正的作用，还会对实验检测的结果造成影响；④实验室设备仪器对使用环境也有很高的要求，环境因素也是设备仪器检测结果存在偏差的原因之一。

9.3.2.2 人员因素

检测过程必须要由实验室检测人员实施，当实验室检测人员的工作经验或工作能力有所欠缺时，容易对整个检测结果造成影响。实验人员在整个实验检测过程中占主导地位，对检测结果存在很大的影响，因此实验室检测人员需要具备扎实的基础知识，不仅要熟悉食品实验室检测的整个流程，更要熟悉检测方法，明白实验室检测的相关标准，更好地促进检测工作的开展。除此之外，实验室检测人员还需具备极强的实践能力，要全面了解每一个试剂的作用和性能，并熟练掌握每一个设备仪器的使用方法，从而更有效地保证检测结果的精确性和准确性。

为了保证实验室检测能够获得准确可靠的检测体系，必须要加强质量控制，做好各个环节的工作，完善质量控制管理体系，以此使检测结果更加全面、可靠。提升实验室检测质量工作主要可以从以下几个方面开展。

(1) 加强实验检测设备的管理 实验室检测设备间接决定了检测水平，也是体现检测技术的重要标志。然而，实验室检测结果受设备影响较大。因此，相关单位应该制定严格的设备保养方案，对检测设备进行定期维护，从而保障设备仪器的稳定，在保证设备检测精确性的基础上，提高设备的使用安全性。①相关单位应该根据国家制定的实验室设备仪器的检查修理规定，制订合理的检修计划。②相关单位要安排专业的工作人员定期校验设备仪器的精确度，从而更好地提高实验室检测结果的准确性，保证检测工作的顺利进行。③各单位可根据自身情况，编制实验室安全管理条例以及实验室设备仪器安全操作手册，更好地规划实验室设备仪器使用流程，在规范实验室检测人员行为的基础上，进一步保证实验室的安全管理。④单位需严格规定好设备仪器的摆放空间和位置，并合理划分各个设备仪器的空间区域，保证实验室有充分的水电资源供应，为实验室设备仪器提供良好的运行环境。

(2) 提升工作人员思想认知 相关单位要进一步提高工作人员的思想认知，并坚持"以人为本"的工作理念。在实际实验室检测工作中，要将食品检测的质量放在工作的第一位，并全面认识到检测实验室检验质量控制的重要性和复杂性，强化食品检测质量管控意识，并注重食品检测管理规章制度的建设。与此同时，还要认真学习国家已经颁布的食品检测质量控制的相关法律法规条例，加强工作人员的法律意识，进一步增强其责任意识，保证食品在实验室检测的可靠性和准确性。

(3) 提高工作人员专业水平 检测实验室检验的质量控制是一项复杂程度非常高的工作，所有的检测工作都需要实验室检测人员的参与，由此可见实验室检测质量与检测人员的自身能力和素质有直接的关联，因此加强实验室检测人员的专业水平和综合素质是保证实验室检测质量控制管理的最基础条件。为了保证食品安全实验室检测工作的落实，单位要对实验室内工作的全体工作人员进行有效培训，培训的内容包括操作技能和业务知识。培训不仅包括培养人员的检测手段和技术，更要全面培养其综合素质，使其在实际的实验室检测工作中能保持最佳的工作态度，并同时加强其道德素质的教育，树立其工作中的责任意识。随着我国社会的不断发展，在食品安全检测规范和体系都不断完善的基础上，检测实验室的检测人员也应不断进步，要在实际的实验室检测工作中不断提高自身的应变能力、调整自身的学习能力，并不断学习新知识等。特别地，为了避免设备使用期间的交叉污染问题，检测人员还应做到如下几点。一是每次使用完设备后均要依据相关标准，实施全面的清洁后才能投入二次使用。如果个别浓度较高的设备难以清洗，则予以更换备件。二是针对个别容易串味的样品，储存器必须具备良好的密闭性，并和其他工作区分开。实验室检测的管理人员需要将其培训的重点放在提高管理能力上，管理人员应不断提高自身的管理意识，并学会应用多种方法提高自身的管理能力，更好地保证实验室管理质量。综上所述，加强食品安全检测单位的人才培养是落实实验室检测质量控制管理的重要因素。

(4) 合理选择检测方法 检测方法的选择需充分考虑样品的特性，考虑设备、样品的适用性和灵敏度等问题，综合选择检测方法，并从中提取出最佳的方案，而后对检测方法进行验证确认。要注意使用相同或不同的检测方法重复检测时，检测数据是否一致。同时，由于不同的检测方法涉及的因素、内容很多，所以要求检测人员的综合素质要高，其必须合理验证各个环节的影响因素，确定最终的检测方法。检测方法主要是属于技术性方面，如果最低检出值高于该样品物质的最高残留值，则表明该方法是不适用的。

(5) 建立质量监督管理体系 检测实验室的质量控制是一项非常复杂的工作，这项工作在很大程度上关系到食品的安全性，建立一个系统的质量监管体系十分必要，因此相关单位应严格按照国家相关法律法规的要求，建立有效且合理的检测监管体系，从而更好地促进检测工作的进行，具体措施如下：①相关单位要根据自身情况，建立合理完善的检测质量控制体系，牢牢把握住检测的每一个环节；②在检测实验室的实际工作中，要树立正确且可实施的质量控制理念，并同时保证实验室检测的质量，明确质量监督管理的认知，落实监督管理的过程，及时发现实验室检测工作中存在的问题，从而能更快更好地消除一系列检测工作的不安全因素；③相关单位要建立质量控制部门，配置专业的工作人员，对人员展开专业系统的培训，全面提高其实验室检测的工作技能和工作认知；④在落实实验室检测的质量控制体系之余，更要制定完善的监督工作计划，并按照实际的实验室检测的工作流程进行有效调整，构建一个更加完善的质量监管体系，从而保障实验室检测工作的顺利开展。

随着人们健康意识的不断提高，人们对食品安全问题越来越关注。食品安全不仅是民生问题，更是关系到社会稳定的核心问题。保质期作为保障食品安全的一道重要关卡，实验室检测显得尤为重要，通过食品在实验室的检测，分析各类指标，确定食品保质期，可以更好地为人们提供安全保障。

由于实验室检测的核心工作任务就是分析检测，得出最终的数据并保证所提供的数据是真实可靠的，因此食品保质期确定环节的实验室检测是具有一定的针对性的：

① 实验室检测项目应包括产品标准中所有可随时间推移发生变化的项目，应根据食品的特点和质量控制要求，重点检测能灵敏反映食品稳定性的指标和反映食品安全状况的指标。如，理化项目应选择水分含量、过氧化值和酸价等指标；微生物项目应选择菌落总数、霉菌和酵母菌等指示菌；营养素应选择对阳光、温度和湿度敏感的项目。

② 检测时间点应合理设置。食品稳定性试验中一般需要设置多个时间点考察样品的变化情况。考察时间点的设置应基于对食品性质的认知和稳定性趋势评价的要求，如果食品对环境因素敏感，应适当增加考察时间点。越接近保质期末期的时间段，检测的频率应越高，检测时间点之间的间隔应越小。

③ 应根据食品特性和试验要求确定采样数量。宜采用不同批次原料、不同生产线生产的不连续的至少三个批次的样品。试验用样品的工艺路线、原辅料和适用标准宜与上市食品一致。包装至少与食品上市包装一致，也可选择封口不良、不封口等包装方式。加速破坏性试验采取比实际贮存环境参数更加恶劣的贮存条件，长期稳定性试验的贮存环境参数应与实际贮存环境参数相同或相近。

④ 实验室检测应保证检验方法的一致性。检验方法应采用国家标准、行业标准中规定的方法，也可采用国内、国际公认的检验方法；国家标准中未规定检验方法且国内、国外均无公认的检验方法时，可自行确定检验方法。自行确定的检验方法应经过验证，符合精确度和精密度等方法学要求。

9.3.3　感官评价试验

不管是在加速破坏性试验还是实际货架情况下观察试验中，用于判定食品质量变化的指标极其重要。一般判定食品质量的好坏通常通过感官可接受程度——感官指标来进行判断。感官指标这一指标是对产品进行综合感官评定的结果。一组经过特定训练的成员定期对产品质量在外观、质地、风味、口感、可接受程度等各方面进行评价，通过统计计算出产品的保质期时间。用于食品保质期的预测感官评定方法主要有快感检验法和 Weibull 危害分析。快感检验法主要有成对比较实验、三角实验等。

快感检验法中最常用的方法为三角实验法，这是差别检验中应用最广泛的方法。该方法强调只有在进行差别检验时，评价员的重复评价是有效的，即：10 名评价员重复三次，可按照 30 名评价员的数据进行处理。评价原理为：同时向评价员提供一组三个样品，其中两个相同或类似，一个不同，要求评价员挑出其中不同于其他两个的样品或指出哪两个相似。具体要求为：根据评价员水平和评价目的召集评价员。向评价员提供样品时，所有的样品应尽可能同时提供，若样品较大或在口中留有余味或外观上有轻微差异，也可将样品分批次提供。评价员人数不足 6 的倍数时，可舍弃多余的样品组或为每位评价员提供 6 组样品进行重复试验。为了使 3 个样品排列次序和出现次数均等，每种组合在评价员之中以随机、交叉、平衡的方式提供，评价员按一定顺序依次评价。

Weibull 危害分析属于最大可能性的作图方法，最早应用于机械和电子领域，1975 年首次被用于食品行业，已在午餐肉、燕麦谷物、冰激凌、干酪、奶油、牛奶、咖啡等中进行了研究。在此方法中，只需要设计"此产品还可以接受吗"这一个问题的感官问卷。越接近保质期末，评定的频率越高，以防止错过真正的保质期时间。该结果分析分为两步：一是以 Weibull 危害值和时间作图；二是根据 Weibull 分布，以 50%消费者认为产品不可接受为指标，确定保质期时间。和快感检验法比较，Weibull 分析法对评定小组成员的专业要求较低，只需从感官角度判断可不可接受即可。

可以根据这些感官评价方法各自的优缺点以及被检目标食品特性来合理选择感官评价方法。对于保质期感官评价试验的开展，具体有以下一些要求。

① 感官评价试验应以样品的生产日期作为第一次试验的开始时间。宜选择外观、质地、滋味、风味和口感等指标，并同时进行差别评价和描述性分析。可根据需要增加冲调、加热、复水等食用或使用效果试验，每次试验均宜选取最近生产的食品作为对照。

② 全部试验样品应尽可能保持原有的外观和质地，如不破碎、不溶解。必须破坏样品时，应保证处理后试样的一致性。

③ 感官评价试验的全程应由一组固定的受过专业训练的评价人员定期进行。应通过统计分析尽可能消除评价人员的个体差异对检验结果的影响。

④ 感官评价试验时间可与样品检测时间同步，也可根据实际情况另行规定，两次感官评价试验间隔应设置合理。

整体来说，感官指标是对复杂的质量变化过程直观的反应，消费者对其的可接受程度高，但是结果主要由评定小组各个成员的直觉判断而来，主观性强，个体差异大，受环境影响大，并且感官评价结果是终点性评价，不能动态反映质量变化情况。

9.3.4 方案实施

保质期测定的相关试验方案拟定好后，应按照不同的测定方法分类进行方案实施。试验法应按已经设计好的方案实施；文献法通常包括资料收集、查阅、分析、比较、整理、汇总等步骤；参照法通常包括收集相同或类似食品的保质期资料，分析、比较相同或类似食品间差异，分析、比较包装材料和包装方式差异等步骤。

方案实施应按计划执行，必须进行调整时应确保试验效果，并详细记录调整内容。

方案实施应有记录，记录可采用手工、电脑、仪器自动记录等方式。记录应准确、精确，尽可能翔实并便于汇总、分析。查阅到的相关资料应保存完整并应建立档案。

9.3.5　结果分析

结果分析应按照不同的测定方法进行分析。试验法的结果分析应建立在试验数据的基础上。加速破坏试验中可通过计算得到保质期时间或保质期时间范围；应采用数学公式精密计算或建立数学模型后再得出结果。长期稳定性试验可直接得到食品发生不可接受的品质改变的时间点。文献法的结果分析应根据所收集到的相同或相似食品的资料进行，并根据文献中提供的试验方案决定结果分析方式和数据采信程度。参照法的结果分析应建立在充分论证某食品与其参照物相似度的基础上。有多个参照物时可通过统计方法进行计算；参照物的数量较少时，也可直接引用相似度最高样本的数据。

9.3.6　确定保质期

根据分析结果，结合食品在生产、流通过程中可能遇到的情况及相关风险因素，综合考虑食品的属性、生产过程、食品包装、运输和贮存等情况，对食品安全和食品质量进行综合评价后，确定食品在实际贮存条件下的保质期。

无法预判运输、贮存过程中的食品安全保障能力和食品质量控制措施时，应从严规定保质期。

9.3.7　保质期验证

保质期验证包括以下方式和内容：可使用留样食品通过长期稳定性试验进行验证，也可在实际贮存、运输等条件下对已经上市的食品进行跟踪验证；收集检测数据，分析选定指标的变化趋势；得出验证结论，必要时根据验证结论调整保质期。

通过长期稳定性试验验证食品保质期时，应在既定的保质期结束后继续进行一段时间，可将试验延续至食品不再具有食用价值的时间点。

采用跟踪上市食品的方法验证保质期时，应尽可能排除极端贮存运输条件下的临期食品，如货架期内贮存条件不符合相关参数、运输过程中受到气候不良影响等。

在诸多确定保质期的方法中，实验室研究人员应用得最多、系统性最强的是加速破坏性实验。这种方法把最终产品储存于一些加速破坏的恶劣条件下，定期检验质量的变化确定此种条件下的保质期，然后以这些数据外推确定实际储存条件的保质期，其理论依据是和食品质量有关的化学动力学原理。因此，本书在这里列举基于温度、湿度和光照条件的加速破坏性试验，以供读者参考。

9.3.7.1 基于温度条件的加速破坏性试验

温度作为最关键的食品劣变影响因素，设计加速破坏性试验时，常将温度作为关键因素，甚至作为唯一因素。通常情况下，温度每上升 $10℃$ 则劣变反应速度加倍。将温差为 $10℃$ 的两个任意温度下的保质期比例定义为 Q_{10}：

$$Q_{10} = \theta_s(T_1)/\theta_s(T_2)$$

式中　Q_{10}——加速破坏试验条件下，温差为 $10℃$ 的两个温度（试验温度 T_1 和 T_2）下的保质期的比例；

　　$\theta_s(T_1)$——在 T_1 温度下进行加速破坏性试验得到的保质期；

　　$\theta_s(T_2)$——在 T_2 温度下进行加速破坏性试验得到的保质期。

实际贮存环境参数下的保质期与加速破坏性试验温度下的保质期呈现以下关系：

$$\theta_s(T) = \theta_s(T') \times Q_{10}^{\Delta T_a/10}$$

式中　$\theta_s(T)$——实际贮存温度 T 下食品的保质期；

　　$\theta_s(T')$——在 T' 温度下进行加速破坏性试验得到的保质期；

　　ΔT_a——较高温度（T'）与实际温度（T）的差值（$T'-T$），$℃$。

在实际试验中，将所得的试验数据代入计算出 Q_{10}，再代入关系式即可计算出实际贮存温度下的保质期 $\theta_s(T)$，以此作为基于温度条件的加速破坏性试验的数据模型。

详细步骤如下：

① 明确试验目的，为了了解相应产品的保质期，确保投入市场后可以得到较好的应用；

② 分析食品成分，确定食品质量影响因素，通过试验分析产品各类物质成分含量，看温度变化是否是引起该产品劣变的主要原因，例如，产品中若油脂含量较高，温度变动很可能对该产品形成威胁；

③ 选择恰当的包装，保护货架期产品，根据产品特性选择合适的包装形式；

④ 确定最适温度，针对适宜温度进行详细试验，了解不同温度下的产品保存时间，如此也就可以为产品的货架期进行保障，确保产品可获得更高效益；

⑤ 测试产品的变动状态，考虑产品的特性，需决定对 X 温度下存储的食品每隔 A d 进行一次检测；

⑥ 动力学参数的检测，若试验结果表明，产品如果始终处于 Y 温度环境下，可以稳定保存若干天，之后将出现变质问题，若处于 X 温度下，仅能保持 B d；

⑦ 推测产品保质期，针对 Y 温度和 X 温度的不同货架期产品的寿命进行计算

分析，得出相应 Q_{10} 的数据结果，并根据数据模型做更翔实的分析，得出产品的理论保质期。

按照该理论模型计算出的实际贮存温度下的保质期通常为在一个范围内的系列值，应综合考虑食品属性、生产过程、食品包装、运输和贮存等因素，确定食品在实际贮存条件下的保质期。可使用 Excel 等计算工具形成保质期和温度的拟合曲线方程式，再代入实际贮存温度进行计算后得出保质期。

9.3.7.2　基于湿度条件的加速破坏性试验

部分食品对湿度的敏感度高于对温度的敏感度，这些食品随湿度发生劣变的可能性和劣变程度更加显著，因此该类食品的加速破坏性试验应以创造高湿度条件为先。根据微生物生长原理，通常食品的水分活度 A_w 高于 0.75 时，食品受微生物生长繁殖影响的风险变高，因此在试验中创造适宜微生物生长的湿度条件诱导食品发生劣变非常关键。

在进行试验设计时，应选择相对湿度 70％ 以上的条件，最适宜的试验相对湿度为 90％±5％；通常以 25℃ 为基准试验温度，开展多因素加速破坏性试验时，可提高至 35℃ 或根据食品微生物状况提高至更高温度。样品处理阶段，除进行与食品包装相关的测试外，其他用于试验的食品应完全拆除包装，并保持块型完整；无法一次性食用完毕的食品或需进行食用方式试验的样品，可根据食用方式、食用量等处理后进行试验。

这里选择对基于高湿度条件下的加速破坏性试验做详细说明。

① 试验方法：将样品置于恒温密闭容器中放置一定时间，根据估算的样品稀释率确定观察时间，并分别于既定的观察时间和试验的最后一天取样，检测吸湿增重、质量和微生物等项目。如吸湿增重超过估算的范围，则应在同温度、较低湿度下重复试验，直至吸湿增重在估计范围内方可结束试验。

② 试验步骤：a. 将适量样品置于已恒重的称量瓶中，于干燥器中脱湿 2d，取出称重；设定试验容器恒温 25℃，相对湿度 75％，分别于第 4h、第 8h、第 12h、第 48h、第 72h、第 96h 取出称重；计算各时段吸湿率，根据吸湿率推算出样品观察时间。b. 将试验样品置于恒温 25℃、相对湿度 90％ 的环境参数下，根据 a. 中推算出的时间和试验的最后一天取样，检测吸湿率和相应产品标准中规定的理化项目和指示性微生物指标。如吸湿增重超过 5％，则在同试验温度、相对湿度 75％ 条件下再次进行试验；如吸湿增重仍然超过 5％，则继续降低湿度到相对湿度 60％ 进行第三次试验。

③ 保质期的确定：根据样品吸湿率及相应吸湿率下的各项指标检验数据，找出高湿度试验下的食品劣变时间，再代入食品的真实贮存环境参数，得出食品保质期范围。

9.3.7.3　基于光照条件的加速破坏性试验

在贮存运输过程中，食品通常会暴露在室外自然光照、室内自然光照和室内人工光照条件下。部分食品或食品中的某些成分对光照的敏感度较高，在光照影响下会产生异构化、光化学降解等反应，这些物质如接受一定频率的光源持续照射会加速相关过程，并导致食品发生质量变化。如光能够引发核黄素的光化学反应导致牛奶产生异味，光能够引起 β-胡萝卜素的异构化和光降解。针对光照敏感类食品的特性，通过增加单位时间照度的方式可以加速食品或食品中某些成分的质量变化。在整个试验中定期检测相关项目，找出变化规律和劣变点，并根据检测值作出数学模型，可测算出食品在通常光线条件下的保质期。

该试验对光照光源的选择有一定的要求。试验用光源应根据样品光化学反应特性选择，或直接确定为室外日光、室内日光。如光照试验的总照度不低于 1.2×10^6 lx/h，近紫外能量不低于 200W/(h·m^2)。

常用试验光源可参考以下方式设定：①将样品暴露于冷白荧光灯和近紫外荧光灯下时，冷白荧光灯应具有 ISO 18909 所规定的类似输出功率；近紫外荧光灯设定为 320～400nm 的光谱范围，并以 350～370nm 为最大发射能量，在 320～360nm 及 360～400nm 两个谱带范围的紫外线均应占显著比例；②采用任何输出相同或相似于国际认可的室外日光标准 D65 和（或）室内间接日光标准 ID65 发射标准的光源。如用可见紫外输出的人造日光荧光灯、氙灯或金属卤化物灯照明，试验应滤光除去低于 320nm 的发射光。

样品处理时应注意，内包装完全不避光或不完全避光的食品，可在不拆除内包装的情况下进行光照试验；内包装能完全避光时，一般应拆除后进行光照试验，也可根据需要部分拆除；用于试验的食品应保持完好，非一次性食用的食品可按推荐用量切割成分。需要进行与食用方式相关的试验时，如观察光照对冲调后食品的影响，可将食品进行相应处理后再进行试验。

这里选择对基于强光照条件下的加速破坏性试验做详细说明。相关步骤如下。

① 明确食品成分中易受光源影响的物质，根据现有研究资料，确定光源和照度，确定观察时间。有多个成分对光照敏感时，应综合各成分的光敏感区间和光敏感程度后，综合选取最适宜的试验光源。

② 将样品置于光照箱或其他适宜的光照容器内，在确定的照度下放置一定时间，分别于既定的观察时间和试验最后一天取样，检测相关项目。如在（4500±500)lx 条件下，照射食品 10d，并分别于第 3 天、第 5 天、第 8 天和第 10 天取样。

③ 明确保质期。汇总在不同时间点得到的各项目的检测结果，绘出曲线、判定食品达到不可接受的劣变终点的时间；综合考虑实际贮存环境条件给出食品在实际贮存条件下的保质期。

第 10 章

食品研发灭菌方法的选择

10.1 食品保藏概述

10.1.1 食品保藏的相关概念

食品保藏是为防止食物腐败变质，延长其食用期限，是食品能长期保存所采取的加工处理措施。常用的方法有低温保藏、高温保藏、脱水保藏、提高食品的渗透压、提高食品的氢离子浓度、辐照保藏、隔绝空气、加入防腐剂和抗氧化剂，即通过物理、化学等方法对食品进行保鲜贮藏。

食品保藏是为了确保食品的营养卫生和使用安全可靠，把食品或其原料，在从生产到消费的整个环节中，通过特定方法来保持其商品价值、营养价值和卫生安全程度品质的过程。在食品的生产加工、运输贮存、销售等过程中，食品品质的改变主要与食品外部的微生物侵入、繁殖所引起的复杂化学和物理变化有关，也与食品成分间相互反应以及食品成分和酶之间的纯化学反应、食品组织中原先存在的酶引起的生化反应等有关。保藏的意义就在于在食品的生产和贮存过程中，灭杀或灭活食品中存在的微生物和酶，防止外部微生物的污染并阻止食品中微生物的繁殖，阻止食品酶和非酶化学反应，以保持食品的品质，达到保存食品之目的。

10.1.2 食品保藏方法的分类与原理

10.1.2.1 引起食品腐败的因素

食品中含有各种各样的有机物质，是微生物最好的培养基，微生物入侵加上环境因素的影响，食品极易发生变形、变味和变色等现象，引起外观不良、风味减损，甚至成为废品。引起食品腐败的因素很多，具体原因相当复杂，主要归纳为物理、化学和生物三个方面。

(1) 物理性因素 致使食品败坏的物理性因素主要是光线、温度和压力三方面。日光的照射与暴晒，促进食品成分水解，引起变色、变味和维生素 C 的损失，强光或直接照射在食品上或食品包装容器上也间接地影响温度的提升。温度的过高或过低，对食品保藏都是不利的，高温加速食品中各种化学、物理变化，增加挥发性物质的损失，使食品成分、质量、体积和外观发生改变。温度过低产生冰冻，亦影响食品品质。压力这里主要是指重物的挤压，使食品变形或破裂，使汁液流失、外观不良，比如，瓶装或袋装食品如遇压力作用则发生外观的破损不能食用。

(2) 化学性因素 各种化学反应如氧化、还原、分解和化合都可使食品发生不同程度的败坏，如与空气接触可能发生氧化而腐败。罐头铁皮的腐蚀和穿孔、干制品的变色和变味、维生素 C 的损失等，都是氧化作用的结果。金属物与酸性食品接触时，发生还原作用或使金属溶解，还原时放出氧气，致使罐头食品膨胀。还有果汁的发酵、牛乳的酸败、干制品的褐变和维生素的氧化等都属于化学性因素引起的败坏。

（3）生物性因素　有害微生物的活动是食品腐败的重要因素，细菌、霉菌、酵母菌大量存在于食品及其周围环境中，它们无孔不入，而食品富含营养成分，是微生物最好的培养基，所以，稍有不慎微生物侵入食品中引起食品发生霉变、酸败、发酵、软化、变色和腐臭，有的微生物属于病原菌，对人体危害更大，引起中毒。如肉毒杆菌就引起腐败，它产生剧烈毒素，引起食物中毒。食品中酶的作用是很大的，许多生化反应都是在酶的催化下进行的。酶一般在 80℃ 左右即被破坏，但有时杀菌不充分，特别是采用瞬时高温杀菌后，酶仍能活动，出现因酶的活动而引起变质，因此要对酶引起重视，一定保持较高温（80℃以上），时间不可太短，才能破坏酶的活动，保证食品不因酶的活动而变质。

根据上述三方面因素的分析，可以看出，食品大多数属于胶体物质，最容易在物理因素影响下改变它的胶体结构，食品中所含蛋白质和脂肪等在微生物影响下导致食品的腐败变质，同时又极易发生氧化反应引起变质。而上述三方面因素中最活跃的是微生物因素，它常常与物理性和化学性因素一起发生作用，引起食品变质。而微生物是起主导作用的。因此，在食品保藏上总的原则是：①减少物理作用和化学作用的影响；②消灭微生物或创造不适于微生物生长的环境；③食品与外界环境隔绝，不与水分、空气接触，防止微生物的再污染。

10.1.2.2　食品保藏方法的分类

食品的保藏与腐败因素密切相关，在进行食品保藏时，必须根据引起食品败坏因素来确定保藏方法，根据食品腐败的因素，把食品保藏方法分为三大类，即物理保藏法、化学保藏法及生化保藏法。

（1）物理保藏法　物理保藏法，是指通过控制环境温度、气体或利用电磁波等物理手段来实现食品的安全和长期保藏。如，高温、低温、真空等保藏方法。食品工业中常见的物理保藏方法包含脱水干燥法、冷藏冷冻法、食品罐藏法。

多数微生物只有在食物含水量超过 20% 时，才能繁殖生长，当食品水分降到12% 以下，各种微生物就不能生存，微生物在这种环境条件下细胞里的水分逐渐被夺走，新陈代谢不能正常进行，这样食品就不会变质。在食品工业中常用自然干燥（晒干、阴干）或人工机械干燥制造果干、菜干、鱼松和肉松等类别食品，都属于脱水干燥保藏方法。

低温能使易腐食品的微生物活动和生化反应受到有效的抑制，使食品能较为长期的保存，而且用低温保藏食品，可最大限度保持其新鲜程度，延长保藏期限。在食品工业上利用低温贮藏食品的方式有利用自然低温（北方）保藏食品的埋藏法、窖藏法和土冷库法等，但大都采用机械冷库，其中有用盐水为介质，还有用氨或氟利昂为冷媒剂进行制冷，保藏鱼、肉及其他食品，近年来我国冷冻工业发展较快，很多食品企业（如肉制品企业）都建有专用冷库来保存原料、半成品或成品，这种利用低温（冷藏或冷冻）保藏食品的方法也是物理保藏法的重要方法之一。

利用高温100～121℃杀菌，然后密封而罐装的食品即罐头，是物理保藏方法中之一——食品罐藏法。该类保藏方式大都见于各类午餐肉罐头产品的加工技术中。

(2) 化学保藏法 化学保藏法是指食品生产、储藏过程中利用腌渍、烟熏和添加食品添加剂等化学方法来抑制和阻止微生物的生长，防止由于微生物等不利因素引起的食品变质，从而提高食品的耐藏性和尽可能保留食品原有的状态和风味，所进行的一种加工方式。食品工业上常见的化学保藏法包括糖渍保藏法、盐渍保藏法、化学防腐剂保藏法、熏制保藏法等。

用70%以上的高浓度糖液腌渍食品，由于具有较高的渗透压使微生物细胞原生质收缩，发生质壁分离现象而失活，因此，经糖渍处理的食品得以保藏并延长保存期限，如蜜饯、果脯就是糖渍制品的典型代表，果酱、果泥、果糕也属此类。

食盐溶液具有很高的渗透压，10%的食盐溶液可产生60个大气压的渗透压。当食物中加入食盐后，由于微生物细胞中的溶液渗透压小于食盐溶液的渗透压，细菌的细胞失水引起质壁分离，导致细菌因失水而失活。同时，食盐是一种电解质，解离后的氯离子和高浓度盐水对蛋白质分解酶也有破坏作用，使其活力受阻，延缓食品变质。一般盐水在7%以上时，细菌便不易生长。各种咸菜都是盐渍保藏食品，还有腌鱼、腌肉、咸蛋和皮蛋等也是盐渍保藏的食品。

酸渍保藏方法，它是指利用加入的酸性物质降低食品的pH值，破坏微生物生长发育，以达到保藏食品的目的。一般用醋（果醋、米醋）风味温和，成分纯正，浓度适宜，它可使微生物的芽孢无法生存。该方法有很明显的保藏效果，如酸渍凉拌菜等。

有些化学类成分物质可抑制霉菌和细菌等微生物的生长，常常把它作为食品添加剂，以达到有效的防腐目的，如水果干类、蜜饯可用亚硫酸盐进行保藏和护色。还有，对于复合调味料类产品，用山梨酸、苯甲酸钠等防腐剂，在不超过0.1%浓度下可以使用，这类防腐剂成分能与微生物酶系统的巯基结合破坏许多酶系统的作用，从而破坏微生物正常的生理活动，因而起到抑菌或杀菌的作用。

熏制保藏。食品先经盐腌后再用柞、椴、桦、榆和杨等木屑熏制，由于熏烟中含有的甲醛、酚类、树脂渗入食物组织中，产生一定的抑菌作用，同时使外表美观，食品脂肪不易氧化。如熏鱼、肉、火腿，及川渝地区特色的腊肉、香肠产品。

(3) 生化保藏法 生化保藏法，是指借助微生物作用而引起生物化学变化，以达到保藏食品作用的一种保藏方法。对于果蔬类产品，果蔬中含有糖类，特别是单糖，在各种微生物作用下，进行发酵而形成具有保存作用的产物，如乳酸菌可引起葡萄糖发酵生成乳酸，有防腐和增进风味的作用。有名的四川泡菜就是利用生化保藏法保藏食品的一个典型例子。

同样，还有市场上畅销的酸奶类产品。发酵食品越来越成为人们不可缺少的食品，生化保藏法成为国内保存食品的重要方法。

10.2 食品研发常用杀菌方法

10.2.1 巴氏杀菌

10.2.1.1 巴氏杀菌的定义

法国人巴斯德于 1865 年发明了牛乳的巴氏消毒法，其特点是通过低温处理生鲜乳来杀灭绝大多数生鲜乳中的病原体和大多数腐败菌，这是一种较为温和的杀菌方式，能最大限度地保持生乳的营养成分和良好的口感，巴氏杀菌乳并非无菌乳，其保质期较短，需要低温冷藏。巴氏杀菌热处理工艺是最早获得商业化应用的热处理工艺。巴氏杀菌热处理工艺不能把生乳中所有微生物杀灭，但可将微生物数量降低至对公众健康不构成危害的水平。各国对巴氏杀菌的定义有一定的差异。国际乳品联合会（IDF）对巴氏杀菌的定义为：通过对乳制品实施产生较小的化学、物理和感官变化的热处理方法，从而尽可能地减少与乳相关的致病性微生物引起的健康危害。FDA 给出的定义是：在设备正确运行良好的情况下，用表 10-1 中给出的不同温度加热乳或乳制品，以及使其在此温度下连续保持相应的时间。我国国家标准对巴氏杀菌的定义是：低温长时间（62～65℃，保持 30min，LTLT）或高温短时间（72～76℃，保持 15s；或 80～85℃，保持 10～15s，HTST）的热处理方式，巴氏杀菌通常以生牛乳为原料，处理后得到液态产品，这种热处理方法能使细菌总数减少 90%～95%，延长牛奶的货架期。巴氏杀菌是一种热处理（热灭菌）技术，广泛应用于乳制品和肉制品的商业杀菌，处理温度通常低于 100℃。巴氏杀菌热处理程度比较低，一般在低于水沸点温度下进行加热，加热的介质为热水。巴氏杀菌是将混合原料加热至 68～70℃，并保持此温度 30min 以后急速冷却到 4～5℃。因为一般细菌的致死点均为温度 68℃与时间 30min 以下，所以将混合原料经此法处理后，可杀灭其中的致病性细菌和绝大多数非致病性细菌；混合原料加热后突然冷却，急剧的热与冷变化也可以促使细菌的死亡。

表 10-1 美国巴氏杀菌法的温度-时间关系

温度/℃	时间
63	30min
72	15s
89	1.0s

温度/℃	时间
90	0.5s
94	0.1s
96	0.05s
100	0.01s

10.2.1.2　巴氏杀菌的原理

在一定温度范围内，温度越低，细菌繁殖越慢；温度越高，繁殖越快（一般微生物生长的适宜温度为 28～37℃）。但温度太高，细菌就会死亡。不同的细菌有不同的最适生长温度和耐热、耐冷能力。巴氏消毒其实就是利用病原体不是很耐热的特点，用适当的温度和保温时间处理，将其全部杀灭。但经巴氏消毒后，仍保留了小部分无害或有益、较耐热的细菌或细菌芽孢，因此巴氏消毒牛奶要在 4℃ 左右的温度下保存，一般保存 7 天。延长保质期巴氏杀菌（ESL 巴氏杀菌）介于巴氏杀菌与 UHT（超高温瞬时杀菌）之间，杀菌温度为 115～130℃，时间控制在 1s 或者更短的时间内。生产 ESL 牛乳的主要目的是使所有营养细菌和嗜冷细菌的孢子失活，并引起最小的化学变化。ESL 巴氏杀菌乳不是无菌包装，在冷藏保存条件下有 7～10d 或 21d 或更长的保质期限。

巴氏杀菌程序种类繁多。低温长时间（LTLT）处理是一个间歇过程，如今只被小型乳品厂用来生产一些奶酪制品。高温短时间（HTST）处理是一个"流动"过程，通常在板式热交换器中进行，如今被广泛应用于饮用牛奶的生产。通过该方式获得的产品不是无菌的，即仍含有微生物，且在储存和处理的过程中需要冷藏。"快速巴氏杀菌"主要应用于生产酸奶乳制品。国际上通用的巴氏高温消毒法主要有两种：第一种，是将牛奶加热到 62～65℃，保持 30min。采用这一方法，可杀死牛奶中各种生长型致病菌，灭菌效率可达 97.3%～99.9%，经消毒后残留的只是部分嗜热菌及耐热性菌以及芽孢等，但这些细菌多数是乳酸菌，乳酸菌不但对人无害反而有益健康。第二种，是将牛奶加热到 75～90℃，保温 15～16s，其杀菌时间更短，工作效率更高。但杀菌的基本原则是，能将病原菌杀死即可，温度太高反而会有较多的营养损失。

10.2.1.3　巴氏杀菌的优缺点

巴氏杀菌工艺简单、成本低，对食品的热处理强度温和，巴氏消毒纯鲜奶较好地保留了牛奶的营养与天然风味，在所有牛奶品种中是最好的一种。只要巴氏消毒奶在 4℃ 左右的温度下保存，细菌的繁殖就非常慢，牛奶的营养和风味就可在 7 天内保持不变。巴氏消毒牛奶是世界上消耗最多的牛奶品种，英国、澳大利亚、美国、加拿大等国家巴氏消毒奶的消耗量都占液态奶 80% 以上，品种有全脱脂、半脱脂或全脂的。总 β-乳球蛋白变性率和糠氨酸含量是国际奶业普遍用来评估奶和奶制品品质的 2 个重要指标，与其他杀菌方式比较，巴氏杀菌乳中这 2 个指标均为最低。在美国市场上，实际几乎全是巴氏消毒奶，而且是大包装的，市民上超市一次就买够一个星期喝的鲜奶。但经巴氏消毒后，食品中仍保留小部分无害或有益、较耐热的细菌或细菌芽孢，因此巴氏消毒后的牛奶需要在低温（4℃左右）保存，且保质期限较短。

ESL巴氏杀菌工艺，常搭配离心、过滤等工艺，杀菌效果强于传统巴氏杀菌工艺。相较传统巴氏杀菌乳而言，ESL巴氏杀菌乳保质期更长，可达15～20天，保存温度仍需低温，但其成本高于巴氏杀菌乳。

10.2.1.4 巴氏杀菌的应用

巴氏杀菌处理方式，常见于流质食品（如，牛奶、果汁、啤酒）的加工工艺，目前使用最广的为巴氏杀菌乳。在乳制品生产中，巴氏杀菌是最主要的热处理方式（63℃/30min或72℃/15s）。

10.2.2 高温高压杀菌

10.2.2.1 高温高压杀菌的概念

由于低温不能将微生物全部杀死，特别是芽孢，所以需要低温保藏，但保质期最多也只有3个月。为了延长保质期，罐头（包括铁听包装和软包装）要采用高温高压杀菌，这样能保存2年以上，但现在的厂家为了保证香味，一般只规定保质期为半年或一年。因为高温杀菌温度较高，因此要求包装材料要有较高的隔断性和一定的耐蒸煮强度，如马口铁、铝箔袋、聚偏二氯乙烯（PVDC）膜等。一般将食品装入蒸煮袋中进行杀菌。而蒸煮袋高温杀菌工艺可以分为间歇式和连续式。热介质可以是饱和蒸气，也可以是蒸气-空气混合或热水。由于蒸煮袋材料的机械强度和封口强度较低，因此杀菌设备必须采用反压力杀菌。对于蒸煮袋，主要采用定压反压方式，这种反压控制方式是在杀菌升温阶段就开始通入压缩空气。传统的杀菌技术有两种：高温杀菌和高压杀菌。高温杀菌技术，主要是指食品经100℃以上、130℃以下的杀菌处理。高压杀菌技术，是将食品置于高压装置中加压，促使微生物的生物化学反应、基因机制形态和结构以及细胞壁膜发生变化，从而影响微生物原有的生理活动机能，甚至破坏原有的功能或产生不可逆变化致死，达到杀菌和贮藏的目的。高压杀菌技术一般在常温下使用，也可以结合低温或高温条件进行，处理时间可以从几秒到几十分钟。特别是采用高压杀菌技术对肉类进行加工处理，其在柔嫩度、风味、色泽、成熟度及保藏性等方面都可以得到不同程度的改善。

10.2.2.2 高温高压杀菌的原理

（1）高温高压对食品中微生物的作用 微生物细胞由细胞壁、细胞膜、细胞质及细胞核组成，各部分结构通过协调运作维持细胞正常的形态和功能，保证细菌新陈代谢以及生长繁殖能够顺利进行。细胞膜将细胞内的组分与周围环境分隔开，不仅负责细胞内外的物质运输，还是细菌有氧代谢的场所。高压主要通过两种途径导致微生物细胞失活。高压处理可破坏细胞膜结构，导致细胞膜通透性发生变化，进而使得细胞质流失，导致微生物死亡。采用高压处理，在300MPa以上的压力下，细菌、霉菌、酵母菌等都被杀死。但一些芽孢杆菌属的芽孢，耐压性较强，需在600MPa的高压下才能被杀死。食品在加压杀菌时，温度、食品质地、浓度和pH值等都对杀菌效果有影响。高压处理食品，可以避免因加热而引起的品质变化、变味以及因冷冻引起的组织破坏。沙门菌在20℃、200MPa的压力下还有一小部分菌存活，但当温度为−20℃在相同的压力下则被全部杀死。超高压处理（345MPa、5min、5℃）可以改变肠膜明串珠菌细胞壁结构以及细胞膜的通透性，从而降低细胞膜两侧的电位梯度，导致细菌无法合成ATP，进而激活细胞内的自溶酶使细胞壁发生降解。高温杀菌是一种较为强烈的食品热处理形式，一般是将包装后的食品加热到100℃以上的高温，并实时补充空气，保温一定的时间达到杀灭微生物、确保食品有较长保质期的目的。鉴于高压和高温杀菌技术各自的优越性，在高压高温杀菌技术下处理食品微生物时，可对菌体的蛋白质、核酸、酶系统等产生直接破坏作用，可使蛋白质中的氢键破坏使之变性或凝固，使双股DNA分开为单股，受热而活化的核酸酶使单股的DNA断裂，导致菌体死亡。而且在同样的压力下，杀死同等数量的细菌，温度高则所需杀菌时间短，所以适当提高温度对高压杀菌也有促进作用。在高压高温杀菌下，温度和压力对于物质的状态变化和平衡的性质作用正好是相反的，可是从蛋白质受热或加压后变性这方面得出的结果是相同的，而且随着受热温度的升高，受压变性所需的压力可以降低，也就是说温度对压力有增效作用，但也有出现热变性和压力变性相互减弱的抵抗现象。以肉制品的高温高压杀菌为例，在自动调压下，肉制品的加热温度必须是以将细菌数减少至最少的数量为原则，加热温度的上限要控制在不使肉与肉制品产生肉汁分离和色泽灰暗等问题。应最大限度稳定肉色，保持制品的营养和特有的风味，并具有一定的保鲜期。

（2）高温高压对食品中酶的作用　在果品、蔬菜和茶等的加工过程中，由于自身的酶作用产生变色、变味和变质。而果品、蔬菜、茶叶中所特有的色泽、香味及其品质都与许多酶有关，如过氧化氢酶、多酚氧化酶、酪氨酸酶等。在蔬菜冷冻、冷藏保存时，通常进行软化处理，使蔬菜中一些与品质有关的酶失活。进行软化处理的蔬菜发生变化，其特有的香味和口感损失较多。利用高压处理技术可使蔬菜中一些酶失活，而对其色泽、香味影响较小，随着处理压力加大、处理温度升高，酶失活速度加快，过氧化酶的含量与处理时间的对数值呈直线减小。

10.2.2.3　高温高压杀菌的优缺点

高温高压杀菌是一种较彻底的杀菌方式，杀菌率很高，在99%以上，而且由于杀菌釜的容积比较大，所以适合大批量短时间的杀菌。高压杀菌能够保持食品的原有色香味及营养价值，避免了因热处理而影响食品品质的各种弊端，非常适合像果蔬汁这种热敏性食品的杀菌。由于高压杀菌是液体介质的瞬间压缩过程，因而杀菌均匀、无污染、能耗低、操作方便，对环境污染小。高温高压杀菌技术除了对食品有一些有益作用外，还存在着一些不良影响，如食品感官特性的劣变（口感偏软等现象）和热不稳定营养素（如维生素A、维生素D、维生素E等）的损失。而且，高温高压处理成本很高，投资巨大，仅适用于高价值的食品，不能广泛用于各类食品的保藏过程，其大规模应用还需要进一步研究。

10.2.2.4 高温高压杀菌的应用

用高压处理蒜泥和蒜粒，并在5℃冷藏保存时，蒜泥在保存开始时变成青绿色，以后黄色增加，对蒜粒的处理效果较好，可以防止变色。在绿茶饮料的杀菌处理时，用加热（100℃以上）方法杀死绿茶中的耐热性芽孢时可产生褐色，影响绿茶饮料的质量，采用高压处理并适当提高温度（700MPa，70℃）就能杀死芽孢，保持绿茶原有的色泽，防止褐色的产生。在茶饮料加压处理（300MPa，70℃，20min）时香气成分稍有减少，但保持着香气组成的总体平衡，茶中特有的新鲜、清香被保存。高压处理是茶类饮品杀菌、保香的最佳方法。食品长期贮藏的方法是冷藏，但由于冷藏能在食品中形成冰结晶，引起组织破坏，自由水减少，以及盐析、胶体的变化，从而导致食品的色、味都发生变化，对长期贮藏影响较大。利用高压处理技术和水经加压在0℃以下一定范围不冻结的特性，使食品中酶反应速度下降，微生物活动停止，减少食品的质变。国外，已将高压杀菌技术应用于肉、蛋、牛奶、大豆蛋白、香料、果汁、矿泉水和啤酒等食品的加工中。

10.2.3 瞬时高温杀菌

10.2.3.1 瞬时高温杀菌的概念

瞬时高温杀菌技术在很多年之前已经广泛应用于牛奶、豆浆、豆乳、果酒和奶酒的杀菌，它是将牛奶加热到120℃，保持数秒后再冷却，这样做可以保证获得的产品热损伤极小，最大限度地保留了产品的营养价值。后来，又出现了一种最新的超高温瞬时杀菌技术（UHT），替代了原有瞬时杀菌应用于牛奶行业中，它是将鲜牛乳在高压之下喷射到140℃的蒸汽环境中，维持几秒钟。这种方法较好地保持了产品原有风味和营养成分不被破坏，超高的温度使得耐热性的细菌无法存活，因而贮藏性明显提升，甚至无需在10℃以下温度保存，就可以实现6～9个月的保质期。

10.2.3.2 瞬时高温杀菌的原理

将食品或药品在短时间内通过高温处理，使其中的细菌、病毒等微生物被彻底灭杀，具体过程如下：①将食品或药品置于高温环境中，通常温度为150～180℃或180℃以上；②在高温下保持一定时间，通常为几秒至十几秒；③高温下的热量会对微生物中的蛋白质、核酸等分子结构产生破坏作用，细胞膜也会受到显著破坏，从而导致微生物死亡；④随着处理时间的增加，越来越多的微生物被杀灭，最终达到灭菌的目的。UHT加热是使用蒸汽直喷或蒸汽注入，即直接加热，或通过间接加热热交换器。由于直接和间接加热具有不同优点，也有使用这2种方法的组合系统。

10.2.3.3 瞬时高温杀菌的优缺点

瞬时高温杀菌，时间短，不仅能杀死食品中耐热的微生物孢子，还能最大限度地减少食品中营养成分的损失。与传统的热力杀菌法相比，瞬时高温杀菌的营养成分保存率较高，一般达95％以上。瞬时高温杀菌设备温度控制准确，设备精密。经UHT生产的食品在贮存期内微生物指标稳定，保质期长，比如，UHT乳的保质期可达6个月以上。瞬时高温杀菌生产过程无"三废"排放，更环保，可实现绿色生产。但其存在生产成本较高，乳铁蛋白等生物活性物质损失较大，对产品风味影响较大的缺点。

10.2.3.4 瞬时高温杀菌的应用

瞬时高温杀菌常用于鲜乳、果汁、饮料、棒冰及冰激凌浆料、酱油、豆浆、炼乳、酒类等液体物料的灭菌。

10.2.4 γ射线杀菌

10.2.4.1 γ射线杀菌的定义

γ射线杀菌是辐照杀菌的一种。辐照杀菌是指食品经过一定剂量波长极短的高能射线（如γ射线、电子束和X射线）照射后，可以杀灭食品表面（或内部）的病原微生物或其他腐败微生物的过程。γ射线的辐射源为^{60}Co或^{137}Cs放射核素。

10.2.4.2 γ射线杀菌的原理

如图10-1所示，辐照杀菌根据作用方式不同分为直接作用和间接作用。直接作用是射线直接作用于蛋白质、脂类和核酸，使其发生断裂、交联、降解等一系列化学反应，改变其生物化学性质，导致其结构破坏和功能丧失，从而达到杀死微生物的目的。间接作用是通过辐照使水分子发生辐解，形成水合电子、氢原子、羟基自由基、过氧化氢等带电物质，再作用于生物大分子，使其发生氧化还原反应，导致其结构破坏，降低或失去生物功能，从而达到杀死微生物的目的。研究表明，间接作用引起的DNA损伤是微生物致死的主要原因。

10.2.4.3 γ射线杀菌的优缺点

与其他杀菌技术相比，辐照杀菌的优点如下：①γ射线穿透力强，杀虫、灭菌彻底，可以对包装好的食品进行均匀彻底杀菌，避免包装过程中的二次污染；②对固态、液态、干湿食品及不同大小食品均可进行辐照杀菌处理；③可在冷冻或常温下进行杀菌，且杀菌基本不会使食品内部升温，即使用高剂量辐照（大于10kGy）时食品中总的化学变化也非常微小，能够较好地保持食品的色香味及营养物质；

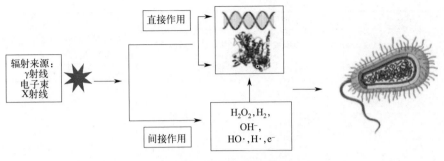

图 10-1　辐照杀菌的原理

④在辐照射线的直接（或间接）作用下，生物大分子（或有害有毒分子）会发生断裂、交联、降解等一系列化学反应，降低其毒性，比如辐照杀菌能降低食品中过敏原的致敏性，降解农药及真菌毒素等有毒物质；⑤相对于超高温瞬时杀菌，辐照杀菌能耗为其几分之一甚至几十分之一，节约能源，且可以对杀菌过程进行准确控制。

然而，常用的^{60}Co-γ辐照使用的放射性核素具有很强的放射性，需要一定的安全防护措施，严防泄漏，且不能随时关停，具有一定的安全问题。一般情况下，经过杀菌剂量的辐照，食品中的生物酶类成分不能被完全钝化。有时敏感性强的食品经过高剂量辐照时，其感官特性会发生一定的变化。辐射设施和照射成本费用较高，同时消费者对辐照食品安全性的信任感不够强。辐照食品在国内的发展还需要经历一段很长的历程。

10.2.4.4　γ射线杀菌的应用

根据我国现行标准，目前我国允许应用辐照技术处理食品的范围如表 10-2 所示。大量研究通常采用低辐照剂量（≤1kGy）对新鲜水果类、新鲜蔬菜类、干果果脯类、猪肉、豆类、谷类及其制品进行杀虫、杀菌、抑制发芽和推迟后熟；中辐照剂量（1～10kGy）对冷鲜肉、水产品、熟食、花粉、脱水蔬菜及其他加工制品进行杀菌、防霉；高辐照剂量（10～50kGy）对肉、家禽、海鲜和食品添加剂进行灭菌。在美国，肉类、谷物、水果、蔬菜和很多种海鲜食品均可进行辐照。但也有一些食品不适合，如对牡蛎及贝壳类进行辐照后，其保质期缩短，质量也会下降。

表 10-2　我国允许应用辐照技术的食品种类及目的

国家标准	辐照剂量	适用范围	目的
GB 14891.1—1997	≤8kGy	熟畜禽肉类食品	杀菌,致病菌不得检出
GB 14891.2—1994	8kGy	花粉	杀菌、防霉,致病菌不得检出,霉菌数不得超过 100 个/g
GB 14891.3—1997	0.4～1.0kGy	干果果脯类食品	杀虫、杀菌,不得检出活虫及活虫卵,致病菌不得检出

国家标准	辐照剂量	适用范围	目的
GB 14891.4—1997	≤10kGy	香辛料类	杀菌、防霉，致病菌不得检出，霉菌数不得超过 100 个/g
GB 14891.5—1997	≤1.5kGy	新鲜水果、蔬菜类	抑制发芽，抑制后熟
GB 14891.6—1994	0.65kGy	猪肉	猪肉旋毛虫灭活，不能发育为成虫在动物肠道内寄生
GB 14891.7—1997	≤2.5kGy	冷冻包装畜禽肉类	杀灭沙门菌，不得检出沙门菌
GB 14891.8—1997	豆类≤0.2kGy，谷类 0.4～0.6kGy	豆类、谷类及其制品	杀虫，不得检出活虫及活虫卵

10.2.5　电子束辐照杀菌

10.2.5.1　电子束辐照杀菌的定义

依据 GB 18524—2016《食品安全国家标准　食品辐照加工卫生规范》，对"食品辐照"的定义为：利用电离辐射在食品中产生的辐射化学与辐射微生物学效应而达到抑制发芽、延迟或促进成熟、杀虫、杀菌、灭菌和防腐等目的的辐照过程。按照国家标准 GB/T 15446—2008《辐射加工剂量学术语》、农业标准 NY/T 2209—2012《食品电子束辐照通用技术规范》及四川省地方标准 DB51/T 2959—2022《中药电子束辐照通用技术规范》对辐照相关规定。电子束是指在电磁场中被加速到一定动能的基本上是单向的电子流。辐照工艺剂量，是指在食品辐照中，为了达到预期的工艺目的所需的吸收剂范围，其下限值应大于最低有效剂量，上限值应小于最高耐受剂量。电子加速器装置应符合 GB/T 25306—2010 的要求，且该装置所产生电子束的能量应不高于 10MeV。

10.2.5.2　电子束辐照杀菌的原理及安全性

电子束辐照是利用电子加速器释放的电子束（最大能量 10MeV）产生的物理、生化效应，杀灭食品中的病原微生物及其他腐败菌，从而达到食品保鲜的目的。食品辐照是一种非热过程，能够通过直接或间接两种作用使微生物失活。直接作用是通过破坏重要的大分子，如 DNA、RNA 和蛋白质，来损害或杀死细菌，并使微生物无法繁殖，从而起到防腐作用。间接作用是通过电离水分子产生高度活性的自由基，改变食品中氧化还原环境，损伤微生物的核酸、蛋白质和酶，从而破坏微生物细胞膜和细胞内部 DNA，杀死有害微生物。适当剂量的电子束辐照不会显著改变食品的物理性质，处理后的食品温度几乎不会升高，并且可以使食品中的病原体减少 99.999%。

世界卫生组织（WHO）、联合国粮农组织（FAO）和国际原子能机构（IAEA）于 1980 年得出结论，任何食品的辐照总体平均吸收剂量达到 10kGy 时不会造成毒理危害。在高达 70kGy 的高剂量辐照研究中，也没有显示出高剂量辐照对健康的不良影响，故使用电子束辐照技术处理食品并不会对消费者健康造成不良影响。近年来，食品辐照技术作为一种高效的非热加工技术，主要使用类型包括 γ 射线、X 射线（≤5MeV）和电子束（≤10MeV）辐照等，通过一定剂量的电子束辐照可以进行食品杀菌、脱毒，调控生物生长，以及改善食品品质等。目前食品辐照技术的安全性已经得到越来越多国家的认可，电子束辐照技术已经广泛应用于肉制品品质改善、果蔬食品保鲜、米糠油贮存时间延长和特性提升等方面。近年来，辐照消毒灭菌已经逐渐进入商业化阶段，可被用于辐照消毒的食品种类也逐渐丰富起来。

10.2.5.3 电子束辐照杀菌的优缺点

与 γ 射线辐射相比，电子束辐射具有突出的技术特点和优势，主要表现在以下几个方面：①可利用的能区宽，可以根据需要设计制造农产品和食品辐射加工的专用设备；②电子流聚束性能好，加速器产生的电子束集中，方向一致，可以产生更高的剂量率；③能量利用率高，一般在 60% 左右，电子束在照射物品时，其能量可以均匀地分布在被照射的区域内，几乎全部被吸收；④产量高，速度快；⑤操作简单，使用安全，不会产生对环境的污染隐患，相比于 γ 射线，电子束辐照对食品质量影响较小，因不含放射性同位素而更容易被消费者接受，在食品工业中更具优势；⑥高能电子束可以转化为穿透能力更强的 X 射线。由于电子束的束能可以达到很高的水平，如果束能过高，在辐照物品时会引起感生放射性。因此，适合农产品、食品辐照加工用途的电子加速器辐照装置，其束流能量限制在 10MeV（X 射线≤5MeV）以下。

然而，电子束辐照会改变肉类系统的氧化还原电位，从而加速肉类系统中脂质和蛋白质氧化、使颜色变化和异味形成，并使肉中 2-硫代巴比妥酸反应物（TBARS）明显增多。

10.2.5.4 电子束辐照杀菌的应用及发展

电子束辐照技术作为一种高效的冷杀菌方式被广泛应用于肉品保鲜中，但电子束辐照在杀灭微生物的同时，可能会导致肉品品质及营养价值的破坏，甚至产生异味，影响消费者的可接受程度。采用 2～5kGy 辐照剂量能够在达到良好杀菌效果的同时，最大限度地保持肉品品质以及营养价值，高于 5kGy 的剂量可能产生令消费者不愉快的风味以及颜色，对脂质和蛋白质的氧化以及氨基酸含量也有一定影响。此外，采取不同包装方式，控制贮藏温度以及添加抗氧化剂等措施，能够有效抑制电子束辐照导致的肉品品质变化。目前，电子束辐照技术在果蔬、肉品、粮油等食品的杀菌保鲜、货架期延长方面已经得到了较为广泛的应用。例如，干枸杞的电子束辐照剂量在 4～8kGy 时能有效抑制干枸杞生虫，且最大程度保持干枸杞原有的食用品质。相关报道记载 1～7kGy 电子束辐照对草鱼鱼糜脂肪酸组成和挥发性化合物的影响，结果表明，随着辐照剂量的增加，饱和脂肪酸含量上升，不饱和脂肪酸含量下降，对反式脂肪酸的含量没有影响。通过电子束辐照对冷藏鲈鱼品质影响的研究表明，低辐照剂量结合冷藏可以延缓蛋白质氧化，更适合鲈鱼肉的保鲜。

　　未来应侧重开发新型电子束（如低能电子束）辐照设备，不断优化电子束辐照处理参数，使其在显著延长食品货架期的同时，更好地维持产品品质；同时应更加关注电子束辐照与不同原料肉、产品物理状态和包装方式等方面的相互作用，建立全面规范的电子束辐照技术处理体系，进一步实现食品中电子束辐照杀菌技术的精准、高效应用，使电子束辐照技术在食品工业中充分发挥其优势和应用价值。

第 11 章

食品研发案例

11.1 食品研发营销案例分析

近两年，从进入谷物代餐市场开始，王饱饱一直表现不俗。王饱饱是杭州饱嗝电子商务有限公司申请注册的商标，主要原料为烘焙燕麦片。2020年，"王饱饱"正式启动线下渠道，截至2022年底，线下覆盖终端门店突破10000家，年度平均增长超300%。我们以王饱饱燕麦片的市场研发营销为例，剖析其爆品的研发思路、产品定位、营销策略等，为食品类产品研发作参考。

11.1.1 市场背景

燕麦作为"早餐"的消费认知起源于19世纪的美国。19世纪末，"桂格"燕麦片受到了大批爱尔兰和德国移民的欢迎，美国也因此而掀起了一场燕麦片饮食革命。20世纪60年代，国内燕麦商业化初始尝试阶段，代表品牌有河北省张家口长城麦片厂"拖拉机"燕麦片、天津杏林食品厂"杏林"燕麦片，但由于人工挑选成本高、设备技术落后等原因，约在70年代全部停产。20世纪80年代，国内研究确认了燕麦的降脂功能，多地研究所农科院研发并兴建燕麦加工厂，但由于燕麦加工厂多由研发端和供给端推动，消费市场对燕麦认知较弱，大部分燕麦企业申请破产或转让，桂格也退出了中国市场。1997年，燕麦有助于降低心脏病风险的保健功效得到FDA认证；我国卫生部批准世壮燕麦片可冠以保健品的标志。燕麦从此成为健康生活方式的代名词，进入高速发展期。2010年左右，以桂格、西麦、雀巢等为主导的中国早餐燕麦市场逐步觉醒。目前，国内燕麦企业呈以下格局：①停留在县城及发展尾部城市的地方性中小型燕麦食品企业占大多数，但由于缺少食品安全标准认证，面临淘汰的危机；②区域性燕麦食品企业以所属经营区域为核心，其影响力在品牌所在区域呈扇形扩散，但有减弱趋势；③少部分全国性燕麦食品企业，如桂格、西麦、雀巢、卡乐比等，其销售范围和影响力覆盖全国。

近几年来，中国消费市场的一人食场景流行，95后、00后已经成为消费的主力军，他们不仅有强烈的消费意愿，更具有消费个性与主见。他们对健康的要求越来越高，怕胖成为用户普遍的痛点。再加上"宅经济"时代的崛起，以及人们生活节奏加快和空闲时间限制，大大催生了代餐市场的需求，代餐趋势已经成为全民的大趋势。但市面大部分代餐多为粉类，饱腹感不足，传统谷物代餐又太过乏味，代餐市场存在很大的空白。

11.1.2 产品构思、制作与创新

燕麦片作为营养丰富的谷物食品，近年来已经成为消费者的重要代餐食品之

一。在产品消费占比方面，国产品牌麦片逐年上涨，进口产品主要来自美国和日本。目前，西式裸燕麦和膨化燕麦是国内市场上的两类主要产品，但西式传统冲泡裸燕麦不符合年轻人的口味喜好，消费选择倾向低，而膨化燕麦虽然口味好，但吃了又容易上火、发胖。国外市场存在各类花式麦片，其在保有燕麦基础营养要素的前提下，通过添加各类水果、坚果等来丰富产品口感与价值，并且依据不同的加工工艺还可以进一步细分产品类别。在这样的市场背景和产品现状下，王饱饱在格兰诺拉产品的基础上，瞄准了"烤麦片"空白品类代餐市场，进行微创新，与传统品牌形成市场竞争区隔，形成新品类的代表品牌。

王饱饱团队摒弃了传统西式裸燕麦和膨化燕麦的生产工艺，不添加淀粉、大米粉，140min 低温烘焙，解决了口感问题，也保留麦片完整纤维含量，同时又健康不上火，也没有忽视女性的减肥需求，为消费者提供每日所需的膳食纤维，促进肠道健康。得益于新技术的加持，同一产品实现了多种吃法，开袋即食和冲泡食用均可。除了在工艺上，充分强调了产品的特点属性，还研发出新口味产品。前者解决了完整燕麦的口感问题，后者则通过添加不同辅料，让口感和味道更多元化。

让消费者参与产品研发。品牌创立之初，王饱饱团队选择了自建工厂解决供应链问题，由此打造更强的产品力。在后续的产品研发上，自有工厂的灵活性不断凸显。王饱饱团队经常结合食品行业的流行元素与自身产品进行研发实验，实验成功后，先通过秒杀活动将产品小批量投放给粉丝，收集他们的建议后集中改进，然后再大批量投放。

11.1.3　产品定位

(1) 目标人群定位　企业十分清楚自身的核心目标用户是谁，王饱饱将 20～30 岁之间的年轻女性定位成自己的目标群体。首先，王饱饱创始人深知年轻女性消费者爱吃但又怕胖的消费痛点，也更加关注产品的口感、健康，所以纤维、蛋白质、维生素含量等指标逐渐成了影响她们购买决策的因素。其次，年轻女性消费观念前卫开放，乐于接受新鲜事物，追求个性敢于尝试，对于这样的消费群体，只要产品有特点、有实力、符合她们的胃口，就很容易被其所接受。此外，年轻女性消费者经济独立、消费自由，消费观念不定型，易受环境影响，容易被种草。

(2) 消费趋势定位　2020 年"懒人经济"也开始全面暴发，市场上各种"懒人经济"的产品在助推用户越来越懒。王饱饱的产品食用简便，也在很大程度上搭乘了这趟懒人经济的顺风车。本质上，王饱饱做的是燕麦片的增量市场，它是用一种在国内较为新颖的产品形态去契合新的细分人群的需求而非去争夺桂格、西麦的消费者。

(3) 品牌定位　王饱饱品牌口号为"早餐吃饱饱，一天没烦恼"，品牌标志以 Q 萌、活泼、圆润的笔触传递品牌形象，希望消费者度过一个活力满满的悠闲早餐时刻。

11.1.4　包装设计

在产品包装上，王饱饱让消费者体验差异化，放大产品价值。使用了饱和度更高的包装颜色，符合当下主流快消品的整体审美，通过简约的色彩搭配，形成与传统品类的包装差异。同时，包装图案设计突出其产品大果干、高膳食纤维的差异化卖点，增强了产品的记忆点与传播力。相同系列产品内的包装采取统一色系和风格，形成矩阵内的种类差异性。

11.1.5 营销策略

与传统的燕麦品牌（例如西麦、桂格等）以线下的连锁商超、大卖场为核心渠道不同，王饱饱作为互联网品牌，主要布局线上渠道。在现今这个互联网时代，新消费人群在获取信息和购买商品的方式上已经发生了深刻的变化。消费者的购物行为从原本的"电视广告＋传统商超"的渠道，逐渐进化到通过电商平台比价搜索，到现在的以内容、社交为驱动的即时购买方式。因此，在营销方式和传播触点的选择上，都以年轻人的偏好和习惯为主。

在线上，聚焦流量主渠道。王饱饱根据目标人群的媒体接触习惯，选择小红书、抖音等年轻人喜爱、乐于观看的渠道，以图片＋文字、幽默视频等形式，深挖内容传播策略。在自媒体时代，流量明星和网红达人拥有大量粉丝群体，品牌根据自己产品特点和定位找到调性相符的流量明星或网红达人，双方合作对于打造网红爆品非常见效。王饱饱深谙网红打造之道，借势明星网红效应，铺天盖地式种草。数据统计，自成立以来先后与200多位网红达人有过合作关系，覆盖粉丝达4000多万。除了线上精细化运营策略，在线下，王饱饱也做过一些推广活动。2019年1月，参加下厨房的线下派对等；今年年初，王饱饱开启了"代言人模式"。越来越多的消费者为王饱饱宣传，品牌声量暴涨，成功打造了品牌知名度。此外，IP联合、跨界营销也是王饱饱的玩法，如：王饱饱与认养一头牛推出了跨界联名年货礼盒。

王饱饱之所以成为燕麦类产品的爆品，可总结为以下三个方面：①切入空白品类，产品优化成为品类第一；②精准定位客群，进行购买习惯分析，打造更符合用户消费需求的产品；③品牌向外投放，建立品牌认知，实现购买转化。

11.2 产品配方优化实例

紫苏油粕是紫苏籽榨油后的固体残留物，紫苏油粕中蛋白质含量高达42.58%，分别比芝麻油粕、花生油粕高10.28%、0.88%；此外，粗脂肪为6.96%，粗纤维20.59%，灰分6.03%，磷2.20%，钙2.0%。其味不仅芳香可口，而且无芥子苷、游离酚、酚紫等致毒物质。基于此，紫苏籽粕的营养功能仍有很大的开发和应用空间，因此将紫苏籽粕加入桃酥中，试图找出最佳的紫苏籽粕桃酥配方，开发出具有紫苏籽营养价值和独特口味的桃酥产品。

11.2.1　实验目的与方法

通过单因素与正交实验获得紫苏籽粕桃酥最佳配方。

11.2.2　桃酥基础配方与工艺流程

(1) 原料　紫苏籽粕粉［用粉碎机将大块的紫苏籽粕饼高速（10000r/min）粉碎制得紫苏籽粕粉末，过80目筛］、低筋面粉、玉米油、木糖醇、鸡蛋、泡打粉、小苏打。

(2) 基础工艺制作流程

① 将称量好的鸡蛋、木糖醇、玉米油和小苏打加入容器中，搅拌均匀后备用；

② 在蛋糊中加入低筋面粉、紫苏籽粕粉、泡打粉，反复叠压，使物料混合均匀，叠压至见不到生粉即可；

③ 叠压好的坯料盖保鲜膜饧制10min，分成每个约35g的小块，盖保鲜膜继续饧制20min，充分静置可使面坯变松弛；

④ 将35g的小块揉圆刷蛋液后轻轻压扁，再摆入刷过油的烤盘中，然后推入预热好的烤箱中层，上火180℃、下火170℃烘烤18min，然后转上火，将烤盘放入上层，2~3min上色后取出烤箱冷却即可。

11.2.3　试验指标因素与指标选择

根据文献资料以及相关经验可知，紫苏籽粕粉、玉米油、木糖醇、小苏打的添加量是影响紫苏籽粕桃酥品质的主要因素，因此选择其作为试验因素。采用感官评价作为试验指标，10名感官评价人员按照感官评分标准（表11-1）逐项打分，综合评定最终决定最佳配方。

表 11-1　紫苏籽粕桃酥感官评定标准

项目	评价标准	评分
色泽	颜色适中均匀	16~25
	颜色较深、较均匀	11~15
	颜色深、不均匀	1~10
外观	表面均匀、无塌陷	16~25
	表面较均匀、有塌陷	11~15
	表面不均匀、有塌陷	1~10
组织结构	蜂窝蓬松均匀、内部气孔小、无焦粒感	16~25
	蜂窝蓬松较均匀、内部气孔较大、无焦粒感	11~15
	蜂窝蓬松不均匀、内部气孔大、有焦粒感	1~10
气味、口感	质地疏松、低油酥脆、甜度适中、紫苏香适中、口感好	16~25
	质地较疏松、稍油较酥脆、较甜或甜度不够、紫苏香较淡或较浓、口感较粗糙	11~15
	质地不疏松、油腻不酥脆、甜度不适、无紫苏香、口感粗糙	1~10

11.2.4　试验水平的选择

按照如下所示条件进行单因素试验（添加量为低筋面粉质量的比例）：
① 紫苏籽粕粉添加量：5%、10%、15%、20%和25%；
② 玉米油添加量：30%、35%、40%、45%和50%；
③ 木糖醇添加量：25%、30%、35%、40%和45%；
④ 小苏打：0.5%、1.0%、1.5%、2.0%、2.5%。

通过10名考评员的感官评价，确定紫苏籽粕粉、玉米油、木糖醇、小苏打的最佳添加量，实验结果见表11-2。根据表11-1的结果，紫苏籽粕粉、玉米油、木糖醇、小苏打的添加量分别为15%、45%、40%和1.0%时感官评分最高，选择其作为正交实验因素的中间水平。

表 11-2　低糖紫苏籽粕桃酥配方单因素试验结果

紫苏籽粕粉用量/%	总分	玉米油用量/%	总分	木糖醇用量/%	总分	小苏打用量/%	总分
5	76.5	30	73.3	25	76.4	0.5	80.8
10	79.6	35	77.1	30	80.8	1.0	86.7
15	87.3	40	80.5	35	84.3	1.5	83.6
20	77.6	45	86.4	40	86.5	2.0	80.4
25	72.8	50	75.2	45	79.7	2.5	75.5

11.2.5　正交实验设计

在单因素试验基础上，进行 $L_9(3^4)$ 正交实验，来确定紫苏籽粕桃酥的配方，正交因素水平见表11-3。正交实验设计表及实验结果见表11-4。

表 11-3　紫苏籽粕桃酥配方正交实验因素水平表

水平	因素			
	A 紫苏籽粕粉用量/%	B 玉米油用量/%	C 木糖醇用量/%	D 小苏打用量/%
1	10	40	35	0.5
2	15	45	40	1.0
3	20	50	45	1.5

表 11-4　紫苏籽粕桃酥配方正交实验结果

序号	A	B	C	D	感官评分
1	1	1	1	1	74.3
2	1	2	2	2	90.3
3	1	3	3	3	85.5
4	2	1	2	3	86.4
5	2	2	3	1	87.3
6	2	3	1	2	83.7
7	3	1	3	2	78.4

序号	A	B	C	D	感官评分
8	3	2	1	3	81.3
9	3	3	2	1	82.8
k_1	83.5	79.7	79.8	81.5	
k_2	85.8	86.3	86.5	84.1	
k_3	80.9	85.3	83.9	84.5	
R	4.9	6.6	6.7	3.0	

由表 11-4 可知，根据 R 值，紫苏籽粕粉、玉米油、木糖醇、小苏打对紫苏籽粕桃酥感官品质的影响大小顺序为 $C>B>A>D$。紫苏籽粕桃酥的最佳配方是 $A_2B_2C_2D_3$，在此条件下，经过 3 次平行验证实验，紫苏籽粕桃酥感官评分 90.5 分，即最佳配方：以低筋小麦粉质量为基准，紫苏籽粕粉 15%、玉米油 45%、木糖醇 40%、小苏打 1.5%、全蛋液 30%、泡打粉 2%。在此条件下生产的紫苏籽粕桃酥，色泽均匀，呈棕黄色，外形整齐，并有自然裂口花纹，酥松爽口，甜度适中，口味纯正，咀嚼时有浓郁的紫苏特殊香味，且成品富含膳食纤维。

11.3 产品工艺优化实例

绿变、褐变是大蒜加工过程中的常见问题。大蒜绿变主要原因是 γ-谷氨酰-S-烯基-L-半胱氨酸在蒜氨酸酶等的作用下发生一系列反应生成了蓝色素、黄色素，这两种色素混合呈现绿色。而大蒜褐变可能与酶促反应、美拉德等反应有关。蒜泥作为主要以蒜为主体的产品，加工过程中也存在变色现象，导致其感官品质和商业价值降低，难以长期保存。市场上很少有纯蒜泥调味品，只能每次按需制作，因此蒜泥加工过程中的护色工艺对产品品质尤为重要。

11.3.1 实验目的与方法

采用单因素试验结合响应面法优化蒜泥的护色工艺。

11.3.2 蒜泥基础配方与工艺

100g 蒜泥配方：大蒜 100g，食用植物油 20g，食盐 7g。

蒜泥制作工艺流程：配料→筛选、清洗→破碎→水洗→盐渍→调味→包装→烫漂→冷却→成品。

11.3.3 试验因素与指标的选择

目前蒜泥常用的护色方法有：热处理、添加抑制剂（亚硫酸盐、维生素 C、钙盐等）、调节 pH 值（柠檬酸、肉桂酸）、酶法（添加洋葱粗酶液、抑制酶活性）等。综合考虑引起大蒜褐变的原因以及现有的护色方法，选择烫漂温度和时间以及不同的护色剂作为试验因素，以褐变率抑制率、感官评分作为试验指标。其中，由于主要考察的是贮存期间蒜泥的护色效果，而烫漂主要作用是灭酶，酶失活后对贮存期颜色的影响很小，因此烫漂温度和时间仅作为工艺的单因素试验因素，而不同护色剂的使用作为响应面试验优化的考察因素。

蒜泥感官评分表如表 11-5 所示。

表 11-5 蒜泥感官评分表

分数	气味
10	有浓郁的蒜香味
8	有较浓郁的蒜香味
6	有蒜香味
4	蒜香味较淡
2	几乎没有蒜香味
0	没有蒜香味

褐变率抑制率测定方法为：将蒜泥置于 36℃恒温箱中放置一周，称取样品 5g，以 2∶5 料液比加入 80％乙醇溶液研磨成匀浆，避光反应 30min，每 5min 搅拌一次，然后将反应液在 4℃、8000r/min 下离心 10min，取上清液，以 80％乙醇为空白于 420nm 处测定吸光度。褐变抑制率计算公式：抑制率＝(1－吸光度)×100％。

11.3.4 试验水平的选取

采用单因素法选取适宜的响应面水平，具体实验步骤如下。

（1）烫漂温度和时间的选择 加工温度和时间对蒜香味和褐变都有重要影响，因此以变色时间和感官评分作为试验指标，选取适宜的烫漂温度和时间。在不添加护色剂的条件下，选取烫漂温度分别为 65℃、70℃、75℃、80℃、85℃、90℃，以变色时间和蒜味浓郁程度来缩小温度范围。选取烫漂时间分别为：1min、2min、3min、4min、5min，经烫漂后，常温放置 1 天后观察颜色变化和蒜泥脆度，以确定最佳烫漂温度和时间。

（2）护色剂添加量的选择 护色剂因素水平如表 11-6 所示。

表 11-6 护色剂单因素试验水平表

组别	质量分数/‰		
	柠檬酸	氯化钙	焦亚硫酸钠
1	4	0.2	1.0
2	5	0.4	1.5
3	6	0.6	2.0
4	7	0.8	2.5
5	8	1.0	3.0

（3）不同烫漂温度和时间对蒜泥颜色及蒜味的影响 由图 11-1 可知，随着烫

漂温度的升高,蒜泥变色时间延长,而蒜香味逐渐变弱。其原因可能是在较高的温度下,引起蒜泥褐变的酶被钝化而延缓了变色时间,但也使得香气物质的挥发速度加快,导致蒜香味减弱。在65~70℃时,蒜香味几乎没有变化,70~80℃时,蒜香味略微减弱,但是65~80℃的未变色时间不足2h。当温度为80~90℃时,抑制蒜泥变色效果较好,虽然在该温度范围的蒜香味有所减弱,但是仍在可接受范围之内。因此,综合考虑蒜泥变色时间和蒜味浓郁程度,选择在80~90℃缩短烫漂时间来确定蒜泥烫漂的最适温度和时间,结果见表11-7。在80℃时,蒜泥的脆度几乎没有变化,但颜色变化大,对褐变抑制效果不太明显;在90℃时,蒜泥的颜色虽然可以保持其原有的色泽,但其质地变软,影响口感。所以综合考虑后烫漂温度和时间的最优条件为:85℃、3min。

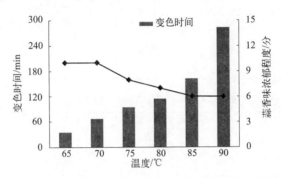

图 11-1　烫漂温度对蒜泥变色时间和蒜味浓郁程度的影响

表 11-7　烫漂温度和时间对蒜泥色泽和脆度的影响

时间/min	80℃		85℃		90℃	
	颜色	脆度	颜色	脆度	颜色	脆度
1	褐色	脆	黄色	脆	淡黄色	适中
2	褐色	脆	淡黄色	脆	白色	软
3	深黄色	脆	白色	脆	白色	软
4	淡黄色	脆	白色	较脆	白色	软
5	淡黄色	较脆	白色	适中	白色	软

(4) 护色剂添加量对蒜泥褐变程度的影响　柠檬酸添加量对抑制蒜泥褐变的效果如图11-2(a)所示。褐变抑制率随着柠檬酸添加量的增加呈先上升后下降的趋势,当添加量为6‰时,褐变抑制率最高,为56.78%。图11-2(b)为氯化钙添加量对蒜泥褐变的影响。结果表明,随着氯化钙浓度的增加,抑制率逐渐增大,当添加量达到0.8‰,褐变抑制率达到最大值56.77%。由图11-2(c)可知,当焦亚硫酸钠添加量为2.0‰时,褐变抑制率效果最好,此时的褐变抑制率为56.66%。因此,选择6‰、0.8‰、2‰作为中间水平,进行三因素三水平响应面优化试验。

11.3.5　试验设计与实施

以柠檬酸(A)、氯化钙(B)、焦亚硫酸钠(C)为三个因素,进行三因素三

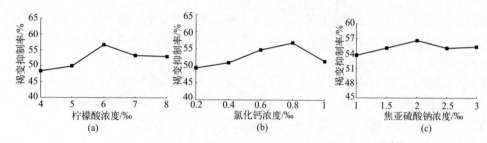

图 11-2　蒜泥护色工艺单因素试验结果

水平的响应面试验，响应面因素水平见表 11-8，试验设计表与结果见表 11-9。

表 11-8　响应面实验因素和水平

水平	因素		
	A 柠檬酸添加量/‰	B 氯化钙添加量/‰	C 焦亚硫酸钠添加量/‰
−1	4	0.6	1
0	6	0.8	2
1	8	1.0	3

表 11-9　响应面优化实验设计及结果

实验号	因素			吸光值(Y)
	A	B	C	
1	−1	−1	0	0.4541
2	1	−1	0	0.4542
3	−1	1	0	0.4571
4	1	1	0	0.4641
5	−1	0	−1	0.4590
6	1	0	−1	0.4560
7	−1	0	1	0.5030
8	1	0	1	0.5094
9	0	−1	−1	0.4616
10	0	1	−1	0.4679
11	0	−1	1	0.5125
12	0	1	1	0.5143
13	0	0	0	0.4325
14	0	0	0	0.4302
15	0	0	0	0.4311
16	0	0	0	0.4320
17	0	0	0	0.4334

11.3.6　实验结果分析

对表 11-9 中的数据进行拟合分析，得到的方程为：$Y = 0.43 - 0.001313A + 0.002625B - 0.024C + 0.001725AB - 0.00235AC - 0.001125BC + 0.009155A^2 + 0.016B^2 + 0.041C^2$。方差分析结果见表 11-10，$F = 1013.05$，$P < 0.0001$，表明模型是极显著的；失拟项 $P = 0.4794 > 0.05$，差异不显著，表明此试验无失拟因素

存在，能较好地对实验结果进行预测；$R^2 = 0.9992$，说明该模型和实际实验拟合度较好；因此，用此模型来预测蒜泥褐变抑制剂配方是可行的。根据 F 值，各因素对试验结果影响的先后次序为 $C > B > A$，即焦亚硫酸钠 > 氯化钙 > 柠檬酸。

表 11-10　回归方程方差分析

方差来源	平方和	自由度	均方	F 值	P 值	显著性
模型	0.014	9	1.55×10^{-3}	1013.05	<0.0001	**
A	1.38×10^{-5}	1	1.38×10^{-5}	9.00	0.0200	*
B	5.51×10^{-5}	1	5.51×10^{-5}	35.98	0.0005	**
C	4.74×10^{-3}	1	4.74×10^{-3}	3092.88	<0.0001	**
AB	1.19×10^{-5}	1	1.19×10^{-5}	7.77	0.0270	*
AC	2.21×10^{-5}	1	2.21×10^{-5}	14.42	0.0067	**
BC	5.06×10^{-6}	1	5.06×10^{-6}	3.30	0.1119	
A^2	3.53×10^{-4}	1	3.53×10^{-4}	230.34	<0.0001	**
B^2	1.13×10^{-3}	1	1.13×10^{-3}	737.37	<0.0001	**
C^2	7.03×10^{-3}	1	7.03×10^{-3}	4587.20	<0.0001	**
残差	1.07×10^{-5}	7	1.53×10^{-6}			
失拟项	4.59×10^{-6}	3	1.53×10^{-6}	1	0.4794	不显著
纯误差	6.13×10^{-6}	4	1.53×10^{-6}			
总差	0.014	16				

$$R^2 = 0.9992, R_{\text{Adj}}^2 = 0.9982, C.V.(变异系数) = 0.27\%$$

注："**"表示极显著（$P < 0.01$），"*"表示显著（$0.01 < P < 0.05$）。

图 11-3 为三个因素交互作用对蒜泥褐变程度的影响。随着柠檬酸和氯化钙的浓度增大时，其吸光度先下降再上升，曲面较陡，等高线比较接近椭圆，说明柠檬酸和氯化钙两个因素的交互作用显著。随着柠檬酸和焦亚硫酸钠浓度的增加，吸光度呈先下降再上升趋势，且焦亚硫酸钠的作用大于柠檬酸。其曲面图更陡，等高线呈椭圆形，说明两者交互作用极显著。随着氯化钙和焦亚硫酸钠浓度的增加，吸光度逐渐降低，且焦亚硫酸钠在实验浓度范围内曲线变化比氯化钙大，两者的等高线图比较接近圆形，说明焦亚硫酸钠和氯化钙的交互作用不明显。

11.3.7　结果验证

响应面模型预测的抑制剂最优配方为：柠檬酸、氯化钙和焦亚硫酸钠的浓度分别为 5.95‰、0.78‰、1.70‰。模型预测这个配方的吸光度为 0.4281。考虑实际操作，将此配方调整为：柠檬酸浓度为 6‰、氯化钙 0.8‰、焦亚硫酸钠 1.7‰，并对此配方进行验证实验，得到的吸光度为 0.4297，与预测值接近。将此工艺条件下的蒜泥置于 36℃ 恒温培养下保存 30 天，颜色呈白色，相比于空白组其护色效果显著，且有浓郁的蒜香味，脆度适中，流动性好。根据每升高 10℃，褐变加速指数为 3~5，则在室温 25℃ 的条件下，按照此工艺生产的蒜泥最少可在 3 个月之内保持良好的性状，能够较好地满足生产的需求。

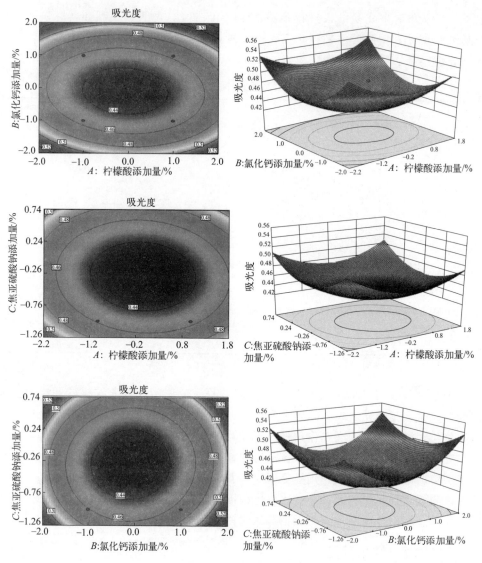

图 11-3　响应面及等高线图

11.4　面包保质期（货架期）测定实例

通过对食品劣变机制的研究，快速、准确地预测出食品货架期是非常必要的，任何袋装食品都需要进行强制食品货架期预测，这是食品生产者的义务。我们以任亚妮等人的面包的货架期测定实验为案例，介绍食品货架期常用的测定方法与过程。

面包以其营养丰富、组织蓬松、易于消化、食用方便等特点成为深受大众喜爱的方便发酵食品且风靡全球。面包作为一种焙烤食品，其货架期的影响因素主要包括：①物理因素，水分损失和硬化导致的组织结构改变和老化等；②化学因素，氧化酸败和水解败坏等；③微生物污染，霉菌感染生长等。综合考虑这些因素并结合GB 7099—2015《食品安全国家标准　糕点、面包》中的相关规定，选择感官评定、水分、酸价、过氧化值、细菌总数、大肠菌群、霉菌作为保质期（货架期）预测实验的指标，采用加速预测货架期法（accelerated shelf-life testing，ASLT），应用 Arrhenius 相关模型及热力学理论和统计学原理预测面包货架期。

11.4.1　货架期预测模型

根据 ASLT 法利用化学动力学来量化外来因素对变质反应影响力的原理，利用温度作为外来因素来加速面包的变质反应，并在一定时间间隔检测该条件下的保质期，然后以这些数据外推确定实际储存条件下的保质期。主要涉及的计算公式如下。

与食品质量有关的各生物化学反应对温度、湿度、氧气含量都有影响。根据化学家 Svante Arrhenius 的研究结果，不同温度下化学反应速度变化的关系为：

$$k = k_A \exp(E_a / RT)$$

式中，k 为速度常数；k_A 为关系式常数；E_a 为活化能，J/mol，指某理化指标 A 或 B 变化所需要克服的能量；R 为气体常数，8.3144J/(mol·K)；T 为热力学温度，K。

在 Arrhenius 等式中，用 Q_{10} 来确定温度对反应的敏感程度。在大多数的反应中，Q_{10} 一般都为 2，换句话说，温度每上升 10℃ 则反应速度加倍。温差为 10℃ 的 2 个任意温度下的储存期的比率 Q_{10} 为：

$$Q_{10} = \theta_{s(T)} / \theta_{s(T+10)}$$

式中，Q_{10} 为温度相差 10℃ 的 2 个货架期的比值；$\theta_{s(T)}$ 为 T 温度下的货架期；$\theta_{s(T+10)}$ 为指定 $T+10$℃ 温度下的货架期。

不同食品进行加速破坏试验时温度选择范围是不同的。ASLT 法中，干燥食品的测试温度为 20~45℃，对照温度为 4℃；冷冻食品的测试温度为 -15~5℃，对照温度为 -40℃；罐藏食品的测试温度为 20~40℃，对照温度为 4℃。一般，为求得准确的 Q_{10}，选取 2 个温度进行试验；同时，还要确定每个温度下每隔多长时间进行测试。每个温度测定时间间隔与 Q_{10} 的关系为：

$$f_2 = f_1 Q_{10}^{\Delta T/10}$$

式中，f_1 为最高试验温度 T_1 时每次测试之间的时间间隔；f_2 为较低试验温度 T_2 时每次测试之间的时间间隔；ΔT 为 $T_1 - T_2$，℃。

确定好测试温度和不同温度下测定次数后，得到相应数据，按照某种食品最有价值的货架期信息可在其保存在它的预期贮藏温度下获得。对于任何不为 10℃ 的温度差 ΔT，则公式为：

$$Q_{10}^{\Delta T/10} = \theta_{s(T_1)}/\theta_{s(T_2)} \rightarrow \theta_{s(T_1)} = \theta_{s(T_2)} \times Q_{10}^{\Delta T/10} \ (T_1 > T_2)$$

式中，$\theta_{s(T_1)}$ 为 T_1 温度下的货架期；$\theta_{s(T_2)}$ 为指定 T_2 温度下的货架期。

11.4.2 样品处理

根据试验要求所采样品为同一批次所生产的面包，且样品采用真空小包装形式（1 个/袋，约重 40g）。将真空密封包装的软面包放入恒湿恒温箱中，选取 ASLT 温度为 37℃，相对湿度 60%（与商业储存湿度相同）；另一个条件为 47℃，相对湿度 60%。

11.4.3 试验指标检测方法

(1) 水分含量　参照 GB 5009.3—2016《食品安全国家标准　食品中水分的测定》中的直接干燥法测定。

(2) 酸价的测定　参照 GB 5009.229—2016《食品安全国家标准　食品中酸价的测定》的方法。

(3) 过氧化值的测定　参照 GB 5009.227—2023《食品安全国家标准　食品中过氧化值的测定》的方法。

(4) 感官评价　参照 GB 7099—2015《食品安全国家标准　糕点、面包》中的方法。

(5) 微生物学指标测定　参照 GB 7099—2015《食品安全国家标准　糕点、面包》中规定的方法。

11.4.4 结果分析

由于试验中所采用的面包油脂含量较高，温度引起的化学反应对软面包质量起主要作用，所以在保藏条件 47℃下所存储的面包每 1 天进行一次检测，Q_{10} 暂确定为 2，由公式得 f_2（37℃）约为 2，即 2 天测 1 次。样品在 37℃和 47℃下的检测情况见表 11-11。综合查看各检测指标的结果，样品在 37℃下的保质期为 5～6d，在 47℃下的保质期为 2d。

表 11-11　样品在温度 37℃ 和 47℃ 下的检测结果

| 保藏温度/℃ | 保藏时间/d | 理化指标 | | | 微生物指标 | | | 感官指标 |
		水分含量/%	酸价/(mg/g)	过氧化值/(g/100g)	细菌总数/(cfu/g)	大肠埃希菌/(MPN/100g)	霉菌/(cfu/100g)	
37	3	18.19	0.34	0.15	420	<30	25	无明显变化
	5	17.85	0.26	0.16	500	<30	65	无明显变化
	7	18.00	0.25	0.18	超标	超标	超标	稍有不良气味,口感变硬
	9	18.65	0.20	超标	超标	超标	超标	不良气味加重,哈喇味明显、口感过硬
	11	18.03	0.24	超标	超标	超标	超标	感官不能接受

保藏温度/℃	保藏时间/d	理化指标			微生物指标			感官指标
		水分含量/%	酸价/(mg/g)	过氧化值/(g/100g)	细菌总数/(cfu/g)	大肠埃希菌/(MPN/100g)	霉菌/(cfu/100g)	
47	2	17.24	0.25	0.15	400	90	100	无明显变化
	3	18.29	0.31	0.17	超标	超标	超标	稍有不良气味,口感变硬
	4	17.77	0.34	0.17	超标	超标	超标	稍有不良气味,口感变硬
	5	16.62	0.36	0.19	超标	超标	超标	不良气味加重,油哈喇味明显,口感过硬
	6	17.70	0.33	超标	超标	超标	超标	不良气味加重,哈喇味明显,口感过硬
	7	19.68	0.39	超标	超标	超标	超标	感官不能接受

根据上述所得结果,得样品的 Q_{10} =(37℃下的货架期)/(47℃下的货架期)= 5/2=2.5d 或 6/2=3d。继而日常销售温度20℃、湿度60%时的货架期为 $\theta_{s(20℃)}$ = $5 \times 2.5^{1.7}$ =24d 或 $6 \times 3^{1.7}$ =39d。综上所述,应用 ASLT 法得出的实验数据可知该面包在温度20℃、湿度60%保藏条件下的货架期为24~39d。

ASLT 法是一种加速反应动力学模型,已经在快速、有效地预测由化学变化引起劣变的食品货架期中得到了广泛应用。但食品内部化学反应的复杂性是导致 Arrhenius 货架期预测模型不准确的因素。用外推法来预测低温时的货架寿命时, Q_{10} 微小的偏差也能引起结果的偏差。在实际应用中,人们通常会综合考虑时间、经济性和准确性等因素,用以缩小误差,由于本试验中 Q_{10} 的测定是通过2个温度得到,存在 Q_{10} 的不确定性对货架寿命预测准确性的影响。

参考文献

［1］ 甘碧群，曾伏娥 . 国际市场营销学［M］. 3 版 . 北京：高等教育出版社，2014.

［2］ 戴卫东，刘鸽 . 消费心理学［M］. 北京：北京大学出版社，2009.

［3］ 罗庆华 . 食品营养与健康［M］. 北京：电子工业出版社，2016.

［4］ 文连奎，张俊艳 . 食品新产品开发［M］. 北京：化学工业出版社，2010.

［5］ 杨荣华 . 食品的滋味研究（上）［J］. 中国调味品，2003（06）：39-41＋48.

［6］ 孟德梅 . 食品感官评价方法及应用［M］. 北京：知识产权出版社，2020.

［7］ 刘静，邢建华 . 食品配方设计 7 步［M］. 北京：化学工业出版社，2017.

［8］ 陈丹枫 . 食品生产加工过程中影响食品安全的因素分析［J］. 食品安全导刊，2022（25）：16-18.

［9］ 芦荣华，郭志芳 . 食品加工工艺优化及应用探讨［J］. 食品安全导刊，2021（12）：148-149.

［10］ 孙楚楠，楚炎沛 . 正确认识食品的保质期［J］. 现代面粉工业，2018，32（04）：28-30.

［11］ 孙玉林，王安霞 . 基于模块化设计理念的食品包装定制服务策略研究［J］. 湖南包装，2019，34（05）：104-108.

［12］ 王盼盼 . 食品配方设计［J］. 肉类研究，2010（7）：8.

［13］ 杨旭风，贾晓东，许梦洋，等 . 褐变机理及其防治技术研究进展［J］. 中国农学通报，2023，39（13）：137-145.

［14］ 孙浩月，刘洋锋，温欣冉，等 . 非酶褐变对食品质量的影响及其控制技术研究进展［J］. 农业科技与装备，2017（10）：3.

［15］ 毛羽扬，左东黎 . 调味中影响味觉的因素（一）［J］. 中国食品，2011（13）：52-53.

［16］ 毛羽扬，左东黎 . 调味中影响味觉的因素（二）［J］. 中国食品，2011（15）：44-45.

［17］ 何靖柳，陈莉月，杨冬雪 . 食品包装材料的安全性分析及展望［J］. 造纸装备及材料，2020，49（4）：2.

［18］ 南楠，袁小军 . 浅析食品行业知识产权的保护与发展［J］. 中国发明与专利，2015（11）：125-128.

［19］ 赵征，张敏 . 食品技术原理［M］. 北京：中国轻工业出版社，2014.

［20］ 汤力，张开伟 . 高温高压杀菌技术在无锡肉酿面筋保鲜中的应用［J］. 食品工业，2013，34（11）：102-105.

［21］ 刘策，薛德时，林振国，等 . 高压蒸汽灭菌对宠物罐头中营养物质的损耗研究［J］. 现代食品，2021（1）：199-202.

［22］ 任亚妮，车振明，靳学敏，等 . 应用 ASLT 法预测软面包的货架期［J］. 食品研究与开发，2011，32（2）：3.